U0199992

丛书编委会

主　编：叶叔华

编　委：（按姓氏笔画排序）

王小亚　朱文耀　胡小工　黄　珹　董大南

天文地球动力学丛书

SLR 测量及其应用

王小亚　胡小工　赵春梅　邵　璠　杨　昊　著

北　京

内 容 简 介

本书系统地介绍了卫星激光测距（satellite laser ranging，SLR）技术及其应用，从 SLR 发展历史、作用和应用现状出发，介绍了 SLR 测量所用到的时间坐标系统，阐述了 SLR 卫星运动方程及其动力学模型、SLR 测量原理、SLR 观测方程及其观测模型，讲述了 SLR 数据处理方法及其 7 个主要应用，最后介绍了激光测月。本书对 SLR 基本概念、数据处理原理、方法、应用及处理软件进行了完整阐述，将 SLR 基本理论知识、数据处理技巧和最新应用相结合，从 SLR 基本应用到最新应用及未来可能应用前景给予了全面介绍，理论和实际应用相结合，各章又有一定的独立性和完整性，便于随时查阅和参考。

本书可供 SLR 技术及其应用、空间大地测量、天文测地应用研究和地球科学等领域，从事 SLR 测量及其应用、各类空间飞行器精密定轨、北斗导航系统系统差检验与轨道精度评估研究、地球参考架建立与维持、地球定向参数确定和雷达标校等方面的科技人员参考，也可作为高等院校有关专业师生教学参考书。

图书在版编目(CIP)数据

SLR 测量及其应用/王小亚等著. —北京：科学出版社，2023.6
（天文地球动力学丛书）
ISBN 978-7-03-073033-6

Ⅰ. ①S… Ⅱ. ①王… Ⅲ. ①卫星激光测距–研究 Ⅳ. ①P228.5

中国版本图书馆 CIP 数据核字(2022)第 160355 号

责任编辑：刘凤娟 孔晓慧 / 责任校对：彭珍珍
责任印制：张 伟 / 封面设计：无极书装

科学出版社 出版
北京东黄城根北街 16 号
邮政编码：100717
http://www.sciencep.com

北京中科印刷有限公司 印刷
科学出版社发行 各地新华书店经销

*

2023 年 6 月第 一 版 开本：720×1000 1/16
2023 年 6 月第一次印刷 印张：16 1/4
字数：319 000
定价：129.00 元
(如有印装质量问题，我社负责调换)

丛 书 序

天文学是一门古老的科学，自有人类文明史以来，天文学就占据着重要地位。从公元前 2137 年中国最早日食记录、公元前 2000 左右年木星运行周期测定、公元前 14 世纪的日食月食常规记录、公元前 11 世纪黄赤交角测定、公元前 722 年干支记日法、公元前 700 年左右的彗星和天琴座流星群最早记载等，到公元后东汉张衡制作的浑象仪和提出的浑天说、古希腊托勒密编制当时较完备的星表、中国《宋史》的第一次超新星爆发记载、波兰哥白尼所著《天体运行论》、丹麦第谷·布拉赫发现仙后座超新星、德国开普勒提出行星运动三定律、意大利物理学家伽利略制造第一台天文望远镜、中国明朝徐光启记录的当时中国较完备全天恒星图、荷兰惠更斯发现土星土卫六、法国卡西尼发现火星和木星自转、英国牛顿提出经典宇宙学说、法国拉普拉斯出版《宇宙体系论》和《天体力学》、德国高斯提出行星轨道的计算方法等，再到现代河外星系射电的发现、人造卫星的出现、电子望远镜和光电成像技术的发明、月球探测器的发射等，天文学已经朝太空技术发展，朝高科技发展，朝计算科学发展。21 世纪天文学已进入一个崭新的阶段，不再限制在地球上，而是望眼于太空，天文学家已可以通过发射航天探测器来了解某些太空信息。天文地球动力学就是在这样的背景环境下从诞生到发展，不断壮大，为我国卫星导航、深空探测、载人航天、大地测量、气象、地震、海洋探测等做出了卓越贡献。编此丛书序就是希望读者可以系统掌握天文地球动力学的理论和研究方法，能够为我国天文学和地球科学的后续持续发展提供保障。

天文地球动力学是 20 世纪 90 年代新兴的一门学科，是天文学与地学 (地球物理学、大地测量学、地质学)、大气科学和海洋科学等的交叉学科。自 20 世纪 70 年代以来，现代空间对地观测技术甚长基线干涉测量 (very long baseline interferometry，VLBI)、卫星激光测距 (satellite laser ranging，SLR)、激光测月 (lunar laser ranging，LLR)、全球定位系统 (global positioning system，GPS) 等得到迅猛发展，使得测量地球整体性和大尺度运动变化精度有了量级提高，也使得对地球各圈层 (大气圈、水圈、岩石圈、地幔、地核) 运动变化的单个研究发展到把地球各圈层的完整体系，综合研究其间的相互作用和动力学过程成为可能。

天文地球动力学是研究地球的整体性、大尺度形变和运动的动力学过程，它所包含的内容多样而丰富。包括地球形状变化、地壳形变和运动、地球磁场和重力场的起源、变化；包括用天文手段高精度、高时空分辨率探测和研究地球整体和各圈层物质运动状态；包括建立和维持高精度地球和天球参考系；包括综合研究地球和其他行星动力学特性及演化过程；包括空间飞行器深空探测、精密定轨和导航定位等理论、技术及应用；包括现代空间技术数据处理的理论、方法；包括相应的大型软件系统的建立和应用等等。因此天文地球动力学是一门兼具基础理论和实际应用的综合性学科，"天文地球动力学丛书"即将从有关方面给予细致描述，每个研究方向不仅含有其基本发展过程、研究方法、最新研究成果，还含有存在的问题和未来发展的方向，是从事天文地球动力学研究不可缺少的专著。"天文地球动力学丛书"将系统讲述各个研究方向，有利于研究生和有关科研人员尽快掌握该研究方向和整体把握"天文地球动力学"这门学科。同时，该学科的研究和应用有利于我国卫星导航、深空探测、载人航天、参考架建立、板块运动、地壳形变、地球大气科学、海洋科学、地球内部结构等的发展，可以成为相关方面研究人员的教科书和工具书。

叶叔华

中国科学院院士

2018 年 8 月

前　言

　　SLR 是 satellite laser ranging 的缩写，其中文名是 "人卫激光测距" 或 "卫星激光测距"，SLR 是通过激光测距仪测量地面观测站到卫星激光反射器的往返时间来获得其精确的距离，从而可用来测量或者说确定卫星的轨道参数、地球定向参数 (earth orientation parameter，EOP)、低阶重力场、地心运动、观测站的站坐标和运动速度等的一种绝对测量技术。它是空间大地测量的重要技术之一，以全球无偏绝对测量的优势、观测系统的不断更新换代、白天测距技术的发展、高重复率 (kHz) 技术的实现和数据处理模型及方法的不断更新完善，其定轨精度正在迈向毫米级，成为高精度监测地心运动、地球定向参数、地壳运动、低阶重力场、空间飞行器轨道确定和微波轨道精度 (如卫星导航轨道精度) 评估及系统差标定等天文测地应用不可缺少的技术手段。为此，有必要对 SLR 测量技术及其应用进行系统介绍和推广。作者自 2007 年接手国际激光测距服务 (International Laser Ranging Service，ILRS) 中国科学院上海天文台 (Shanghai Astronomical Observatory，SHAO) 辅助分析中心 (Associate Analysis Center，AAC) 工作以来，负责该中心工作，每周提供 SLR 快速产品，后来该项工作又被 ILRS 质量控制委员会 (Quality Control Board，QCB) 接管，中国科学院上海天文台又成为提供该项产品服务的 ILRS 四个辅助分析中心之一，将申请成为 ILRS 分析中心 (Analysis Center，AC)，提供事后地球参考架、定向参数和卫星轨道服务等。作者还承担了我国陆态网 SLR 数据处理软件研制和 SLR 数据分析中心工作，提供陆态网 SLR 快速、事后和长期综合产品，并承担了国家自然科学基金面上项目 "先进的 SLR 数据处理规范及其高精度的天文测地应用研究" 和科技部科技基础性工作专项 "人卫激光测距数据及相关大地基准产品规范" 中的重要研究内容，本书将作者十多年从事 SLR 数据处理及其应用的有关工作进行总结和整理，让读者对 SLR 测量及其应用的发展历史、涉及的基本理论知识、动力学模型、测量原理、观测方程、观测模型、数据处理方法与策略、应用情况等有一个系统而具体的了解，这对我国 SLR 测量技术的发展和应用具有重要意义。

　　本书第 1 章绪论，主要阐述 SLR 概况、发展历史、作用、应用现状，以及 SLR 卫星和 ILRS 简介等，让读者基本了解 SLR 发展过程、测站分布情况、卫星情况、测量精度、应用情况及其意义；第 2 章 SLR 精密定轨理论，讲述 SLR 数据处理涉及的时间、坐标与常数系统、卫星运动方程、测量原理及观测方程；第

3 章 SLR 动力学模型，讲述 SLR 卫星所受摄动力及其动力学模型；第 4 章 SLR 观测模型，讲述 SLR 测量中的所有误差源以及建模方法；第 5 章 SLR 数据处理方法，讲述如何进行 SLR 数据处理及其定权策略问题；第 6~12 章讲述 SLR 在卫星轨道参数确定、微波轨道精度评估、国际地球参考架与 EOP 监测、低阶重力场系数确定、地心运动监测、卫星自转、广义相对论验证等方面的应用；第 13 章讲述 LLR 及其应用。

本书的撰写基于作者多年在 SLR 数据处理及其应用领域的研究和研究生教学积淀，非常感谢指引我进入该研究领域的中国科学院上海天文台黄珹研究员、朱文耀研究员、冯初刚研究员、朱元兰高级工程师、吴斌研究员，是他们奠定了中国 SLR 数据处理及其应用的基础，才有了今天 SLR 的广泛应用和成就。同时要感谢中国科学院上海天文台杨福民研究员、张忠萍研究员和中国测绘科学研究院瞿峰高级工程师等对中国激光测距技术作出的突出贡献，这使得我国激光测距技术测量精度可以达到国际水平，他们对作者工作给予了有力帮助和支持。感谢中国科学院上海天文台黄珹研究员对本书第 5 章和曲伟菁副研究员对本书第 9 章的贡献。感谢 ILRS 中央局主席 M. Pearlman、秘书 C. Noll，ILRS 数据格式与处理标准委员会主席 Erricos C. Pavlis 博士和总参测绘研究所秦显平高级工程师在 SLR 数据处理上的讨论。感谢上海天文台查明高级工程师和李亚博工程师对本书的修改和校正。作者系中国科学院大学岗位教授，感谢中国科学院大学领导和该校天文与空间科学学院老师对作者教学的帮助和支持。最后，感谢中国科学院上海天文台各位领导和同事长期以来对作者的帮助、支持和关心！

本书的出版得到国家自然科学基金面上项目 (项目编号：11973073，11173048，12373076)、国家重点研发计划项目"毫米全球历元地球参考框架 (ETRF) 构建技术"(项目编号：2016YFB0501405)、国家重大专项课题"地球定向参数确定技术"(项目编号：GFZX0301030114)、科技部科技基础性工作专项项目 (项目编号：2015FY310200)、国家重大科技基础设施项目"中国大陆构造环境监测网络"、转发式卫星导航试验系统专题研究项目 (项目编号：ZFS19001D-ZTYJ04，Y9E0151M26) 和上海市空间导航与定位技术重点实验室项目 (项目编号：06DZ22101) 大力资助，在此一并表示感谢！

王小亚

2022 年 7 月

目　　录

丛书序

前言

第 1 章　绪论 ·· 1

  1.1　SLR 概述 ·· 2

  1.2　SLR 发展历史 ·· 12

  1.3　SLR 作用 ·· 17

  1.4　SLR 应用现状 ·· 18

  1.5　SLR 卫星简介 ·· 20

  1.6　ILRS 简介 ·· 23

  1.7　本书结构 ·· 24

第 2 章　**SLR 精密定轨理论** ·· 25

  2.1　时间系统 ·· 25

    2.1.1　太阳系质心动力学时和原时 ·································· 25

    2.1.2　地球动力学时或者地球时 ···································· 25

    2.1.3　世界时和恒星时 ·· 26

    2.1.4　国际原子时和协调世界时 ···································· 28

  2.2　坐标系统 ·· 29

    2.2.1　太阳系质心天球坐标系 ······································ 29

    2.2.2　历元地心天球坐标系 ·· 29

    2.2.3　瞬时平赤道地心坐标系 ······································ 30

    2.2.4　瞬时真赤道地心坐标系 ······································ 30

    2.2.5　准地固坐标系 ·· 32

    2.2.6　地固坐标系 ·· 33

    2.2.7　站心地平坐标系 ·· 33

    2.2.8　RTN 轨道坐标系 ·· 34

    2.2.9　星固坐标系 ·· 34

  2.3　SLR 数据处理中的常数系统 ·· 35

  2.4　SLR 卫星运动方程 ·· 36

  2.5　SLR 测量原理及观测方程的建立 ···································· 38

第 3 章　SLR 动力学模型 ·· 42

3.1　N 体摄动 ·· 42

3.2　地球形状摄动 ·· 43

3.3　潮汐摄动 ·· 43

   3.3.1　固体潮摄动 ·· 43

   3.3.2　海潮摄动 ·· 44

   3.3.3　大气潮摄动 ·· 45

3.4　广义相对论摄动 ·· 45

3.5　太阳辐射压摄动 ·· 46

3.6　地球辐射压摄动 ·· 47

   3.6.1　地球反照率和发射率模型 ·· 48

   3.6.2　地球辐射压球模型 ·· 49

   3.6.3　地球辐射压物理分析模型 ·· 49

   3.6.4　地球辐射压精细化模型 ·· 50

   3.6.5　SLR 不同地球辐射压模型定轨结果比较 ·· 51

3.7　地球自转形变附加摄动 ·· 58

3.8　大气阻力摄动 ·· 59

   3.8.1　大气阻力计算 ·· 59

   3.8.2　大气密度模型的重要性 ·· 60

   3.8.3　大气密度模型 ·· 61

   3.8.4　大气密度建模影响因素分析 ·· 62

   3.8.5　不同大气密度模型定轨结果评估 ·· 65

3.9　地球扁率间接摄动 ·· 69

3.10　月球扁率摄动 ·· 70

3.11　经验力摄动 ·· 71

第 4 章　SLR 观测模型 ·· 72

4.1　测站潮汐改正 ·· 72

   4.1.1　固体潮改正 ·· 72

   4.1.2　极潮改正 ·· 73

   4.1.3　海潮改正 ·· 73

   4.1.4　大气潮改正 ·· 74

4.2　大气折射改正 ·· 74

   4.2.1　Marini-Murray 大气折射改正模型 ·· 74

   4.2.2　Mendes-Pavlis 大气折射改正模型 ·· 75

   4.2.3　SLR 大气折射改正模型比较 ·· 76

　　　4.2.4　SLR 与其他技术大气延迟比较 · 77
　4.3　相对论改正 · 86
　4.4　卫星质心改正 · 87
　　　4.4.1　均一卫星质心改正模型 · 87
　　　4.4.2　测站相关的卫星质心改正模型 · 87
　　　4.4.3　模型比较 · 88
　　　4.4.4　激光卫星反射器质心改正模型建立 · · · · · · · · · · · · · · · · · 92
　4.5　测站偏心改正 · 97
　4.6　SLR 测站系统偏差改正 · 98
第 5 章　SLR 数据处理方法 · 102
　5.1　线性无偏最小方差估计 · 102
　5.2　批处理算法 · 103
　5.3　不求平方根的 Givens-Gentleman 正交变换 · · · · · · · · · · · · · · 106
　　　5.3.1　G-G 正交变换求解观测方程原理 · · · · · · · · · · · · · · · · · · · 108
　　　5.3.2　G-G 正交变换的程序实现 · 114
　5.4　KSG 积分器 · 117
　　　5.4.1　KSG 积分器适用性 · 117
　　　5.4.2　KSG 积分器数学推导 · 118
　　　5.4.3　卫星测地二阶微分方程组 · 123
　　　5.4.4　KSG 积分器的算法及其程序实现 (程序 KSGFS) · · · · · · · 126
　5.5　复弧法 · 130
　5.6　SLR 数据处理定权策略 · 136
第 6 章　SLR 卫星轨道参数确定 · 143
　6.1　SLR 常规卫星轨道确定 · 143
　6.2　SLR 中高轨卫星定轨 · 144
　6.3　其他低轨卫星定轨 · 146
　6.4　基于方差分量估计的 SLR 精密轨道综合及精度分析 · · · · · · · · 149
　　　6.4.1　卫星轨道综合原理 · 151
　　　6.4.2　不同分析中心轨道产品定权 · 151
　　　6.4.3　结果分析与讨论 · 152
第 7 章　SLR 对微波轨道精度的评估 · 161
　7.1　SLR 检核微波轨道基本原理 · 161
　7.2　GPS 卫星轨道的 SLR 评估分析 · 162
　7.3　GLONASS 卫星轨道的 SLR 评估分析 · · · · · · · · · · · · · · · · · · · 163
　7.4　Galileo 卫星轨道的 SLR 评估分析 · 164

7.5　BDS 卫星轨道的 SLR 评估分析 ·······························165
7.6　LEO 星载轨道的 SLR 评估分析 ···························167
第 8 章　SLR 在地球参考架和 EOP 上的应用 ·····················171
8.1　SLR 单技术测定 EOP 和站坐标 ·····························171
8.2　SLR 技术内综合确定地球参考架和 EOP 方法 ···················173
8.2.1　SLR 技术内综合方法 ·······························173
8.2.2　法方程恢复 ···173
8.2.3　先验约束的处理 ·······································174
8.2.4　参数预消除 ···174
8.2.5　法方程叠加 ···175
8.2.6　权重因子的确定 ·······································176
8.2.7　ILRSC 综合方法 ·······································176
8.3　SLR 技术内综合周解结果与分析 ·····························177
8.3.1　不同分析中心相对权重因子 ···························177
8.3.2　综合周解站坐标与 EOP 精度分析 ·····················177
8.3.3　平移参数及尺度因子结果分析 ·························180
8.3.4　地球参考架稳定性探测 ·······························181
8.4　SHAO 与各分析中心初步综合 ·······························184
8.5　多技术综合 EOP 测定 ·····································185
8.6　多技术综合地球参考架 ·····································189
第 9 章　SLR 测定低阶重力场 ·································191
9.1　参数估算方法 ···191
9.2　数据选取 ···192
9.3　J_2 季节性变化 ···192
9.4　J_2 长期变化 ···195
第 10 章　SLR 测定地心运动 ·································197
10.1　地心运动的计算方法 ·····································197
10.1.1　几何法 ···198
10.1.2　动力法 ···199
10.1.3　直接法 ···201
10.2　地心运动特征分析 ·······································202
10.3　结果分析 ···202
10.4　SLR 地心运动监测特点 ···································208
第 11 章　SLR 测定卫星自转 ·································209
11.1　SLR 测卫星自转原理 ·····································209

11.2　Lageos-1/2 卫星自转探测 ····················· 210
　　11.2.1　卫星自转周期探测 ····················· 211
　　11.2.2　初始自转周期探测 ····················· 212
11.3　Etalon 卫星自转探测 ····················· 212
　　11.3.1　kHz SLR 数据频谱分析 ················· 213
　　11.3.2　Etalon 卫星的仿真模型 ················· 214
　　11.3.3　卫星自转周期探测 ····················· 215
11.4　Ajisai 卫星自转探测 ····················· 216
　　11.4.1　表观旋转效应和改正 ··················· 216
　　11.4.2　卫星自转周期探测 ····················· 217
　　11.4.3　初始自转周期探测 ····················· 218
第 12 章　SLR 广义相对论验证 ····················· 219
12.1　广义相对论摄动加速度 ······················· 219
12.2　广义相对论效应的验证 ······················· 220
12.3　卫星精密定轨 ····························· 220
第 13 章　激光测月 ····························· 223
13.1　LLR 发展历史 ····························· 223
13.2　LLR 技术介绍 ····························· 225
　　13.2.1　LLR 观测站 ························· 225
　　13.2.2　LLR 激光反射器 ····················· 227
　　13.2.3　LLR 技术特点 ······················· 228
　　13.2.4　LLR 红外观测 ······················· 230
13.3　LLR 数据处理模型 ························· 230
13.4　LLR 应用 ······························· 231
　　13.4.1　等效原理 ··························· 231
　　13.4.2　万有引力常数变化测定 ················· 232
　　13.4.3　台站坐标和 EOP 测定 ················· 232
　　13.4.4　高精度月球历表 ····················· 233
　　13.4.5　月球总惯量矩研究 ··················· 234
　　13.4.6　月球潮汐研究 ······················· 234
　　13.4.7　天平动和月球内部结构 ················· 234
参考文献 ································· 236
附录 ··································· 245

第 1 章 绪　　论

SLR 是 satellite laser ranging 的缩写，其中文名是 "人卫激光测距" 或 "卫星激光测距"，SLR 是通过激光测距仪测量地面观测站到卫星激光反射器的往返时间来获得其精确的距离，从而可用来测量或者说确定卫星的轨道参数、地球定向参数 (EOP)、低阶重力场、地心运动、观测站的站坐标和运动速度等的一种绝对测量技术。激光测月 (LLR) 是通过高功率激光器发射激光束测量地面观测站到月球的往返时间来获得其精确的距离，从而测量月球的轨道、天平动和验证广义相对论等，类似于 SLR 技术，只不过测量的是测站到月球之间的距离，距离更远，要求的激光器功率更大。ILRS 是 SLR 和 LLR 的国际的激光测距服务组织，下设 ILRS 委员会和 ILRS 中央局，ILRS 委员会负责与全球大地测量观测系统 (global geodetic observing system, GGOS)、国际大地测量协会 (The International Association of Geodesy，IAG) 和国际地球自转与参考系服务 (International Earth Rotation and Reference Systems Service，IERS) 等机构之间的协调工作，ILRS 中央局负责 ILRS 日常工作，由 ILRS 分析/辅助分析中心、ILRS 数据中心 (2 个)、ILRS 运行中心 (4 个)、ILRS 测站 (40 多个) 网络四部分组成，如图 1.1 所示。为了这些机构能够更好地运作，成立了与其任务相关的标准委员会，包括使命标准委员会、分析标准委员会、网与工程标准委员会、数据格式与处理标准委员会和应答器标准委员会，负责收集、合并、归档和发布 SLR 和 LLR 观测资料来满足科学、工程及应用实践的有关目标。目前 ILRS 正常服务的有 4 个辅助分析中心 (中国 1 个)、7 个分析中心、2 个混合分析中心和 4 个激光测月分析中心，分别承担着不同的任务。ILRS 辅助分析中心被指定在既定时间间隔里产生具体的产品，如卫星预报轨道、测站时间偏差和距离偏差信息、精密轨道、测站坐标和速度；ILRS 分析中心除了提供辅助分析中心的各种产品外，还被指定至少处理和提供 Lageos-1 和 Lageos-2 数据，提供每月或每周或每日 (目前是每周或每日)SINEX 格式的 EOP 和测站坐标信息及其他产品，并及时提供给 ILRS 混合分析中心进行产品混合；ILRS 混合分析中心对 ILRS 不同分析中心提供的 SINEX 文件进行混合，并将产生的 SLR 综合 EOP 和测站坐标信息给 IERS 做多种空间大地测量技术综合，来确定地球参考架和 EOP，同时也可选择提供基本物理常数、站坐标、重力场系数、卫星轨道参数的确定等产品；激光测月分析中心根据从 LLR 站来的数据生成标准点数据和各种各样的科学产品，如精密月球历表、天平动、月球内部组成和构造、广义相对论验证、与国际天球参考架的联系，以及月球与地球和太阳的关系研究等 (Pearlman et al., 2005)。

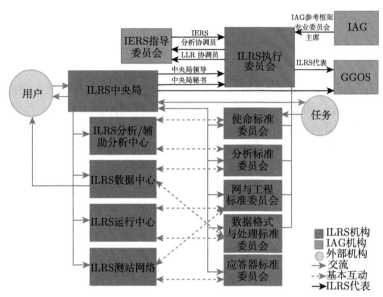

图 1.1   ILRS 组织架构(来源：https://ilrs.gsfc.nasa.gov/about/organization/index.html)

SLR 测量精度目前正由 1~2cm 迈向毫米级 (有些站已达毫米级)，其超高重复频率，以及白天卫星激光测距的实现、超导纳米单光子探测器 (superconducting nanowire single photon detector，SSPD) 的使用、激光计时器的更新换代和双色激光测距的应用等，使得其测量精度还在持续提高。SLR 全球高精度绝对无偏距离测量优势，使得它在中低轨卫星轨道确定和微波轨道精度评估、地球参考架和 EOP 确定与维持及测地应用等中有着不可替代的独特作用 (Pearlman et al., 2005)。SLR 数据处理通常采用一种动力测地方法，对卫星轨道参数、测站坐标、模型参数和地球定向参数等同时解算，其中解算策略需要随测量情况的变化而进行调整。本书对 SLR 概述，SLR 发展历史，SLR 测量所涉及的时间、坐标与常数系统，SLR 卫星运动方程，SLR 动力学模型，SLR 测量模型，SLR 测量原理与观测方程的建立，SLR 各种应用，以及 SLR 数据处理软件等给予了系统介绍，希望读者能够全面掌握 SLR 测量技术及其应用。

1.1   SLR 概述

SLR 测站外观、观测示意图以及激光反射器如图 1.2 所示，由 SLR 测站的激光测距仪发射激光到事先预定的卫星激光反射器，然后该激光束被激光反射器阵反射回来，测站的应答器和计时器可以记录该激光束发射和返回的时间差，从而可以获得测站发射点到卫星激光反射器能量中心的双程距，该距离就是观测量。其中 SLR 测站外观如图 1.2(a) 所示，有一个圆顶；图 1.2(b) 为测距仪发射激光束到既定目标进行观测；图 1.2(c) 为激光反射器图片。目前全球有 40 多个 SLR 测站，主要分布在北半球，而且集中在欧洲和东亚，会在 SLR 应用中造成一定的精度损失。表 1.1 给出了 ILRS 全球在用的 SLR 测站以及与全球导航卫星系统 (GNSS)/VLBI/多里斯系统 (DORIS) 并置情况，共有 40 多个测站，数据更新于 2023 年 5 月 24 日，将还会随着新站的加入和一些测站的老化不能使用而有所变动，其更新网址见 https://ilrs.gsfc.nasa.gov/network/stations/active/index.html，从表中可以看到具体测站信息和 SLR 与其他技术并置情况，由于 SLR 测站建设和仪器较贵，其并置并未像 GNSS 那么普遍。

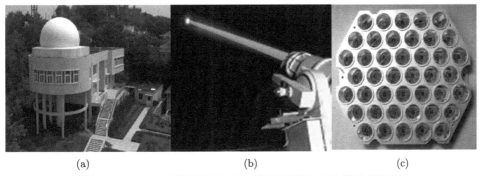

图 1.2　(a) SLR 测站外观; (b) 观测示意图; (c) 激光反射器

表 1.2 显示了 ILRS 目前支持的在轨观测卫星情况，大约有 100 多颗卫星和目标，包括中、低和高轨卫星及月球探测目标，表中数据来自 https://ilrs.gsfc.nasa.gov/missions/satellite_missions/index.html，会随着监测跟踪卫星的状况而变化，这里表格数据更新日期为 2023 年 5 月 30 日，由于如此多的目标和测站有限的观测能力，因此需要制定观测策略来满足用户的需求。图 1.3 给出了 ILRS 各测站 1 年观测圈数情况 (2016 年 9 月 1 日 ～ 2017 年 8 月 31 日)，从图中可以看出，各站观测情况差异很大，仅有不到一半测站达到了 ILRS 要求的每年观测 3500 圈的基本要求。表 1.3 给出了 ILRS 辅助分析中心给出的各测站观测水平和测量精度，从表中可以看出，SLR 测量精度一般在亚厘米级，有些测站已经达毫米级。

LLR 测量如图 1.4 所示，也是由激光测距仪通过高功率激光器发射激光束测量地面观测站到月球的往返时间来获得其精确的距离，从而测量月球的轨道、天平动，以及验证广义相对论等。目前主要有 5 个测月站：格拉斯 (Grasse, 法国)、马泰拉 (Matera, 意大利)、麦克唐纳 (McDonald) 天文台 (美国)、阿帕奇岬 (Apache Point, 美国新墨西哥州) 和中国昆明站 (中国科学院云南天文台)。

表 1.1　ILRS 全球 SLR 测站以及与 GNSS/VLBI/DORIS 并置情况

测站编号	代码	位置及所在国家/地区	地壳动力学数据信息系统 SOD	IERS DOME 编号	国际 GNSS 服务测站日志	国际 VLBI 服务测站日志	国际 DORIS 服务测站日志	最新测站日志时间	最新测站历史日志时间
1824	GLSL	Golosiiv, Ukraine	18248101	12356S001	X	—	—	20220205	20140526
1868	KOML	Komsomolsk-na-Amure, Russia	18685901	12341S001	—	—	—	20140127	—
1873	SIML	Simeiz, Ukraine	18734901	12337S003	X	X	—	20160322	—
1874	MDVS	Mendeleevo 2, Russia	18748301	12309S003	X	—	—	20130814	—
1879	ALTL	Altay, Russia	18799401	12372S001	—	—	—	20090325	—
1884	RIGL	Riga, Latvia	18844401	12302S002	X	—	—	20160727	20230414
1886	ARKL	Arkhyz, Russia	18869601	12373S001	—	—	—	20120215	—
1887	BAIL	Baikonur, Kazakhstan	18879701	25603S001	—	—	—	20120213	—
1888	SVEL	Svetloe, Russia	18889801	12350S002	X	X	—	20210531	—
1889	ZELL	Zelenchukskya, Russia	18899901	12351S002	X	X	—	20190305	—
1890	BADL	Badary, Russia	18900901	12338S004	X	X	X	20190305	—
1891	IRKL	Irkutsk, Russia	18915301	12313S007	X	—	—	20140902	—
1893	KTZL	Katzively, Ukraine	18931801	12337S006	X	X	—	20110802	—
7045	APOL	Apache Point, NM	70459501	49447S001	—	—	—	20220901	20211119
7090	YARL	Yarragadee, Australia	70900513	50107M001	X	X	X	20210707	20230330
7105	GODL	Greenbelt, Maryland	71050725	40451M105	X	X	X	20220121	20230503
7110	MONL	Monument Peak, California	71100412	40497M001	X	—	—	20210614	20230329
7119	HA4T	Haleakala, Hawaii	71191402	40445S009	X	—	—	20210710	20230330
7124	THTL	Tahiti, French Polynesia	71240802	92201M007	X	—	X	20210630	20230523
7237	CHAL	Changchun, China	72371901	21611S001	X	—	—	20210827	20211215
7249	BEIL	Beijing, China	72496102	21601S004	X	—	—	20230425	20230428
7358	GMSL	Tanegashima, Japan	73588901	21749M001	X	—	—	20190808	—
7394	SEJL	Sejong City, Republic of Korea	73942601	23907S002	X	X	—	20170906	—
7396	JFNL	Wuhan, China	73964701	21602M006	X	—	X	20230209	—
7403	AREL	Arequipa, Peru	74031306	42202M003	X	—	X	20210316	20210630
7406	SJUL	San Juan, Argentina	74068801	41508S003	—	—	—	20180929	—
7407	BRAL	Brasilia, Brazil	74072701	48081S001	X	—	—	20140826	—
7501	HARL	Hartebeesthoek, South Africa	75010602	30302M003	X	X	X	20210927	20230307
7503	HRTL	Hartebeesthoek, South Africa	75036401	30301S010	X	X	X	20190117	—

续表

测站编号	代码	位置及所在国家/地区	地壳动力学数据信息系统 SOD	IERS DOME 编号	国际 GNSS 服务测站日志	国际 VLPI 服务测站日志	国际 DORIS 服务测站日志	最新测站日志时间	最新测站历史日志时间
7701	IZ1L	Izaña (Tenerife), Spain	77015701	31336S001	—	—			20230406
7810	ZIML	Zimmerwald, Switzerland	78106801	14001S007	X	—	—	20181001	20230505
7811	BORL	Borowiec, Poland	78113802	12205S001	X	—	—	20211012	20211012
7819	KUN2	Kunming, China	78198201	21609S004	X	X	—	20170119	20221227
7821	SHA2	Shanghai, China	78212801	21605S010	X	X	—	20220511	20220621
7824	SFEL	San Fernando, Spain	78244502	13402S007	X	—	—	20220830	20220829
7825	STL3	Mt Stromlo, Australia	78259001	50119S003	X	—	X	20221122	20211007
7827	SOSW	Wettzell, Germany	78272201	14201S045	X	X	—	20190531	20200429
7838	SISL	Simosato, Japan	78383603	21726S001	X	—	—	20220203	20211210
7839	GRZL	Graz, Austria	78393402	11001S002	X	—	—	20230202	20220701
7840	HERL	Herstmonceux, United Kingdom	78403501	13212S001	X	—	—	20180205	20230428
7841	POT3	Potsdam, Germany	78418701	14106S011	X	—	—	20211130	20211230
7845	GRSM	Grasse, France (LLR)	78457801	10002S002	X	—	X	20200205	20230329
7941	MATM	Matera, Italy (MLRO)	79417701	12734S008	X	X	—	20230313	20230522
8834	WETL	Wettzell, Germany (WLRS)	88341001	14201S018	X	X	—	20230315	20220804

注：X 代表存在，— 代表不存在。SOD (site occupation designator) 为测站占用指示符；DOMES(directory of MERIT sites) 为 MERIT 测站名录；MERIT 为国际地球自转联测计划。

表 1.2　ILRS 目前支持的在轨观测卫星情况

卫星名称	卫星(COSPAR)编号	标准点标志符	标准点间隔大小/s	高度/km	倾角/(°)	轨道周期/min	首次跟踪日期
Ajisai	8606101	5	30	1485	50	116	1986-08-13
Apollo11 Sea of Tranquility	0000100	2	variable	356400	5	42523.2	1969-08-20
Apollo14 Fra Mauro	0000102	2	variable	356400	5	42523.2	1971-02-07
Apollo15 Hadley Rille	0000103	2	variable	356400	5	42523.2	1971-09-01
Beacon-C	6503201	3	15	927	41	107.6	1976-01-02
BeiDou-3M1	1706901	9	300	21500	55	773	2018-03-24
BeiDou-3M10	1802902	9	300	21500	55	773	2018-08-03
BeiDou-3M11	1806702	9	300	21500	55	773	
BeiDou-3M12	1806701	9	300	21500	55	773	
BeiDou-3M13	1807201	9	300	21500	55	773	
BeiDou-3M14	1807202	9	300	21500	55	773	
BeiDou-3M15	1807802	9	300	21500	55	773	
BeiDou-3M16	1807801	9	300	21500	55	773	
BeiDou-3M17	1809301	9	300	21500	55	773	
BeiDou-3M18	1809302	9	300	21500	55	773	
BeiDou-3M19	1909001	9	300	21500	55	773	
BeiDou-3M2	1706902	9	300	21500	55	773	2018-08-04
BeiDou-3M20	1909002	9	300	21500	55	773	
BeiDou-3M21	1907802	9	300	21500	55	773	
BeiDou-3M22	1907801	9	300	21500	55	773	
BeiDou-3M23	1906102	9	300	21500	55	773	
BeiDou-3M24	1906101	9	300	21500	55	773	
BeiDou-3M3	1801802	9	300	21500	55	773	2018-08-10
BeiDou-3M4	1801801	9	300	21500	55	773	
BeiDou-3M5	1806201	9	300	21500	55	773	
BeiDou-3M6	1806202	9	300	21500	55	773	
BeiDou-3M9	1802901	9	300	21500	55	773	2018-08-04
COMPASS-G8	1902701	9	300	35769	1.59	1436	2020-03-31
COMPASS-I3	1101301	9	300	35786	55.5	773.39	2012-04-27
COMPASS-I5	1107301	9	300	35786	55.5	773.39	2012-07-06
COMPASS-I6B	1602101	9	300	35677	55.5	773.39	2016-03-29
COMPASS-IS2	1505301	9	300	37790.2	55.6	773	2015-12-18
COMPASS-M3	1201801	9	300	21528	55.0	773.2	2012-07-11

续表

卫星名称	卫星(COSPAR)编号	标准点标志符	标准点间隔大小/s	高度/km	倾角/(°)	轨道周期/min	首次跟踪日期
Cryosat-2	1001301	3	15	720	92	99.33	2010-04-20
Etalon-1	8900103	9	300	19105	65	676	1989-01-26
Etalon-2	8903903	9	300	19135	65	675	1989-07-13
GLONASS-105	0705202	9	300	19140	65	675	2009-12-10
GLONASS-106	0705201	9	300	19140	65	675	2009-12-10
GLONASS-107	0706501	9	300	19140	65	675	2009-12-15
GLONASS-116	0907001	9	300	19140	65	675	2010-01-30
GLONASS-119	1000701	9	300	19140	65	675	2010-04-09
GLONASS-120	1000703	9	300	19140	65	675	2010-04-12
GLONASS-121	1000702	9	300	19140	65	675	2010-04-12
GLONASS-122	1004103	9	300	19140	65	675	2010-10-06
GLONASS-125	1100901	9	300	19140	65	675	2011-03-09
GLONASS-127	1106403	9	300	19140	65	675	2012-09-23
GLONASS-128	1106401	9	300	19140	65	675	2012-01-01
GLONASS-129	1106402	9	300	19140	65	675	2012-01-02
GLONASS-131	1301901	9	300	19140	65	675	2013-05-23
GLONASS-132	1401201	9	300	19140	65	675	2014-04-17
GLONASS-133	1403201	9	300	19140	65	675	2014-06-14
GLONASS-134	1407501	9	300	19140	65	675	2014-12-30
GLONASS-135	1600801	9	300	19140	65	675	2016-03-01
GLONASS-136	1603201	9	300	19140	65	675	2016-05-29
GLONASS-137	1705501	9	300	19140	65	675	2017-10-16
GLONASS-138	1805301	9	300	19140	65	675	2018-06-16
GLONASS-139	1808601	9	300	19140	65	675	2018-11-03
GLONASS-140	1903001	9	300	19140	65	675	2019-07-03
GLONASS-141	1908801	9	300	19140	65	675	2019-12-11
GRACE-FO-1	1804701	1	5	500	89	90	2018-05-23
GRACE-FO-2	1804702	1	5	500	89	90	2018-05-23
Galileo-101	1106001	9	300	23220	56	844.8	2011-11-29
Galileo-102	1106002	9	300	23220	56	844.8	2011-11-29
Galileo-103	1205501	9	300	23220	56	844.8	2012-11-07
Galileo-104	1205502	9	300	23220	56	844.8	2012-11-07
Galileo-201	1405001	9	300	17000~26210	~50	776.2	2014-12-05
Galileo-202	1405002	9	300	17000~26210	~50	776	2015-03-17

续表

卫星名称	卫星(COSPAR)编号	标准点标志符	标准点间隔大小/s	高度/km	倾角/(°)	轨道周期/min	首次跟踪日期
Galileo-203	1501701	9	300	23220	56 +/− 2	844.8	2015-03-27
Galileo-204	1501702	9	300	23220	56 +/− 2	844.8	2015-03-27
Galileo-205	1504501	9	300	23220	56 +/− 2	844.7	2015-09-11
Galileo-206	1504502	9	300	23220	56 +/− 2	844.7	2015-09-11
Galileo-207	1606901	9	300	23220	56 +/− 2	844.7	2017-02-16
Galileo-208	1507902	9	300	23220	56 +/− 2	844.7	2015-12-17
Galileo-209	1507901	9	300	23220	56 +/− 2	844.7	2015-12-17
Galileo-210	1603002	9	300	23220	56 +/− 2	844.7	2016-06-12
Galileo-211	1603001	9	300	23220	56 +/− 2	844.7	2016-06-12
Galileo-212	1606902	9	300	23220	56 +/− 2	844.7	2017-02-20
Galileo-213	1606903	9	300	23220	56 +/− 2	844.7	2017-02-20
Galileo-214	1606904	9	300	23220	56 +/− 2	844.7	2017-02-20
Galileo-215	1707901	9	300	23220	56 +/− 2	844.7	2018-04-17
Galileo-216	1707902	9	300	23220	56 +/− 2	844.7	2018-04-18
Galileo-217	1707903	9	300	23220	56 +/− 2	844.7	2018-04-19
Galileo-218	1707904	9	300	23220	56 +/− 2	844.7	2018-04-19
Galileo-219	1806003	9	300	23220	56 +/− 2	844.7	2018-07-25
Galileo-220	1806004	9	300	23220	56 +/− 2	844.7	2018-07-25
Galileo-221	1806001	9	300	23220	56 +/− 2	844.7	2018-07-25
Galileo-222	1806002	9	300	23220	56 +/− 2	844.7	2018-07-25
Galileo-223	2111601	9	300	23220	56 +/− 2	845	2021-12-05
Galileo-224	2111602	9	300	23220	56 +/− 2	845	2021-12-05
Geo-IK-2	1603401	5	30	943.5~973.5	99.47	103.6	2017-10-18
HY-2B	1808101	5	30	971	99.35	104.45	2018-11-01
HY-2C	2006601	5	30	957	66	104.45	2020-10-08
HY-2D	2104301	5	30	971	66	104.1	2021-05-30
ICESat-2	1807001	1	5	496	92	94.16	2018-11-02
IRNSS-1B	1401701	9	300	42293	31	1436.01	2014-04-14
IRNSS-1C	1406101	9	300	42293	5	1436.12	2014-10-09
IRNSS-1D	1501801	9	300	42293	30.5	1436.1	2015-04-24
IRNSS-1E	1600301	9	300	35786	29	1436.1	2016-01-20
IRNSS-1F	1601501	9	300	35786	5	1436.1	2016-05-26
IRNSS-1I	1803501	9	300	35786	5	1436.1	2018-05-09
Jason-3	1600201	3	15	1336	66	112	2016-01-20

续表

卫星名称	卫星(COSPAR)编号	标准点标志符	标准点间隔大小/s	高度/km	倾角/(°)	轨道周期/min	首次跟踪日期
KOMPSAT-5	1304201	1	5	550	97.6	95.78	2013-09-09
Lageos-1	7603901	7	120	5850	110	225	1976-05-10
Lageos-2	9207002	7	120	5625	53	223	1992-10-24
LARES	1200601	5	30	1450	69.5	114.7	2012-02-17
LARES-2	2208001	7	120	5899	70.16	225	2022-07-13
Larets	0304206	5	30	691	98.204	98.4	2003-11-04
Luna17 Sea of Rains	0000101	2	variable	356400	5	42523.2	1975-05-21
Luna21 Sea of Serenity	0000104	2	variable	356400	5	42523.2	1973-11-16
PAZ	1802001	1	5	514	97.44	94.85	2018-02-22
QZS-1	1004501	9	300	32000~40000	45	1436.3	2010-09-11
QZS-1R	2109601	9	300	32000~40000	45	1440	2017-06-01
QZS-2	1702801	9	300	32000~40000	45	1436.1	2017-09-12
QZS-3	1704801	9	300	36000	0	1440	2017-10-12
QZS-4	1706201	9	300	32000~40000	45	1436.1	2017-10-12
SARAL	1300901	3	15	814	98.55	100.6	2013-03-04
SWOT	2217301	3	15	857~890	77.6	102~103	2023-01-16
Sentinel-3A	1601101	3	15	814.5	98.65	100	2016-04-01
Sentinel-3B	1803901	3	15	814.5	98.65	100	2018-05-03
Sentinel-6A/Jason-CSA	2008601	3	15	1339.4~1355.9	66.042	112.43	2020-11-21
Starlette	7501001	5	30	800~1100	50	104	1976-01-03
Stella	9306102	5	30	815	99	101	1993-09-30
Swarm-A	1306702	1	5	460	88.35	94	2013-11-26
Swarm-B	1306701	1	5	460	88.35	94	2013-11-27
Swarm-C	1306703	1	5	530	88.95	97	2013-11-25
TanDEM-X	1003001	1	5	514	97.44	94.8	2010-06-21
TechnoSat	1704205	3	15	600	(97.6°~97.9°)±7.2arcmin	96.54	2017-07-30
TerraSAR-X	0702601	1	5	514	97.44	94.8	2007-06-16

注: COSPAR 为空间研究委员会, NORAD 为北美空防司令部。

表 1.3　ILRS 辅助分析中心给出的各测站观测水平和测量精度

测站位置	测站 ID	DGFI 轨道分析 Lageos 标准点 RMS /mm	短期 /mm	长期 /mm	优秀率 /%	一杯大学轨道分析 Lageos 标准点 RMS /mm	短期 /mm	长期 /mm	优秀率 /%	JCET 轨道分析 Lageos 标准点 RMS /mm	短期 /mm	长期 /mm	优秀率 /%	MCC 轨道分析 Lageos 标准点 RMS /mm	短期 /mm	长期 /mm	优秀率 /%	SHAO 轨道分析 Lageos 标准点 RMS /mm	短期 /mm	长期 /mm	优秀率 /%
Yarragadee	7090	2.9	11.7	1.5	100	1.7	6.1	1	100	2.1	16.5	3.7	99.9	2	13.8	2.6	98.9	1.6	11.1	1.3	91.4
Changchun	7237	3.2	15.8	3.7	100	2.2	16.9	5.6	100	1.7	21	11.2	98	2.7	19.1	8.1	99.6	2.6	34.8	17.2	89.9
Mt. Stromlo 2	7825	3.2	16.7	6.1	100	2.5	6.7	5.3	100	1.9	16.3	9.1	99.4	2.9	13.6	5.3	98.2	1.7	10.7	2	94.8
Zimmerwald 532	7810	2.9	10.1	6	100	1.8	6.5	3.6	100	2.4	17.6	8	100	3.1	12.8	3.9	96.5	2	10.8	3.1	93.9
Matera MLRO	7941	2	10.3	4.9	100	1.1	6.3	3	100	1.4	15.7	5.4	98.6	1.5	11.2	3.7	100	1.1	17.6	5.1	96.3
Herstmonceux	7840	1.9	9.8	2	100	1	6.7	1.5	100	1.4	14.5	3.5	100	1.6	9.6	2.5	99.2	1.5	11.8	1.9	95.9
Greenbelt	7105	2.9	11.3	5	100	1.6	6.2	3.7	100	2.2	15.2	3.8	99.4	2	13.5	3.7	98.7	1.7	10.4	4	89.4
Graz	7839	1.8	10.2	4.2	100	1.3	6.6	2.4	100	1.3	9	7.4	100	1.6	10	3.5	98	1.1	8.9	3.8	96.4
Wettzell	8834	2.7	12	9.3	100	1.9	7.5	6.7	100	1.2	15.3	9.6	100	2.1	8.5	3.9	99.1	1.2	14.2	7.5	92.9
Monument Peak	7110	3.8	22.1	6.4	99.9	2	8.4	5.9	100	2.4	21.1	10.6	99.5	2.5	18.2	3.3	98.4	2.1	14.1	4.8	90.2
Shanghai 2	7821	3.3	17.1	6.6	100	1.4	14.1	5.9	100	1.5	19.7	11.9	100	2	20.4	8.1	99.8	1.3	22	4.9	95.7
Potsdam 3	7841	2.2	10.7	5.6	100	1.5	7.7	3.6	100	1.5	16.8	4.5	100	1.4	10.9	5.1	98.1	1.5	10.7	3.5	94.8
Hartebeesthoek	7501	4.1	13.7	9	99.2	3	7.4	4.1	100	1.5	18.4	8.6	98.3	6.3	18.9	7.7	97.4				
Wettzell SOSW	7827	2.5	10	3.7	100	1.9	7.7	4.3	100	1.5	19.1	9.9	95.5	1.9	11.8	6.6	98.9	0.9	10.1		96.2
Beijing	7249	8.5	15.5	11.6	93.7	20.9	27.2	10.3	100	4.8	23.1	12.2	85.7	7.6	19.6	12.2	92.8	6.5	23.5	12.4	87.7
Altay	1879	4.9	16.3	10.3	100	3.2	17.9	14.6	100	2.5	22	16	96.4	3.4	28.7	12.7	99.3	2.6	21.9	8.5	94
Haleakala	7119	5	27	9.6	99.5	2.6	7.8	3.3	100	2.7	18.4	2.8	97.8	4.1	19.7	4.7	99.1	3.4	20.5	6.7	91.5
Badary	1890	6.2	10.4	10.3	100	5.7	11.9	15	100	4.1	18.9		96.8	6	17.9	11.4	99.6	4.2	18.5	19.3	95.4
Kunming	7819	6.6	17.8	30.7	98.5	7.1	18.1		100	3.8	22.9	22.2	94.7	5.1	25.5	22.2	97.3	3.5	22.5		95
Simeiz	1873	23	42.8	27.3	91	24.7	40.7	31.7	100	4.9	37.4	22.2	57	19.1	38.7	22.2	92.4				
Katzively	1893	13	15	15.5	99.1	9.5	16.1	14.8	100	5.6	24.3	15.7	81.4	9.3	26.1	10.1	87.4	9.4	18.8	18	94.5
Komsomolsk	1868	7.7	21.5	24.5	100	5.8	25.1	24.9	100	4.3	33.6	35.8	96.1	5.6	37.3	18.6	96.9	3.2	25.8	10	88.5
Brasilia	7407	5.6	24.2	17	100	6.2	12.8	6	100	3.6	21.5	18.7	93.1	7	12.7	12.8	100				
Simosato	7838	5.1	14.1	17.1	100	2.8	9.4	18.7	100	3.6	17.5	19.5	98.3	4.4	15.3	5.6	99.8	4.6	16.2	12.4	95.8

续表

测站信息		DGFI 轨道分析				伯尔大学轨道分析				JCET 轨道分析				MCC 轨道分析				SHAO 轨道分析			
测站位置	测站 ID	Lageos RMS /mm	短期 /mm	长期 /mm	Lageos 标准点优秀率 /%	Lageos RMS /mm	短期 /mm	长期 /mm	Lageos 标准点优秀率 /%	Lageos RMS /mm	短期 /mm	长期 /mm	Lageos 标准点优秀率 /%	Lageos RMS /mm	短期 /mm	长期 /mm	Lageos 标准点优秀率 /%	Lageos RMS /mm	短期 /mm	长期 /mm	Lageos 标准点优秀率 /%
Papeete	7124	4.3	18.3	9.5	100	3	9.1	6.2	100	2.9	20.6	5.9	98.9	3.8	19.3	8.9	98.8				
Baikonur	1887	4.4	11.2	11.9	100	3.6	11.6	17.8	100	2.9	27.6	12.9	99.4	5.3	18.6	9.4	99.2	2.3	27.5	13.8	99.1
Irkutsk	1891	5.3	17.2	6.6	100	4.3	14.8	8.3	100	3.4	21.1	4.8	98.2	4.6	12	11.7	100	3.8	12.1		92.5
Zelenchukskaya	1889	7.5	12.8	12.2	100	6.1	12.2	10.4	100	5.1	19.8	24.6	96	5.9	18.3	12.6	94.8	5.4	17.6	6.2	93.5
Arkhyz	1886	12.5	27	15.8	100	6.3	28.5	11.9	100					6.5	10.2	13.6	91.5	5.9	18.9	16.2	92.9
Grasse MEO	7845	4	12.5	5.8	100	2.6	10.5	10.6	100	2.6	19.4	8.7	98.4	3.2	13.2	5.9	95.7	2.8	14.3	7.2	94.3

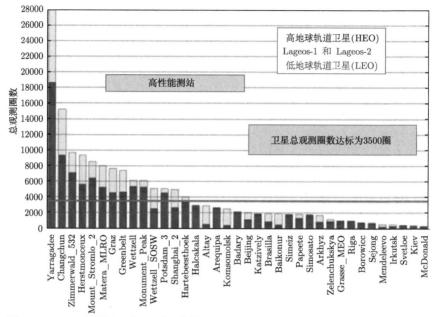

图 1.3   ILRS 各测站 1 年观测圈数情况 (2016 年 9 月 1 日 ~ 2017 年 8 月 31 日)

(彩图扫封底二维码)

图 1.4   LLR 测量

1.2   SLR 发展历史

SLR 发展也是经过了漫长的过程, 以及很多科学家和技术人员的努力才发展到今天的。SLR 测量首先需要激光器和人造卫星。1916 年, 爱因斯坦发表了《关于辐射的量子理论》, 该文综述了量子论发展的成就, 指出受激发射的概念, 为激光技术提供了理论基础。美国、苏联两国科学家分别在 1954 年前后研制成了一批微波激射器 (MASER)，并把它们推广到电磁波谱的光频波段，从而产生强的相干光辐射，为激光的产生奠定了基础。1958 年，美国物理学家肖洛和汤斯在《物理评论》上发表了《红外与光学激射器》，提出了研制激光器的可能性和有关条件。1960 年 7 月 7 日，美国 T. 梅曼博士研制成了红宝石激光器，产生了世界上第一束激光，其强度比普通强光还要高 20 个量级，光波段包括红外、可见光、紫外直至 X 射线。目前有些 SLR 测站还保留或者使用红宝石激光器。有了激光器还得有卫星，离地球最近的自然卫星月球由于距离太远，从而使得其测量在当时相当长时间里是困难的。但是，随着 1957 年 10 月 4 日苏联发射了世界上第一颗人造卫星之后，美、法、日相继发射了自己的卫星，我国也于 1970 年 4 月 24 日发射了自己的第一颗卫星 "东方红一号"，人造卫星多了起来，使得 SLR 可选的卫星丰富起来。1964 年美国发射了第一颗激光卫星 Beacon-B，进行了激光测距试验，当时激光发射的高度仅几百米，测距精度也仅为几米，测距频率也是非常低的，但是无论如何这标志着卫星激光测距的开始。

其次，SLR 的发展还需要 SLR 数据处理的准备和发展。20 世纪六七十年代，对卫星测量数据的处理刚刚起步，好多模型都没有，即使是重力场的模型也很粗糙；计算机都还是老式的那种看着不像电脑的早期计算机，如 EAI Pace(TR48)，它是 1960 年生产的台式电脑，采用了类似早期电视机的四桌腿设计，其质量约 150kg，但这是当时最完整的桌面模拟计算机，解决了人类无法处理的一些复杂运算需求，甚至还参与了 "阿波罗登月" 计划。因此当时的定轨精度也仅仅达到千米级水平。

20 世纪 80 年代开始，随着计算机的发展和卫星动力学模型的建立与完善，SLR 数据处理越来越成熟，定轨精度达分米级，SLR 测量数据和产品正式提供。随后 SLR 测量技术得到了初步的应用，其测站陆续建立并全球分布，测量技术上也有了很大提高，激光器性能普遍得到了提高，测距精度由分米级开始迈向厘米级，测距能力也达到了数千千米，测距频率可以达到 10Hz。随着 SLR 测量技术的不断发展，到 20 世纪 90 年代，SLR 测量精度有了质的飞跃，可以达到 5cm 左右，甚至亚厘米级，SLR 的应用广泛开展了起来，全球 SLR 测站也达到了 40 多个。1998 年 11 月，国际激光测距服务 (ILRS) 成立，负责协调全球激光测距网的联测任务和提供 ILRS 各种产品，2004 年开始提供基于 7 天观测的每周 EOP 产品，支持 IERS EOP 的综合和参考架的维持。截至 2023 年，全球已有 80 余个观测站、110 多个 SLR 点位，至少 120 颗空间科学应用卫星或导航卫星带有激光角反射器阵，其目的就是利用 ILRS(IAG 的空间大地测量分支之一，http://ilrs.gsfc.nasa.gov) 的全球分布 SLR 测站进行精密定轨、测量标校、结果评估和系统差检验、ITRF 地球参考架的实现和维持，以及重力场测定等，以便更好地完成它们既定的科学目标和工程应用目标。除了 SLR 测站的增加和观测卫星数增多外，SLR 测距精度也提高到亚厘米甚至毫米，测距能力提高到 4 万千米，目前正在开展行星际激光测距，高重复频率 (10kHz) 和白天测距已经比较普遍。SLR 数据处理工作也发展迅速，ILRS 及下属的数据分析中心负责 SLR 的数据处理和提供相应产品。其主要分析中心和辅助分析中心见表 1.4 和表 1.5。ILRS 长期定位精度也可达毫米

表 1.4　ILRS 7 家分析中心

国家或地区	名称
意大利	意大利航天局 (Italian Space Agency，ASI)
德国	德国联邦制图和大地测量局 (Bundesamt für Kartographie und Geodäsie，BKG)
德国	德国大地测量研究所 (Deutsches Geodätisches Forschungsinstitut，DGFI)
总部巴黎	欧洲航天局 (European Space Agency，ESA)
德国	德国地学研究中心 (Helmholtz Centre Potsdam German Research Centre for Geosciences，GFZ)
美国	美国地球系统技术联合中心 (Joint Center for Earth System Technology，JCET)
英国	英国自然环境研究理事会空间大地测量组 (NERC Space Geodesy Facility，NSGF)

表 1.5　ILRS 辅助分析中心

位置	名称
奥地利	奥地利科学院 (Austrian Academy of Sciences)
瑞士	欧洲定轨中心 (Center for Orbit Determination in Europe，CODE)
美国，得克萨斯大学	空间研究中心 (Center for Space Research，CSR)
保加利亚	大地测量中心实验室 (Central Laboratory for Geodesy)
荷兰	地球定向空间研究所 (Delft Institute for Earth Oriented Space Research，DEOS)
法国	空间大地测量研究小组 (Groupe de Recherche en Géodésie Spatiale，GRGS)
日本	一桥大学 (Hitotsubashi University)
俄罗斯，圣彼得堡	应用天文学研究所 (Institute of Applied Astronomy)
俄罗斯，莫斯科	天文研究院 (Institute of Astronomy)
意大利	空间天体物理学和行星学研究所 (Institute for Space Astrophysics and Planetology，IAPS)
韩国	韩国天文和空间科学研究所 (Korea Astronomy and Space Science Institute，KASI)
乌克兰	乌克兰国家科学院总天文台 (Main Astronomical Observatory of the National Academy of Sciences of Ukraine，GAOUA)
英国	纽卡斯尔大学 (Newcastle University)
挪威	挪威测绘局 (Norwegian Mapping Authority)
俄罗斯，普尔科沃	EOP 和参考系分析中心 (Pulkovo EOP and Reference Systems Analysis Center，PERSAC)
俄罗斯	计量技术物理与无线电工程研究 (Metrological Institute of Technical Physics and Radio Engineering，VNIIFTRI)
中国，上海	上海天文台 (Shanghai Astronomical Observatory，SHAO)
日本	筑波空间中心 (Tsukuba Space Center/JAXA)
波兰，弗罗茨瓦夫环境与生命科学大学	大地测量与地理信息研究所 (Institute of Geodesy and Geoinformatics，IGIG)

级，给出极移精度为 0.2~0.3mas。UT1 和章动原则上也可以估计，但是由于它们和轨道升交点赤经的相关性较强，从而很难分开。实际处理结果显示 Lageos-1 升交点每月有一个 0.5ms 的漂移，日长 (LOD) 估计精度在 0.02ms。

我国 SLR 测量技术是在 20 世纪 70 年代开始研发的。1971~1972 年，华北光电技术研究所 (与北京天文台 (现中国科学院国家天文台) 合作) 和上海天文台 (与中国科学院上海光学精密机械研究所合作) 在国内最早开始 SLR 试验，研究第一代激光测距系统。1983 年，由中国科学院组织、几个研究所协作完成的第二代 SLR 系统在上海天文台投入运转，测到了 5000km 远的 Lageos 卫星，单次测距精度达到 15cm，并参加了 MERIT 国际地球自转联测。中国科学院长春 SLR 站于 1992 年正式参加国际联测。20 世纪 90 年代初期，一般激光测距精度可以达到厘米级，定轨精度达到厘米级水平。1997 年 8 月，SLR 系统有重要改进，单次测距精度从 5cm 提高到 1~2cm，观测数量和质量均有了显著改进。北京 SLR 站属国家测绘局，从 1994 年参加国际联测，1999 年以来有了重要改进，目前的测距精度也达到了 1~2cm，每年可获得约 1500 圈数据。武汉 SLR 站由中国科学院测量与地球物理研究所和中国地震局联合建立，1988 年开始参加国际联测，由于地处市区，天气不好，资料较少，2000 年搬到郊区，观测条件有所改善。中国科学院云南天文台于 1998 年参加国际联测，该系统望远镜口径为 1.2m，激光能量高，具有很强的测距能力，具有成为月球测距站的潜力。

中国卫星激光测距流动站 2000 年开始研制，两台卫星激光测距流动站均由中国地震局研制，其中一台属西安测绘研究所，另一台属中国地震局，用于监测中国地壳运动，曾流动到西藏、新疆、威海等地。流动站单次测量精度与固定站观测精度有一些区别，主要由观测水平和观测数量决定，好的时候可以达到固定站测量精度，差的时候有较大的观测距离偏差和时间偏差，测量精度达米级，中国 SLR 测站测量情况统计如表 1.6 所示 (常规站以 2017 年为例)。

表 1.6 中国 SLR 测站测量情况统计

测站	国际编号	测量精度/cm	年观测圈数
上海	7837/7821	1~1.5	3969
长春	7237	1~1.5	17898
北京	7249	1~1.5	3368
武汉	7236/7231/7396	1~1.5	设备故障
昆明	7820/7819	1.5~2.0	3254
西安	—	2~3	604(2016 年)
流动站 乌鲁木齐	7355	2~3	—
流动站 拉萨	7356	2~3	72
流动站 威海	自定	1~3	510(2015 年);111(2016 年); 设备故障 (2017 年)
流动站 新疆南山	自定	1~3	266(2021 年)

中国卫星激光测距网成立于 1989 年，目前包含了上述 6 个固定站和 2 个流动站，负责单位是上海天文台，中国 SLR 测站分布如图 1.5 所示。上海天文台负责组织协调，统一观测规范，合作进行技术改造等。2006 年，由国家天文台在阿根廷圣胡安建立了一套激光测距系统，由于地理位置及天气状况良好，每年的测量圈数在 5000 以上，成为一个重要的 SLR 台站。

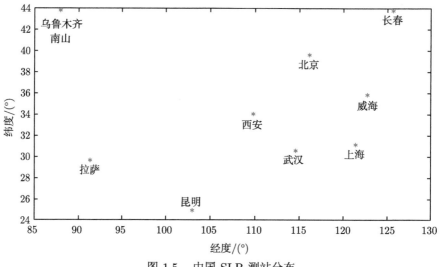

图 1.5   中国 SLR 测站分布

上海天文台是卫星激光测距数据分析中心，负责国内激光测距资料的归档、观测资料的评估和分析等，也是国内唯一一家国际 SLR 数据辅助处理分析中心，承担 ILRS 数据的快速分析和处理，给出各测站的距离和时间偏差以及测站观测质量评估报告和精密轨道等，目前正在争取成为 ILRS 分析中心，提供 ILRS 有关产品。早在 20 世纪 80 年代，上海天文台就开始研究用 SLR 数据独立测定 ERP。1985 年，黄珹等 (1985) 就利用 Lageos 卫星的全球激光数据精确测定了 EOP，建立了上海天文台 ILRS 辅助分析中心的 EOP(ERP) 序列——ERP(SHA)85L01，当时极移的内符精度达 2mas，日长变化精度为 0.13ms，极移变化率的测定是 1mas/d。随着激光测距精度的不断提高和处理技术的提高，上海天文台冯初刚等对 1995~1999 年 Lageos-1 的资料进行分析处理，结果表明定轨残差好于 2cm，解得的 EOP 序列精度：X_p 达 0.43mas，Y_p 达 0.41mas，日长变化精度达 0.022ms。朱元兰等 (2005) 利用上海天文台多星定轨的软件 (COMPASS)，对 1998 年 1 月 ~ 2001 年 12 月期间的 Lageos-1、Lageos-2 卫星的激光测距资料重新归算了地球定向参数 EOP(COMPASS)，并将结果与同期的 EOP (IERS)C04 进行了比较，得到其外符精度为：极移 X_p 为 0.32mas，Y_p 为 0.34mas，日长变化精度为 0.025ms。2006 年，朱元兰等 (2006) 又利用我国 SLR 网卫星 Lageos-1 的激光测距资料独立测定

EOP，选取了 2001 年 4 月 19 日～5 月 30 日，2001 年 9 月 1 日～10 月 30 日
这两个时段国内 SLR 网 (5 个固定站加新疆或西藏流动站，实际情况是仅三个站
有数据，其他站很少或近乎整月无数据) 对 Lageos-1 卫星激光测距资料，将其与
IERS 的 EOPC04 序列进行比较，其极移外符精度为 4~5mas，日长变化精度为
0.32ms，这表明我国不但具有利用全球 SLR 数据独立解算 EOP 的能力，也具有
利用我国区域 SLR 网数据解算 EOP 的能力。2004 年，中国卫星激光测距网成
功实现了对 "神舟四号" 飞船的联测。2008～2009 年，对资源卫星进行了全网联
测，为其精密定轨提供了高精度测距数据。

1.3 SLR 作用

近年来，SLR 以它全球无偏绝对距离测量优势，以及超短激光脉冲技术和皮
秒计时器的应用、白天测距技术和高重复率 kHz 技术的实现及数据处理方法的不
断更新和完善，测量精度正从亚厘米级迈向毫米级，成为建立和维持毫米级地球
参考架、EOP、低阶重力场、卫星轨道确定和微波轨道精度评估及系统差标定等
不可缺少的技术手段。SLR 数据处理方法通常是一种动力测地方法，卫星轨道参
数、测站坐标 (包括速度) 和 EOP 同时解算。IERS 规范中推荐了 SLR 数据处理
中的各种模型，包括协议的动力学参考系 (SLR 处理中用的天球参考系)、观测数
据的改正模型 (对流层大气延迟改正、相对论改正等)、卫星轨道计算的力学模型
(地球引力场、固体潮和海潮摄动、太阳辐射压和广义相对论摄动等模型) 和常数
系统 (如光速 c、地球引力常数 GM) 等。SLR 数据处理中采用这些模型和常数
系统就确定了 SLR 地球参考架的原点和尺度，在卫星轨道确定中用的地球引力
场模型的三个一阶系数为零 ($C_{10} = C_{11} = S_{11} = 0$)，这样就从理论上把 SLR 地
球参考架的原点定义到了质心。而光速 c 和地球引力常数 GM 以及所采用的相
对论改正模型确定了参考架的尺度。

在国际地球参考架 (ITRF) 建立过程中，SLR 成为定义参考架原点的唯一技
术手段，并与甚长基线干涉测量 (VLBI) 技术共同定义了参考架的尺度因子。关
于地球参考架的定向，因为 SLR 技术的观测量是一个无方向观测量 (设想激光
卫星的轨道面与地球的零子午面围绕极轴同时旋转一个角度，观测量保持不变)，
所以 SLR 用于地球参考架的定向有一定的随意性。在最早美国国家航空航天局
(National Aeronautics and Space Administration，NASA) 戈达德空间飞行中心
(Goddard Space Flight Center，GSFC) 和美国得克萨斯大学空间研究中心 (CSR)
建立 SLR 地球参考架时，均采用固定个别台站的经纬度 (如两个站的纬度和一个
站的经度) 来确定参考架的定向。由于大部分激光卫星离地不太远，对地球物理
因素和质心运动的影响比较敏感，这为监测地球物理参数和质心运动提供了有利

的条件。SLR 测量技术在测地领域中的主要作用有：

——进行厘米级精密定轨，测定卫星的轨道参数；

——测定 SLR 台站坐标和运动速度，建立 SLR 地球参考架；

——测定地球自转参数 (极运动、极运动速率和日长变化)；

——监测地球质心运动 (时变)；

——监测板块运动和区域性地壳形变；

——测定地球动力学参数 (如光压系数、大气阻力系数等)；

——测定低阶静态和时变地球重力场系数；

——测定基础物理常量 GM；

——测定月亮历表和月球天平动；

——验证广义相对论效应等。

SLR 目前对 20 多颗卫星进行常规观测，可对这些卫星进行厘米级的精密定轨，同时，SLR 观测可以作为完全独立的微波测量定轨结果的检验工具。轨道检验是基于 SLR 测量值和用微波定轨结果得到的计算值之差，其距离残差主要标志着微波轨道径向的精度 (Gurtner et al., 2005)。在国际地球参考架 ITRF2000 及以后的 ITRF 序列中，SLR 成为定义参考架原点即地心的唯一手段，并与 VLBI 技术共同定义了参考架的尺度因子，同时确定测站坐标速度和 EOP，和其他空间技术 (GPS/VLBI/DORIS) 一起维持着 ITRF 时变参考架和参考架的转换 (Sawabe et al., 1999)。另外，它还可进行高精度的重力场系数测量、3D 地壳形变监测、地形和液体表面变化的监测 (如平均海平面和大气潮测量等)、微波跟踪技术标校和皮秒 (ps) 精度的全球时间同步等，因此 SLR 在大地测量中具有极其重要的作用 (Pearlman et al., 2005)。

1.4   SLR 应用现状

SLR 应用是随着 SLR 测量和数据处理水平的不断提高而逐步深入和广泛发展的，SLR 数据处理开始于 20 世纪六七十年代，当时的测距精度在 20~30cm，定轨的模型误差较大，定轨精度在米级甚至几十米。随着 80 年代后期测量精度的提高 (单次测量精度可达 1~2cm) 和计算机的大力发展，以及力学模型和观测模型的完善，SLR 数据处理精度有大幅提高，定轨精度也达厘米水平，同时进行了重力场低阶位系数、地心和 EOP 的测定等应用研究。1998 年成立了 ILRS，目的就是系统性、高质量、及时地提供 SLR 的各种产品给各类用户，从此形成了 SLR 数据处理的规范和观测的规范，并在全球范围内进行定期的交流，进行模型、方法以及产品的内容、格式和提供的频率等的更新。ILRS 各分析中心基本于 2007 年前实现了 SLR 数据处理自动化，同时利用 IRES2010 规范和有关模型对 1993~2015

年的数据进行了重新处理，提供 SINEX 格式 SLR 周解 (Schillak et al., 2003)。

ILRS 各分析中心利用各自的软件包提供每周产品，如 DGFI 利用 DOGS 软件包处理全球 41 个测站的 Lageos-1 和 Lageos-2 数据，提供每周的包含站坐标和 EOP 的 SINEX 格式 SLR 解，并对这些每周的解序列进行综合，生成它们自洽一致的时间变化序列，并比较两颗 Lageos 卫星得到结果 (站坐标序列) 的异同，同时与长期的混合结果进行比较，检查内部的一致性和 SLR 参考架的时间演化，并提供地心变化监测序列。目前两颗 Lageos 卫星和其他测地卫星如 Etalon-1 和 Etalon-2 可以更好地定义极移和 LOD，在加强跟踪期间可以得到小于 1 天 (sub-daily) 间隔的解，同时由于多颗卫星的加入，可以提高站坐标精度，从而提高 SLR 全球参考架 (Dunn，1973)。作为很多应用和研究的基础，地球参考架必须高精度地确定和维持，这要求进行不同大地测量和地球动力学参数及不同归算方法的研究，研究不同空间大地测量技术的特点。如果 SLR 测站的全球分布可以优化，则 SLR 的功效还将增强 (Bezdek，1980)。Bianco 等 (1998) 从 SLR 的两年多颗星 (7 颗测地卫星 Lageos-1 和 Lageos-2，Stella，Starlette，Ajisai，Etalon-1 和 Etalon-2) 数据分析中确定了地球重力场低阶位系数的月估计值，方法是每颗星各自估计，然后再混合。这个方法要求卫星轨道的精确模拟，以便可以分离重力场位系数：先假定一个先验的重力场模型 JGM3 和有关的潮汐模型，再通过合适的经验加速度的估计仔细地估计非重力场影响，估计的系数 (J_2, J_3, J_4, J_5) 的时间序列，可以用来探测因质量重新分布带来的季节性变化。

我国除了提供每周的辅助分析中心产品外，还提供每周的 SINEX 格式站坐标和 EOP 等，并且已尝试进行 SLR 长序列结果综合分析，给出测站参考历元的坐标速度、EOP 和地心变化序列。早期对测站坐标速度、EOP 和地心、重力场位系数测定等也做了一些研究，如 EOP 的 SLR 测定，从 20 世纪 80 年代，上海天文台就开始研究用 SLR 数据独立测定地球自转参数 (ERP)。随后，朱文耀等考虑当时中国的 SLR 网仅初具规模，还没有投入全面的工作，就选取了与中国 SLR 网台站分布状况基本相同的北美五个 SLR 站的实测资料独立解算卫星的轨道和地球自转参数，并与全球 SLR 网测定的结果进行了比较，由此论证了中国 SLR 网今后独立定轨和测定地球自转参数可以达到的精度，其保守的估计是：测定地球自转参数的精度可优于 10mas，定轨精度 (十天弧段) 可优于 50cm(当时的测距精度是 10~20cm)。随着激光测距精度的不断提高和数据处理技术的提高，SLR 单技术综合不同分析中心结果测定 EOP 精度有很大进步，目前极移 X_p 可达（-0.035 ± 0.187）mas，Y_p 可达（0.002 ± 0.176）mas，LOD 可达（-0.001 ± 0.048）ms（邵璠，2019）。

各分析中心除了提供卫星的精密轨道外，一些分析中心还提供 SLR 对卫星轨道精度的评估和系统差的检验，如 CODE 就长期提供每日的 SLR 和微波轨道之间距离残差, 并给出两颗 GPS(PRN G05, G06) 和 3 颗 GLONASS 卫星 (PRN R03, R22, R24) 的距离残差序列分析。分析可以看到不断增长的微波轨道精度和新的激光反射器阵所产生的效果。CODE 轨道显示了 GPS 卫星轨道有 2.7cm 的标准差、−5.8cm 的偏差, GLONASS 卫星轨道有 4.9 cm 的标准差、−2.3cm 的偏差, 引起这些偏差的原因还不清楚, 但是在距离残差中有明显的依赖弧段的系统差, 但很难将其归于测站或卫星的误差源里, 也许是微波定轨的缺陷引起了这种与卫星弧段有关的误差 (Gurtner et al., 2005)。我国目前也将 SLR 作为北斗卫星定轨结果检核的工具, 取得了成果, 但是对区域微波技术定轨精度的提高还需要长期有效的 SLR 观测来提供其系统差的检验和轨道估计结果的相互比对 (Wang et al., 2009)。

广义相对论效应验证一直是科学界的热点, 自爱因斯坦于 1915 年提出广义相对论以后, 在近百年之中已进行了五个经典实验验证。根据广义相对论, 强引力场附近是弯曲的, 此时, 光不是沿着人们通常说的 "直线" 传播, 而是沿着 "曲线" 传播。比起太阳系各大行星来, 太阳可谓大质量天体, 存在强引力场, 因此, 经过太阳边缘的星光会出现弯曲。1919 年 5 月 29 日, 英国天文学家爱丁顿率领两支日食远征队在西非的普林西比岛进行测量, 证实了星光经过太阳附近确实发生了偏转, 爱丁顿认为这是他在天文学研究中最激动人心的事件, 这也是广义相对论的经典验证实验, 即太阳引起的光线偏折实验验证。除了早期提出的广义相对论三大经典实验验证 (包括光谱线的引力红移、太阳引起的光线偏折和内行星轨道近日点的进动) 外, 还有美国斯坦福大学 1990 年进行的广义相对论的第五个实验检验——绕地轨道上的陀螺仪进动实验, SLR 广义相对论效应验证就是基于此验证进一步深入。

1.5 SLR 卫星简介

最早的球形 SLR 地球动力学卫星为法国国家太空研究中心 (Centre National d'Etudes Spatiales, CNES) 于 1975 年发射的 Starlette 卫星, 自此之后, 相关科研机构在几十年内发射了多个 SLR 地球动力学卫星。表 1.7 给出了目前相关科研机构已经发射的 SLR 地球动力学卫星的基本信息。

表 1.7 SLR 地球动力学卫星信息

卫星		发射				卫星信息					轨道信息		
名称	外形	发射年份	停止跟踪	发射机构	COSPAR ID	直径/cm	质量/kg	反射器数量	质心/mm	截面积/mm^2	高度/km	离心率	倾角/(°)
Staelette/Stella		1975/1993	*	CNES/CNES	7501001/9306102	24.0/24.0	47.3/48.0	60/60	75.0/75.0	0.65	(790~1100)/810	0.021/0.001	49.8/98.6
Lageos-1/2		1976/1992	*	NASA/ASI	7603901/9207002	60.0	411.0	426	242.0~256.0	7.0	5860/5620	0.004/0.014	109.9/52.7
GFZ-1		1995	1999	GFZ	8601795	21.6	20.6	60	58.0	0.20	400	0.001	51.6
Etalon-1/2		1989	*	RS	8900103/8903903	129.0	1415.0	2146	552.0~613.0	60.0	19120	0.001/0.001	64.9/65.5

续表

卫星		发射			COSPAR ID	卫星信息					轨道信息		
名称	外形	发射年份	停止跟踪	发射机构		直径/cm	质量/kg	反射器数量	质心/mm	截面积/mm²	高度/km	离心率	倾角/(°)
WESTPAC		1998	2002	EOS/RSA	9804301	24.0	23.0	60	63.4~64.1	0.03	835	0.001	98.0
Larets		2003	*	IPIE	0304206	24.0	23.3	60	56.2	0.16	691	0.002	98.2
LARES-1/2		2012/*	*	ASI	1200601/*	36.4/40.4	386.8/285.0	92/303	133.0~165.0	3.3/3.9	1450/5900	0.001/0.001	69.5/70.1
Ajisai		1986	*	JAXA	8606101	215.0	685.0	1440	1010.0	12.0	1500	0.002	50.0

注：* 代表卫星尚未发射，或该卫星停止跟踪 (Pearlman et al., 2019)。

1.6 ILRS 简介

ILRS 的主要任务是: 满足全球 SLR 测站观测数据的获取与分发, 不同卫星任务之间的沟通、技术发展、数据分析以及各类科学交流等。全球卫星激光测距和月球激光测距的数据以及相应的产品对于支持高精度的地球动力学研究和地球物理学研究以及维持国际地球参考框架至关重要。

ILRS 是由全球 30 多个国家的 75 个组织所组成的志愿组织。类似于其他国际组织, 如 IAG(国际大地测量学会, International Association of Geodesy)、IGS(国际 GNSS 服务, International GNSS Service)、IVS(国际 VLBI 服务, International VLBI Service (for Geodesy and Astrometry))、IDS(国际 DORIS 服务, International DORIS Service) 等, ILRS 也是在一个类似的管理模式下运行, 这些组织会发展相应的标准或规范, 通过相应的机构监控全球观测, 通过一定的标准定义分发观测数据与产品, 多年来这些机构相互合作与交流, 同时与 IERS、IAG、GGOS、IUGG 和 IAU(国际天文联合会) 进行交流合作 (Pearlman et al., 2019; Noll et al., 2019)。

ILRS 的主要组织形式如图 1.1 所示, 主要的组成部分如下所述。

(1) 观测站。这些测站被批准称为 ILRS 的一部分并被授权可以对当前的卫星进行观测。这些测站的观测必须遵守当前卫星测距的规定, 同时须遵守测站配置的操作准则、激光安全准则、数据传输准则等。目前整个网络主要分为三部分: NASA、欧洲激光网络 (European Laser Network, EUROLAS) 和西太平洋激光跟踪网络 (Western Pacific Laser Tracking Network, WPLTN)。

(2) 运行中心 (Operation Centers, OC)。目前的两个运行中心为位于 EURO-LAS 的数据中心 (EUROLAS Data Center, EDC) 和 NASA。它们与 ILRS 的各个子网和测站对接进行全球数据的收集, 包括标准点 (normal point, NP) 数据和全速率观测数据 (fullrate 数据), 并对这些数据进行质量控制。测站需将观测数据按照小于一天间隔组织成文件上传给运行中心, 之后运行中心会对这些文件进一步处理并将这些数据提交数据中心进行存储。

(3) 数据中心 (Data Centers, DC)。运行中心的数据文件和分析中心的产品会提交给数据中心, 数据中心会将这些测距数据和分析产品以公开的形式存放于网络, 可供公开下载。目前的两个 ILRS 数据中心为 EDC 和地壳动力学数据信息系统 (Crustal Dynamics Data Information System, CDDIS)。

(4) 分析中心 (Analysis Centers, AC)。SLR 和 LLR 的分析中心与辅助分析中心会将观测数据进行处理和分析并按照 ILRS 的标准生成产品文件, 这些产品通常按照一天和一周的长度进行处理。分析中心生成测站坐标和 EOP 文件, 以及卫星的精密轨道文件, 辅助分析中心生成特殊的产品, 如全球测站的质量报告等。

(5) 中央局 (Central Bureau，CB)。ILRS 的中央局负责管理 ILRS 的各类事务并负责机构内不同组织的相互交流及与外部组织的相互交流。中央局建立各种运行标准并推广这些标准。中央局负责监控测站网络运行、监测卫星的运行、控制卫星的观测、维持 ILRS 网站的运行和相关文档文件更新、生成数据产品报告和测站质量报告，并负责各类会议的举办。ILRS 中央局目前由 NASA 的戈达德太空飞行中心 (GSFC) 负责管理，并定期召开会议进行问题讨论。

(6) 执行委员会 (Governing Board，GB)。由 18 位成员组成的 ILRS 执行委员会负责制定 ILRS 官方政策以及制定组织未来发展方向。执行委员会对于 ILRS 产品、卫星跟踪列表、制定新标准进行最终决议。执行委员会主席负责与其他机构和服务的交流，其他成员来自于 ILRS 各下属组织机构或来自于外部机构如 IAG、IERS 和 GGOS 等 (Pearlman et al., 2019；Noll et al., 2019)。

1.7　本 书 结 构

本书第 1 章绪论主要阐述了 SLR 概况、发展历史、作用、应用现状，以及 SLR 卫星和 ILRS 简介等，让读者基本了解 SLR 发展过程、测站分布情况、卫星情况、测量精度、应用情况及其意义；第 2 章 SLR 精密定轨理论讲述了 SLR 数据处理涉及的时间、坐标与常数系统，卫星运动方程、测量原理及观测方程；第 3 章 SLR 动力学模型讲述了 SLR 卫星所受摄动力及其动力学模型；第 4 章 SLR 观测模型讲述了 SLR 测量中的所有误差源以及建模方法；第 5 章 SLR 数据处理方法讲述了如何进行 SLR 数据处理及其定权策略问题；第 6~12 章讲述了 SLR 在卫星轨道参数确定、微波轨道精度评估、国际地球参考架与 EOP 监测、低阶重力场系数确定、地心运动监测、卫星自转、广义相对论验证等方面的应用；第 13 章讲述了 LLR 及其应用。

第 2 章　SLR 精密定轨理论

在 SLR 数据处理和精密定轨中，时间系统和坐标系统是两个重要的基准，是 SLR 应用研究的基础，不论是输入数据、内部计算，还是输出数据，都会遇到所使用的不同的时间尺度与不同的坐标系统 (王小亚等，2017)。为此，本章首先介绍 SLR 所使用和涉及的时间系统和坐标系统 (叶叔华等，2000；李济生，1995)，然后在此基础上，介绍 SLR 卫星运动方程、测量原理和观测方程。

2.1　时　间　系　统

2.1.1　太阳系质心动力学时和原时

在爱因斯坦广义相对论中引进了两种时间尺度，一种为坐标时 t，它是存在于整个参考框架中的均匀时间系统，是抽象的、不可观测的时间尺度。不同的坐标系有不同的坐标时，坐标变换时它将与空间坐标一起变换。它是时空框架的一个重要分量，同时也是描述物理事件特别是力学运动的主要参量，因而它又称为力学时。相对太阳系质心的运动方程的时间尺度称为太阳系质心动力学时，简称质心动力学时，记为 TDB(barycentric dynamical time)。这是解算坐标原点位于太阳系质心的运动方程、编制行星星表时所用的一种时间系统。月球、太阳和行星历表都是以 TDB 为独立变量的，此外岁差、章动的计算公式也是依据该时间尺度的。

另一种时间尺度为原时 (proper time)τ，其具体定义为

$$\mathrm{d}\tau = \sqrt{-g_{\mu\nu}\mathrm{d}x^\mu \mathrm{d}x^\nu} \tag{2.1}$$

式中，$g_{\mu\nu}$ 为度规张量；$\mathrm{d}\tau$ 为观测者处原子钟所记录的时间，它随钟所处位置 (引力场) 以及钟运动速度之不同而异，因而在一确定的坐标系内，原时不能唯一地确定。

2.1.2　地球动力学时或者地球时

当原子钟放在地球质心时，所测得的时间为视地心历书时，又称为地球动力学时 (terrestrial dynamical time，TDT)。1984 年前，天文历表的编算中普遍采用历书时 (ET)，ET 由于其自身的缺点，很快被舍弃不用，但为了保持历表的连续性，需要有一个天文时间尺度来继承 ET，为此引入 TDT 来代替 ET 作为历表

的时间度量。由于 TDT 概念有些模糊，1991 年召开的国际天文学联合会 (IAU) 第 21 届大会又把地球动力学时改名为地球时 (TT)。TT 和 TDB 之间存在一个微小的周期性变化，但在一个周期内两种时间系统的 "平均钟速" 是相同的，它们之间的差别是这样的：

$$
\begin{aligned}
&\text{TDB} - \text{TT} = 0^{\text{s}}.001658 \sin M + 0^{\text{s}}.000014 \sin 2M + \frac{\boldsymbol{v}_{\text{e}} \cdot (\boldsymbol{x} - \boldsymbol{x}_0)}{c^2} \\
&\text{TDB} \approx \text{TT} + 0^{\text{s}}.001658 \times \sin(g + 0.0167 \times \sin g) \\
&g = 2\pi(357.578^{\circ} + 35999.050^{\circ} \times (\text{JD}_{\text{UT1}} - 2451545.0)/36525.0)/360^{\circ}
\end{aligned} \tag{2.2}
$$

式中，M 为地球绕日公转中的平近点角；$\boldsymbol{v}_{\text{e}}$ 为地球质心在太阳系质心坐标系中的公转速度矢量；$\boldsymbol{x}_0$ 为地心的位置矢量；$\boldsymbol{x}$ 为地面钟的位置矢量；JD_{UT1} 为世界时 UT1 的儒略日记时。M 可以由式 (2.3) 获得：

$$
M = 357^{\circ}.53 + 0^{\circ}.98560028 \ (\text{JD} - 2451545.0) \tag{2.3}
$$

式中，JD 为儒略日记时。

卫星的运动方程是以 TT 为独立变量的，TT 是解算围绕地球质心运动的天体的运动方程、编算卫星星历时所用的一种时间系统，其秒长与国际原子时 (International Atomic Time，TAI) 秒长相等，但是起始点有 32.184s 的差异，即

$$
\text{TDT} = \text{TT} = \text{TAI} + 32.184\text{s} \tag{2.4}
$$

2.1.3　世界时和恒星时

为了测量地球自转，人们在天球上选取了两个基本参考点：平太阳和春分点。地球自转的角度可用地方子午线相对于天球上的基本参考点的运动来度量。

世界时 (universal time，UT) 是以地球自转运动为标准的时间计量系统，它定义为平子夜作为 0 时起算的格林尼治平太阳时 (MT)，又叫格林尼治平时 (GMT)。平太阳时是以平太阳作为基本参考点，由平太阳周日视运动确定的时间系统。平太阳是美国天文学家纽康 (S. Newcomb，1835~1909) 在 19 世纪末提出的一个假想参考点，它在天赤道上从西向东匀速运行，其速度与真太阳视运动的平均速度相一致，其赤经为

$$
a_{\odot} = 18^{\text{h}}38^{\text{m}}45^{\text{s}}.836 + 8640184^{\text{s}}.542T + 0^{\text{s}}.0929T^2 \tag{2.5}
$$

式中，T 是从 1900 年 1 月 1 日 12 时起计的儒略世纪数。世界时是以地球自转周期作为时间基准的，其实它不是一个完全均匀的时间系统。为了使世界时尽可能均匀，在世界时中引入极移改正和地球自转速度的季节性改正。各天文台通过观

测恒星得到的世界时初始值记为 UT0, 不同地点的观测者在同一瞬间求得的 UT0 是不同的, 在 UT0 中引入由极移造成的经度变化改正 $\Delta\lambda$, 就得到全球统一的世界时 UT1, 即

$$\text{UT1} = \text{UT0} + \Delta\lambda \tag{2.6}$$

$$\Delta\lambda = (x\sin\lambda - y\cos\lambda)\tan\varphi \tag{2.7}$$

式中, x, y 是瞬时地极坐标, 其同 λ 一样, 都以国际协议原点 (CIO) 为标准; φ 为观测地点的地理纬度; UT1 是全世界民用时的基础, 同时它还表示地球瞬时自转轴的自转角度, 因此, 又是研究地球自转运动的一个基本参量。

在 UT1 中加入地球自转速度季节性变化改正 ΔT_{s}, 可以得到一年内平滑的世界时 UT2, 即

$$\text{UT2} = \text{UT1} + \Delta T_{\text{s}} = \text{UT0} + \Delta\lambda + \Delta T_{\text{s}} \tag{2.8}$$

从 1962 年起, 国际上统一采用的 ΔT_{s} 表达式为

$$\Delta T_{\text{s}} = 0^{\text{s}}.022\sin(2\pi t) - 0^{\text{s}}.012\cos(2\pi t) - 0^{\text{s}}.006\sin(4\pi t) + 0^{\text{s}}.007\cos(4\pi t) \tag{2.9}$$

式中, t 以年为单位, 从贝塞尔岁首起算; $\Delta\lambda$ 和 ΔT_{s} 的数值由国际时间局 (BIH) 计算并通报全球。

UT1R 是由扣除了极向惯量矩的主潮汐形变引起的 UT1 短周期变化的世界时, UT1 和地球的自转速率 ω 都遭受带谐潮汐的影响, IERS2010 规范规定考虑从 5.6 天到 18.6 年的 62 个周期波的影响, 其中 41 个是周期在 35 天以下, 见附录表 1; 21 个是周期在 35 天以上, 见附录表 2, 表中 UT1R、ΔR、$\widetilde{\omega}R$ 分别代表 UT1 改正值、日长改正值和地球自转角速度 $\widetilde{\omega}$ 改正值, 其中 UT1 的单位是 10^{-4}s , 日长的单位为 10^{-5}s , $\widetilde{\omega}$ 的单位是 10^{-14}rad/s。

$$\text{UT1} - \text{UT1}R = \sum A_i \sin\xi_i \tag{2.10}$$

$$\Delta - \Delta R = \sum A_i' \cos\xi_i \tag{2.11}$$

$$\widetilde{\omega} - \widetilde{\omega}R = \sum A_i'' \cos\xi_i \tag{2.12}$$

其中, ξ_i 是德洛奈幅角 (Delaunay arguments) 的线性组合:

$$\xi_i = a_1 l + a_2 l' + a_3 D' + a_4 F + a_5\widetilde{\omega} \tag{2.13}$$

l、l'、F、D'、$\widetilde{\omega}$ 为章动序列基本角引数, 其计算公式为

$$\begin{cases} l = 134°57'46''.733 + (1325^{\mathrm{R}} + 198°52'02''.633)T + 31''.310T^2 + 0''.064T^3 \\ l' = 357°31'39''.804 + (99^{\mathrm{R}} + 359°03'01''.224)T - 0''.577T^2 - 0''.012T^3 \\ F = 93°16'18''.877 + (1342^{\mathrm{R}} + 82°01'03''.137)T + 13''.257T^2 + 0''.011T^3 \\ D' = 297°51'01''.307 + (1236^{\mathrm{R}} + 307°06'41''.328)T + 6''.891T^2 + 0''.019T^3 \\ \tilde{\omega} = 125°02'40''.280 + (5^{\mathrm{R}} + 134°08'10''.539)T + 7''.455T^2 + 0''.008T^3 \end{cases}$$

$$\tag{2.14}$$

式中，上标 R 代表 1 圈，即 360°；

$$T = \frac{\mathrm{TJD(TDB)} - 2451545.0}{36525.0} \tag{2.15}$$

这里，TJD(TDB) 为儒略日形式的质心动力学时。

恒星时 (sidereal time，ST) 是以春分点作为参考点，春分点连续两次经过地方子午圈的时间间隔称为一个恒星日。以恒星日为基础均匀分割，从而获得恒星时系统中的 "时""分""秒"。某一地点的地方恒星时，在数值上等于春分点相对于这一地方子午圈的时角。由于岁差和章动的影响，地球自转轴在空间的方向是不断变化的，所以春分点有真春分点和平春分点之分，相应的恒星时也有真恒星时和平恒星时之分。格林尼治恒星时为春分点相对于格林尼治子午面的时角，有格林尼治平恒星时 (GMST) 和格林尼治真恒星时 (GAST) 两种。GAST 是真赤道坐标系变换到准地固坐标系前所必需的时间尺度。GAST 与 GMST 之间的关系为

$$\mathrm{GAST} - \mathrm{GMST} = \Delta\psi \cos(\bar{\varepsilon} + \Delta\varepsilon) \tag{2.16}$$

式中，$\Delta\psi$ 为黄经章动；$\Delta\varepsilon$ 为交角章动；$\bar{\varepsilon}$ 为平黄赤交角。

世界时也可由恒星时推导出来，其转换公式为

$$\mathrm{UT0} = \mathrm{ST} - a_{\odot} - \lambda + 12\mathrm{h} \tag{2.17}$$

其中，λ 为观测地点的经度 (东经为正)。

2.1.4 国际原子时和协调世界时

原子时即基于原子的能量跃迁产生的电磁振荡定义的时间，原子时秒长定义为：位于海平面上的铯 133 原子基态的两个超精细能级间，在零磁场中跃迁辐射的 9192631770 次所经历的时间。国际原子时 (TAI) 是国际时间局于 1972 年 1 月 1 日引入的，其起点定义为 1958 年 1 月 1 日 0 时 UT1，即在这一瞬间国际原子时和世界时的时刻相同。但由于技术上的原因，在该瞬间两者存在一微小差异，即 UT1 比 TAI 早 0.0039s。TAI 通过全世界天文台的原子钟来维持，是一

个连续而且均匀的时间尺度。TAI 的不稳定性比 UT1 的不稳定性小大约 6 个数量级。

由于地球自转速度有长期变慢的趋势，世界时每年要比原子时慢约 1s，为了避免国际原子时与世界时之间的差越来越大，以及由此带来的不便，1972 年引入了协调世界时 (UTC)。UTC 的秒长与原子时相同，通常于 6 月 30 日或 12 月 31 日最后一秒在 UTC 中引入闰秒，使 UT1-UTC 的绝对值小于 0.9s。UTC 是一种经修正过的原子时，它是均匀但不连续的时间尺度，UT1-UTC 或者 TAI-UTC 用于地固系和惯性系之间的坐标转换中，卫星的状态以及跟踪卫星的观测数据通常都使用 UTC 作为输入、输出的历元时间。TAI 与 UTC 的关系为

$$UTC = TAI - LS \qquad (2.18)$$

UT1-TAI 是由 IERS 公布，在任意时刻可以内插得到，LS 即 (TAI-UTC) 为 UTC 的闰秒数，可查阅 IERS 跳秒资料获得。

2.2 坐 标 系 统

在 SLR 数据处理过程中，我们会遇到不同的坐标系，例如输入的行星历表是基于 J2000.0 太阳系质心天球坐标系的，卫星的运动方程是 J2000.0 地心天球坐标系的，台站坐标和引力场系数是基于地固坐标系的，这些不同的坐标系对描述不同的物理问题具有一定的方便性，因此，需要掌握不同坐标系统的定义及其转换，以方便数据处理。坐标系是由坐标原点、参考平面和参考平面中的主方向三要素确定的，本节介绍几种 SLR 数据处理所涉及的常用坐标系及其转换关系。

2.2.1 太阳系质心天球坐标系

太阳系质心天球坐标系原点定义为太阳系质心，参考平面为 J2000.0(JD= 2451545.0) 平赤道，正 X 轴在参考平面内由太阳系质心指向 J2000.0 的平春分点，Z 轴为参考平面的法向，指向北极方向，Y 轴与 X、Z 轴构成右手系。SLR 卫星运动方程中所涉及的行星历表、太阳和月亮历表在此坐标系表示。

2.2.2 历元地心天球坐标系

历元地心天球坐标系原点定义为地球质心，参考平面为 J2000.0 平赤道，正 X 轴指向 J2000.0 平春分点，Z 轴为参考平面的法向，指向北极方向，Y 轴垂直于 Z 轴和 X 轴构成右手系。历元地心天球坐标系是一种协议惯性系，是通过 FK5 自行星表和星表中的基本恒星位置实现，SLR 卫星运动方程是在该坐标系中建立并进行解算的。历元地心天球坐标系与太阳系质心天球坐标系可以通过原点的平移进行转换。

2.2.3　瞬时平赤道地心坐标系

瞬时平赤道地心坐标系是为了计算方便而引入的只考虑岁差而不考虑章动的一个中间过渡坐标系，它的坐标原点为地球质心，瞬时平赤道面为参考平面，X 轴在参考平面内由地球质心指向瞬时平春分点，Z 轴为参考平面的法向，指向北极方向，Y 轴与 X、Z 轴构成右手系。瞬时平赤道地心坐标系与历元地心天球坐标系仅相差岁差。

J2000.0 历元地心天球坐标系坐标 $\boldsymbol{R}$ 到瞬时平赤道坐标系坐标 $\boldsymbol{r}_m$ 的岁差矩阵定义为

$$(\text{PR}) = R_x(-z_A)R_y(\theta_A)R_z(-\zeta_A) \tag{2.19}$$

Lieske 于 1977 年根据 IAU(1976) 天文常数系统推导了岁差计算公式，给出赤道岁差角的计算公式：

$$\begin{cases} \zeta_A = 2306''.2181t + 0''.30188t^2 + 0''.017998t^3 \\ \theta_A = 2004''.3109t - 0''.42665t^2 - 0''.041833t^3 \\ Z_A = 2306''.2181t + 1''.09468t^2 + 0''.18203t^3 \end{cases} \tag{2.20}$$

式中，

$$t = \frac{\text{JD} - 2451545.0}{36525.0}$$

为从历元 J2000.0 算至观测时间 JD(以儒略日计) 的儒略世纪数。

旋转矩阵如下：

$$R_x(\theta) = \begin{pmatrix} 1 & 0 & 0 \\ 0 & \cos\theta & \sin\theta \\ 0 & -\sin\theta & \cos\theta \end{pmatrix}$$

$$R_y(\theta) = \begin{pmatrix} \cos\theta & 0 & -\sin\theta \\ 0 & 1 & 0 \\ \sin\theta & 0 & \cos\theta \end{pmatrix} \tag{2.21}$$

$$R_z(\theta) = \begin{pmatrix} \cos\theta & \sin\theta & 0 \\ -\sin\theta & \cos\theta & 0 \\ 0 & 0 & 1 \end{pmatrix}$$

2.2.4　瞬时真赤道地心坐标系

瞬时真赤道地心坐标系原点为地球质心，瞬时真赤道面为参考平面，X 轴在参考平面内由地球质心指向瞬时真春分点，Z 轴为参考平面的法向，指向北极方向，Y 轴与 X、Z 轴构成右手系。天文中的天体观测成果属于该坐标系，由于岁差和章动，瞬时真赤道天球坐标系中的三个坐标轴指向在不断变化，因而在不同时间对空间某一固定天体 (如河外类星体和无自行的恒星) 进行观测后，在该坐标系中所得到的结果是不相同的 (从理论上讲而不是从观测误差的角度讲)，因此，天体的最终位置和方位不宜在这种坐标系中表示。瞬时真赤道地心坐标系与瞬时平赤道地心坐标系相差章动。

瞬时真赤道地心坐标系坐标 D_N 与瞬时平赤道地心坐标系坐标 $\boldsymbol{r}_m$ 相差的章动矩阵 (NR) 定义如下：

$$\text{NR}(t) = R_1(-\varepsilon_A) \cdot R_2(\Delta\psi) \cdot R_3(\varepsilon_A + \Delta\varepsilon) \tag{2.22}$$

式中，R_1、R_2、R_3 为旋转矩阵，计算公式见式 (2.21)；$\Delta\psi$ 为黄经章动；ε_A 为黄赤交角；$\Delta\varepsilon$ 为交角章动，计算公式如下：

$$\begin{cases} \Delta\psi = \Delta\psi(\text{IAU1980}) + \delta\Delta\psi \\ \varepsilon_A = 84381''.448 - 46''.8150t - 0''.00059t^2 + 0''.001813t^3 \\ \Delta\varepsilon = \Delta\varepsilon(\text{LAU1980}) + \delta\Delta\varepsilon \end{cases} \tag{2.23}$$

$\delta\Delta\varepsilon$ 和 $\delta\Delta\psi$ 可由 IERS 公报得到。根据 IAU1980 章动理论

$$\begin{cases} \Delta\psi(\text{IAU1980}) = \sum_{i=1}^{106}(A_i + A_i't)\sin\left(\sum_{j=1}^{5}N_{ij}F_{ij}\right) \\ \Delta\varepsilon(\text{IAU1980}) = \sum_{i=1}^{106}(B_i + B_i't)\cos\left(\sum_{j=1}^{5}N_{ij}F_{lj}\right) \end{cases} \tag{2.24}$$

式中，系数 A_i、B_i、A_i'、B_i'、N_{ij} 可由章动表系数文件得到，其他五个基本变量如下。

月球平近点角：

$$F_1 = l = 134°.96340251 + 1717915923''.2178t + 31''.8792t^2$$
$$+ 0''.051635t^3 - 0''.00024470t^4$$

太阳的平近点角：

$$F_2 = l' = 357°.52910918 + 129596581''.0481t - 0''.5532t^2$$
$$- 0''.000136t^3 - 0''.00001149t^4$$

月球平升交角距：

$$F_3 = F = L - \Omega = 93°.27209062 + 1739527262''.8478t - 12''.7512t^2$$
$$- 0''.001037t^3 + 0''.00000417t^4$$

日月平角距：

$$F_4 = D = 297°.85019547 + 1602961601''.2090t - 6''.3706t^2$$
$$+ 0''.006593t^3 - 0''.00003169t^4$$

月球轨道对黄道平均升交点黄经：

$$F_5 = \Omega = 125°.04455501 - 6962890''.2665t + 7''.4722t^2$$
$$+ 0''.007702t^3 - 0''.00005939t^4$$

其中，参数 t 定义为

$$t = (\text{TT} - 2451545.0)/36525 \tag{2.25}$$

其中，TT 为观测时刻的质心动力学时 (地球时)，2451545.0 对应 2000 年 1 月 1 日 12 点整。

2.2.5 准地固坐标系

准地固坐标系原点位于地球质心，地球瞬时赤道面为参考平面，X 轴在参考平面内由地球质心指向瞬时真赤道面与格林尼治子午面交线方向，Z 轴指向地球自转轴瞬时北极，Y 轴与 X、Z 轴构成右手系，准地固坐标系可通过瞬时真赤道坐标系绕 Z 轴旋转真春分点时角得到。设瞬时真赤道地心坐标系与准地固系坐标相差的自转矩阵为 (R)，其定义如下：

$$(R) = R_z(\theta_g) \tag{2.26}$$

其中，θ_g 为格林尼治真恒星时 (GAST)，其定义如 2.1 节所讲，可由观测时刻的世界时 UTC 计算得到。世界时零时对应的格林尼治恒星时为

$$\text{GMST}_{0hUT1} = 6^h41^m50^s.54841 + 8640184^s.812866T'_u$$
$$+ 0^s.093104T_u'^2 - 6^s.2 \times 10^{-6}T_u'^3 \tag{2.27}$$

式中，$T'_u = d'_u/36525$，d'_u 为过 J2000.0 的 UT1 天数，其值为 ±0.5、±1.5 等。

$$\text{GMST} = \text{GMST}_{0hUT1} + r\left[(\text{UT1} - \text{UTC}) + \text{UTC}\right] \tag{2.28}$$

式中，UT1–UTC 由 IERS 公报得到。

$$r = 1.002737909350795 + 5.9006 \times 10^{-11} T_{\mathrm{u}}' - 5.9 \times 10^{-15} T_{\mathrm{u}}'^2 \tag{2.29}$$

$$\mathrm{GAST} = \mathrm{GMST} + \Delta\psi \cos\varepsilon_A + 0''.00264 \sin\Omega + 0''.000063 \sin(2\Omega) \tag{2.30}$$

式中，Ω 为升交点平黄经；$\Delta\psi$ 为黄经章动；ε_A 为黄赤交角。

2.2.6 地固坐标系

地固坐标系是通过特定方式与地球固连在一起并随着地球自转的坐标系，该坐标系原点为地球质心，参考平面为与地球质心和国际协议原点 (CIO) 连线正交之平面，X 轴指向参考平面与格林尼治子午面交线方向，Z 轴指向 CIO，X、Y、Z 轴构成右手系。CIO 是以 1900~1905 年期间地极平均位置加以定义的，它与瞬时真赤道对应的极即天球历书极 (CEP) 的差为极移 $(x_{\mathrm{p}}, y_{\mathrm{p}})$。SLR 定轨中的测站坐标常采用 SLRF 坐标系和 ITRF 框架，它们都是地固坐标系。

设准地固坐标系与地固系坐标相差的极移矩阵为 (W)，其定义如下：

$$(W) = R_y(-x_{\mathrm{p}})R_x(-y_{\mathrm{p}}) = \begin{pmatrix} 1 & 0 & x_{\mathrm{p}} \\ 0 & 1 & -y_{\mathrm{p}} \\ -x_{\mathrm{p}} & y_{\mathrm{p}} & 1 \end{pmatrix} \tag{2.31}$$

那么，J2000.0 地心天球坐标系到瞬时真赤道地心坐标系的变换矩阵 (GR) 就可表示为

$$(\mathrm{GR}) = (\mathrm{NR})(\mathrm{PR}) \tag{2.32}$$

J2000.0 地心天球坐标系到地固坐标系的转换矩阵 (HG) 就可表示为

$$(\mathrm{HG}) = (W)(R)(\mathrm{GR}) \tag{2.33}$$

2.2.7 站心地平坐标系

站心地平坐标系为一种左手坐标系，其坐标原点定义在测站，参考平面为测站地平面，X 轴 (N 方向) 指向过该测站的子午线，向北为正；Z 轴 (U 方向) 与该点的参考椭球法线重合，向外为正；Y 轴 (E 方向) 位于该点的切平面上，向东为正。实际计算中，SLR 测站偏心改正和测站运动通常用该坐标系表示。

设站心地平坐标系的原点在地固系中直角坐标为 $[X_0, Y_0, Z_0]^{\mathrm{T}}$，对应的大地坐标为 $(\varphi_0, \lambda_0, h_0)^{\mathrm{T}}$，在站心地平坐标系中的某点 P 的坐标为 $[\Delta E, \Delta N, \Delta U]^{\mathrm{T}}$，则点 P 相对于原点的地固系直角坐标 $[\Delta X, \Delta Y, \Delta Z]^{\mathrm{T}}$ 为

$$\begin{bmatrix} \Delta X \\ \Delta Y \\ \Delta Z \end{bmatrix} = R \begin{bmatrix} \Delta E \\ \Delta N \\ \Delta U \end{bmatrix} \tag{2.34}$$

式中，R 为转换矩阵，表示为

$$R = \begin{bmatrix} -\sin\lambda_0 & -\cos\lambda_0\sin\varphi_0 & \cos\lambda_0\cos\varphi_0 \\ \cos\lambda_0 & -\sin\lambda_0\sin\varphi_0 & \sin\lambda_0\cos\varphi_0 \\ 0 & \cos\varphi_0 & \sin\varphi_0 \end{bmatrix} \tag{2.35}$$

所以，点 P 在地固系中的坐标为

$$\begin{bmatrix} X \\ Y \\ Z \end{bmatrix} = \begin{bmatrix} X_0 \\ Y_0 \\ Z_0 \end{bmatrix} + \begin{bmatrix} \Delta X \\ \Delta Y \\ \Delta Z \end{bmatrix} = \begin{bmatrix} X_0 \\ Y_0 \\ Z_0 \end{bmatrix} + R \begin{bmatrix} \Delta E \\ \Delta N \\ \Delta U \end{bmatrix} \tag{2.36}$$

2.2.8　RTN 轨道坐标系

RTN 轨道坐标系的原点在飞行器瞬时质心，参考平面为卫星轨道平面，R 方向为地心指向飞行器，N 方向指向卫星轨道面的法向，T 方向在密切轨道面内与 R、N 构成右手正交坐标系 $(T = N \times R)$。卫星轨道误差分析和轨道精度通常采用 RTN 轨道坐标系。

定义 RTN 坐标系三个坐标轴之单位向量和地心天球坐标系与 RTN 坐标系的旋转矩阵为

$$\hat{R} = \frac{\boldsymbol{R}}{R}, \quad \hat{N} = \frac{\boldsymbol{R} \times \dot{\boldsymbol{R}}}{|\boldsymbol{R} \times \dot{\boldsymbol{R}}|}, \quad \hat{T} = \hat{N} \times \hat{R}$$

$$(\text{RTN}) = \begin{pmatrix} \hat{R}_x & \hat{R}_y & \hat{R}_z \\ \hat{T}_x & \hat{T}_y & \hat{T}_z \\ \hat{N}_x & \hat{N}_y & \hat{N}_z \end{pmatrix} \tag{2.37}$$

则 J2000.0 地心天球坐标系任一矢量 $\boldsymbol{A}$，其在 RTN 轨道坐标系的坐标为

$$\begin{pmatrix} A_R \\ A_T \\ A_N \end{pmatrix} = (\text{RTN}) \begin{pmatrix} A_x \\ A_y \\ A_z \end{pmatrix} \tag{2.38}$$

2.2.9　星固坐标系

星固坐标系的原点定义在卫星质心，参考平面为卫星轨道平面，Z 轴指向地球质心，X 轴指向卫星至地心的向量与太阳至卫星的向量的矢量积方向，Y 轴垂直于 Z 轴和 X 轴构成右手系。在数据解算时，SLR 卫星质心改正就是在星固坐标系中表示的。

对于 SLR 卫星, 星固系的坐标轴不一定与卫星的几何轴重合, 星固系在惯性系中的单位向量 (e_x, e_y, e_z) 可以用惯性系中的卫星位置向量 X_{Sat} 和太阳位置向量 X_{Sun} 来表示:

$$
\begin{aligned}
e_z &= -\frac{X_{\mathrm{Sat}}}{|X_{\mathrm{Sat}}|} \\
e_y &= -\frac{X_{\mathrm{Sat}} \times X_{\mathrm{Sun}}}{|X_{\mathrm{Sat}} \times X_{\mathrm{Sun}}|} \\
e_x &= -\frac{X_{\mathrm{Sat}} \times (X_{\mathrm{Sat}} \times X_{\mathrm{Sun}})}{|X_{\mathrm{Sat}} \times (X_{\mathrm{Sat}} \times X_{\mathrm{Sun}})|}
\end{aligned}
\tag{2.39}
$$

若已知一点在星固坐标系中的坐标为 (x, y, z), 则该点在惯性系中的坐标为

$$
X = X_{\mathrm{Sat}} + (e_x \; e_y \; e_z) \begin{pmatrix} x \\ y \\ z \end{pmatrix}
\tag{2.40}
$$

2.3 SLR 数据处理中的常数系统

SLR 数据处理中常用到一些常数, 通常 ILRS 会建议数据处理时按照最新的 IERS 规范来取值, 目前 IERS2010 规范是最新的, 其规定了一些常数, 如表 2.1 所示。

表 2.1 IERS2010 规范推荐使用常数系统

常数	取值	描述及参考
c	299792458m/s	光速
k	$1.720209895 \times 10^{-2}$	高斯引力常数
AU	$1.49597870700 \times 10^{11}$m	天文单位
G	6.67428×10^{-11} m^3/(kg·s^2)	引力常数
θ_0	0.7790572732640 rev	地球自转角 (J2000 坐标系)
$\dfrac{\mathrm{d}\theta}{\mathrm{d}t}$	1.00273781191135448 rev/UT1day	地球自转角速率
$GM_\odot$	$1.32712442099 \times 10^{20}$m^3·s^2	太阳质心引力常数
$J_{2\odot}$	2.0×10^{-7}	太阳力学形状因子
u	0.0123000371	地月质量比
$GM_\oplus$	$3.986004418 \times 10^{14}$m^3/s^2	地心引力常数
a_{E}	6378136.6m	地球赤道半径
$J_{2\oplus}$	1.0826359×10^{-3}	地球力学形状因子

常数	取值	描述及参考
$1/f$	298.25642	地球扁率
g_{E}	$9.7803278\mathrm{m/s^2}$	平均赤道重力
W_0	$62636853.4\mathrm{m^2/s^2}$	大地水准面位势
ε_0	$84381.406''$	黄道交角（J2000 坐标系）
推荐的大地参考系 GRS80 参数		
GM_{E}	$3.986005\times10^{14}\mathrm{m^3/s^2}$	地球引力常数
$1/f$	298.257222101	地球扁率
a_{E}	$6.378137\times10^6\mathrm{m}$	地球赤道半径
J_2	1.08263×10^{-3}	地球力学形状因子
ω	$7.292115\times10^{-5}\mathrm{rad/s}$	地球自转平均角速度

2.4　SLR 卫星运动方程

在 SLR 数据处理中，SLR 的几乎所有应用都涉及卫星轨道。为此，本节将介绍卫星轨道的基本理论。卫星轨道理论是基于开普勒行星运动三定律、万有引力定律和牛顿三大运动定律、二体问题、卫星受摄运动、卫星轨道改进理论等发展而来的。根据牛顿万有引力定律和牛顿第二定律可得二体问题的卫星运动方程为

$$\ddot{\boldsymbol{r}} = -\frac{GM_{\mathrm{E}}}{r^3}\boldsymbol{r} \tag{2.41}$$

式中，$\boldsymbol{r}$ 和 $\ddot{\boldsymbol{r}}$ 分别表示 t 时刻卫星在惯性坐标系中的位置和加速度矢量；GM_{E} 为地球引力常数，该方程可完全给出解析解，具体可参照文献（王小亚等，2017）。

设 $\boldsymbol{R}$、$\dot{\boldsymbol{R}}$（或 $\boldsymbol{V}$）、$\boldsymbol{A}$ 为卫星在地心天球参考坐标系 (GCRS) 中的位矢、速度与加速度，那么，卫星在地心天球参考坐标系 (GCRS) 中的受摄运动方程为

$$\begin{cases} \dot{\boldsymbol{R}} = \boldsymbol{V} \\ \dot{\boldsymbol{V}} = -\dfrac{GM_{\mathrm{E}}}{R^2}\dfrac{\boldsymbol{R}}{R} + \boldsymbol{P}\left(\boldsymbol{R},\boldsymbol{V},\boldsymbol{p}_{\mathrm{d}},t\right) \equiv \boldsymbol{A} \\ \boldsymbol{R}\left(t_0\right) = \boldsymbol{R}_0, \quad \dot{\boldsymbol{R}}\left(t_0\right) = \boldsymbol{V}\left(t_0\right) = \dot{\boldsymbol{R}}_0 \end{cases} \tag{2.42}$$

式中，GM_{E} 为地球引力常数；$\boldsymbol{P}$ 为卫星所受的摄动加速度；$\boldsymbol{p}_{\mathrm{d}}$ 为待估计的动力学模型参数矢量，它可以包括引力场系数、大气阻力系数、太阳光压系数等，如对光压系数 C_R、大气阻力系数 C_D 考虑估计，即可取

$$\boldsymbol{p}_{\mathrm{d}} = [C_D, C_R]^{\mathrm{T}} \tag{2.43}$$

不出现在卫星运动方程中的待估参数，称为几何参数，记为 $\boldsymbol{p}_{\mathrm{g}}$。$\boldsymbol{p}_{\mathrm{g}}$ 可以包括台站坐标、地球自转参数等。如考虑估计地球自转参数极移 x_{p0}、y_{p0}，$\dot{x}_{\mathrm{p}}$，$\dot{y}_{\mathrm{p}}$ 和日长变化 D_{R}，可取

$$\boldsymbol{p}_{\mathrm{g}} = [x_{\mathrm{p0}}, \dot{x}_{\mathrm{p}}, y_{\mathrm{p0}}, \dot{y}_{\mathrm{p}}, D_{\mathrm{R}}]^{\mathrm{T}} \tag{2.44}$$

式中，x_{p0}，y_{p0}，$\dot{x}_{\mathrm{p}}$，$\dot{y}_{\mathrm{p}}$ 满足

$$\begin{cases} x_{\mathrm{p}} = x_{\mathrm{p0}} + \dot{x}_{\mathrm{p}}(t - t_0) \\ x_{\mathrm{p}} = y_{\mathrm{p0}} + \dot{y}_{\mathrm{p}}(t - t_0) \end{cases} \tag{2.45}$$

对 $\boldsymbol{p}_{\mathrm{d}}$、$\boldsymbol{p}_{\mathrm{g}}$ 而言，显然有以下微分方程：

$$\begin{cases} \dot{\boldsymbol{p}}_{\mathrm{d}} = 0, \quad \boldsymbol{p}_{\mathrm{d}}(t_0) = [C_D, C_R]_{t_0}^{\mathrm{T}} \\ \dot{\boldsymbol{p}}_{\mathrm{g}} = 0, \quad \boldsymbol{p}_{\mathrm{g}}(t_0) = [x_{\mathrm{p0}}, \dot{x}_{\mathrm{p}}, y_{\mathrm{p0}}, \dot{y}_{\mathrm{p}}, D_{\mathrm{R}}]_{t_0}^{\mathrm{T}} \end{cases} \tag{2.46}$$

定义状态矢量：

$$X = \begin{pmatrix} \boldsymbol{R} \\ \boldsymbol{V} \\ \boldsymbol{p}_{\mathrm{d}} \\ \boldsymbol{p}_{\mathrm{g}} \end{pmatrix} \tag{2.47}$$

状态方程定义为

$$\begin{cases} \dot{X} = F(X, t) \\ X(t_0) = X_0 \end{cases} \tag{2.48}$$

式中，状态函数

$$F(X, t) = [\boldsymbol{V}^{\mathrm{T}}, \quad \boldsymbol{A}^{\mathrm{T}}, \quad O, \quad O]^{\mathrm{T}} \tag{2.49}$$

如果状态真值 $X(t)$ 与参考状态 $X^*(t)$ 在一定的时间间隔内 $(t_0 \leqslant t \leqslant t_1)$ 足够接近，可将其在参考状态处展开，即每个点处的非线性问题可线性化展开为

$$\dot{X}(t) = F(X, t) = F(X^*, t) + \frac{\partial F}{\partial X^*}(X(t) - X^*(t)) + o(X(t) - X^*(t)) \tag{2.50}$$

省略二阶及以上小量，设 $x(t)$ 为参考状态 $X^*(t)$ 的偏差，即满足 $\dot{X}(t) = X^*(t) + x(t)$，那么

$$\begin{cases} \dot{x}(t) = \dot{X}(t) - \dot{X}^*(t) = \dfrac{\partial F}{\partial X^*}(X(t) - X^*(t)) \\ \dot{x} = A(t)x, \quad A(t) = \dfrac{\partial F}{\partial X^*} \end{cases} \tag{2.51}$$

未知状态量 X_0 被状态偏差 x_k 代替，同时非线性的参数估计转换为线性状态参数估计。设 l 为观测历元数，n 为参数个数，m 为观测总数，初始历元的轨道偏差 x_0 作为 x_k，那么，为了将线性估计系统中的 $l \times m + n$ 个未知数转化为 $m + n$ 个，需要将所有的状态偏差 x_i 表达成在某一特定历元的状态偏差 x_k 的函数，即可通过状态转移矩阵将状态偏差转换到某一特定历元：

$$x_i = \Phi(t_i, t_k) x_k \tag{2.52}$$

式中，$\Phi(t_i, t_k)$ 为状态转移矩阵，具有如下性质：

(1) $\Phi(t_i, t_i) = \Phi(t_k, t_k) = I$；

(2) $\Phi(t_i, t_k) = \Phi(t_i, t_j) \cdot \Phi(t_j, t_k)$；

(3) $\Phi(t_i, t_j) = \Phi^{-1}(t_j, t_i)$。

这样，状态转移矩阵的微分方程可写为

$$\begin{cases} \dot{\Phi}(t_i, t_k) = A(t)\Phi(t_i, t_k) \\ \Phi(t_k, t_k) = I \end{cases} \tag{2.53}$$

通过数值积分方法可得到 $\Phi(t_i, t_k)$ 的解，这样方程 (2.52) 可写为 $x_i = \Phi(t_i, t_0)x_0$。利用观测数据对卫星初始轨道和有关参数进行迭代求解，达到轨道改进和精密定轨的目的。

2.5　SLR 测量原理及观测方程的建立

SLR 技术就是利用激光测量测站到人造地球卫星距离的技术，它所用的仪器称为人造卫星激光测距仪，又称人造卫星激光测距系统，由激光器、发射和接收光学系统、跟踪机架和控制系统、光电检测器、计时器和数据记录等部分组成，其测量原理如图 2.1 所示，由激光器发射激光到发射望远镜然后到卫星，经过卫星上的激光反射器阵然后返回，被接收望远镜所接收，经过光电倍增管，再到计时器，记录下发射和接收时间间隔 Δt，这个时间与光速相乘就是观测到的测站到卫星激光反射器能量中心的往返距离，即所谓的双程距，被记录存储于计算机，通过显示器可以直接查看观测情况。在 SLR 数据处理中通常采用其单程距，即双程距的一半就是 SLR 观测量 ρ_o：

$$\rho_o = \frac{\Delta t}{2} c \tag{2.54}$$

设 $\boldsymbol{R}$、$\boldsymbol{R}^{\text{sta}}$ 分别为卫星、测站在 J2000.0 地心天球坐标系 GCRS 中的位矢，$\boldsymbol{r}$、$\boldsymbol{r}^{\text{sta}}$ 分别为卫星、测站在地固系中的位矢，那么测站到质心的理论计算距离为 ρ_c：

$$\rho_c = \sqrt{(\boldsymbol{R} - \boldsymbol{R}^{\text{sta}})^{\text{T}}(\boldsymbol{R} - \boldsymbol{R}^{\text{sta}})} \tag{2.55}$$

$$= \sqrt{(\boldsymbol{r} - \boldsymbol{r}^{\text{sta}})^{\text{T}}(\boldsymbol{r} - \boldsymbol{r}^{\text{sta}})} \tag{2.56}$$

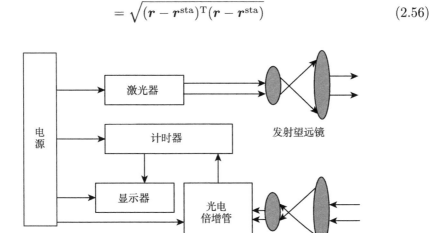

图 2.1 激光测距原理图

观测量 ρ_{o} 与理论计算值 ρ_{c} 之间存在一些系统差, 因此在建立观测方程时需要尽可能精确地去除已知的系统误差, 这些误差包括对地面观测站位置坐标有影响的固体潮、极潮、海潮、大气潮改正, 包括光线传播中的大气折射改正、相对论改正、卫星表面反射点对卫星质心偏离的卫星质心改正和测站偏心改正等, 将有专门章节详细讲述这些观测误差模型及其处理方法。另外, SLR 测量也与卫星的位置有关, 而卫星的位置是每时每刻都在变化的, 需要利用 2.4 节讲述的卫星运动方程进行积分才可知道卫星在任何时刻的准确位置, 从而可以精确计算 SLR 测量的理论值。这样, 观测方程就可以写成

$$\rho_{\text{o}} = \rho_{\text{c}} + (\Delta\rho_{\text{TD}} + \Delta\rho_{\text{RF}} + \Delta\rho_{\text{REL}} + \Delta\rho_{\text{MC}} + \Delta\rho_{\text{RO}}) + \varepsilon \tag{2.57}$$

其中, ρ_{o} 为观测距离, 是利用卫星激光测距仪观测到的 SLR 测站至卫星的距离; ρ_{c} 为卫星到测站的理论距离, 它与测站坐标和卫星位置有关, 这里, 卫星位置由卫星初始状态通过轨道数值积分获得, 卫星初始状态包括参考时刻的卫星轨道根数或卫星坐标及速度, 可通过 ILRS 轨道预报文件获取; $\Delta\rho_{\text{TD}}$ 为受潮汐影响的测站位置变化引起的测距误差, 包括固体潮、海潮、极潮和大气潮; $\Delta\rho_{\text{RF}}$ 为光线在大气传播的折射效应引起的测距误差; $\Delta\rho_{\text{REL}}$ 为广义相对论效应引起的测距误差; $\Delta\rho_{\text{MC}}$ 为激光反射器中心相对于卫星质心的偏差引起的测距误差; $\Delta\rho_{\text{RO}}$ 为测站位置偏差引起的测距误差; ε 为观测随机噪声及未模型化的系统误差。

如令 $Y = \rho_{\text{o}}, G(X,t) = \rho_{\text{c}}$, 则观测与状态的关系式可表示为

$$Y_i = G(X_i, t_i) + \varepsilon_i, \quad i = 1, \cdots, l \tag{2.58}$$

其中，X_i、Y_i、ε_i 分别为 t_i 时刻的状态矢量、观测量和观测噪声。对观测量 $G(X_i, t_i)$ 进行线性化：

$$Y(t) = G(X_i, t_i) + \varepsilon_i$$

$$= G(X_i, t_i)^* + \frac{\partial G}{\partial X_i^*}(X(t) - X^*(t)) + o(X(t) - X^*(t)) + \varepsilon_i \qquad (2.59)$$

其中，$G(X_i, t_i)^*$ 是先验值，省略二阶及以上小量即为

$$\begin{cases} y_i = Y_i - G(X_i - t_i)^* = \dfrac{\partial G}{\partial X^*}(X(t) - X^*(t)) + \varepsilon_i \\[3mm] y_i = \widetilde{H}_i x_i + \varepsilon_i; \ \widetilde{H}_i = \dfrac{\partial G}{\partial X^*} \end{cases} \qquad (2.60)$$

线性化后的观测方程可写为

$$y_i = \widetilde{H}_i x_i + \varepsilon_i, \quad i = 1, \cdots, l \qquad (2.61)$$

令 $H_i = \widetilde{H}_i \Phi(t_i, t_0)$，则最终的观测方程被表达为

$$y_i = H_i x_0 + \varepsilon_i \qquad (2.62)$$

最终，通过上述一系列转换，将一个动态系统的状态参数确定转换成对初始历元未知参数的估计问题，即通过不断的观测数据对初始轨道以及未知状态量进行改进，通过不断迭代而逼近真实轨道。

对于观测方程 $y = Hx + \varepsilon$：

$$y = \begin{bmatrix} y_1 \\ y_2 \\ \vdots \\ y_l \end{bmatrix}, \quad H = \begin{bmatrix} \widetilde{H}_1 \Phi(t_1, t_0) \\ \widetilde{H}_2 \Phi(t_2, t_0) \\ \vdots \\ \widetilde{H}_l \Phi(t_l, t_0) \end{bmatrix}, \quad \varepsilon = \begin{bmatrix} \varepsilon_1 \\ \varepsilon_2 \\ \vdots \\ \varepsilon_l \end{bmatrix} \qquad (2.63)$$

通过最小二乘法进行求解，可得到状态偏差的最佳估值 $\widehat{x}_0$：

$$\widehat{x}_0 = (H^{\mathrm{T}}H)^{-1}H^{\mathrm{T}}y \qquad (2.64)$$

对每个观测值进行定权后，令权阵为 W，最终的解可写为

$$\widehat{x}_0 = (H^{\mathrm{T}}WH)^{-1}H^{\mathrm{T}}Wy \qquad (2.65)$$

式中，

$$W = \begin{bmatrix} W_1 & & & \\ & W_2 & & \\ & & \ddots & \\ & & & W_l \end{bmatrix} \tag{2.66}$$

若给定一组初始条件 $X^*(t_0)$，给定先验的 $\overline{x}_0$ 和协方差阵 $\overline{P}_0$ 以及观测值权阵 W，使用批处理算法进行计算的解为

$$\widehat{x}_0 = (H^{\mathrm{T}}WH + \overline{P}_0^{-1})^{-1}(H^{-1}Wy + \overline{P}_0^{-1}\overline{x}_0) \tag{2.67}$$

令 $K_0 = \overline{P}_0 H(H\overline{P}_0 H^{\mathrm{T}} + W^{-1})^{-1}$，则协方差矩阵为

$$P = (I - K_0 H)\overline{P}_0 \tag{2.68}$$

这样就获得了最终状态矢量的改正数及其协方差矩阵。若求得了某一时刻 t_k 弧段的 $\widehat{x}_k, P_k$，对于等待处理的下一时刻的 t_{k+1} 弧段，可将 $\widehat{x}_k, P_k$ 利用状态转移矩阵传播到 t_{k+1}，作为先验值参与下一弧段的轨道改进，公式为

$$\begin{cases} \overline{x}_{k+1} = \varPhi(t_{k+1}, t_k)\widehat{x}_k \\ \overline{P}_{k+1} = \varPhi(t_{k+1}, t_k)P_k \varPhi^{\mathrm{T}}(t_{k+1}, t_k) \end{cases} \tag{2.69}$$

这样通过迭代就可获得最优轨道。

第 3 章　SLR 动力学模型

SLR 卫星绕地飞行除了受来自中心天体地球对它的引力外，还会受多种摄动力的影响，如各类保守力和非保守力造成的摄动影响，在惯性坐标系中，卫星运动方程可表示为

$$\ddot{\boldsymbol{r}} = \boldsymbol{f}_{\mathrm{TB}} + \boldsymbol{f}_{\mathrm{NB}} + \boldsymbol{f}_{\mathrm{NS}} + \boldsymbol{f}_{\mathrm{TD}} + \boldsymbol{f}_{\mathrm{REL}} + \boldsymbol{f}_{\mathrm{SR}} + \boldsymbol{f}_{\mathrm{ER}}$$

$$+ \boldsymbol{f}_{\mathrm{RF}} + \boldsymbol{f}_{\mathrm{DG}} + \boldsymbol{f}_{\mathrm{EJ2}} + \boldsymbol{f}_{\mathrm{MJ2}} + \boldsymbol{f}_{\mathrm{RTN}} \tag{3.1}$$

式中，$\ddot{\boldsymbol{r}}$ 为卫星在惯性坐标系中的加速度矢量，即作用在卫星单位质量上的摄动力之和；$\boldsymbol{f}_{\mathrm{TB}}$ 为二体问题作用力，即地球对卫星的中心引力；$\boldsymbol{f}_{\mathrm{NB}}$ 为太阳、月球和除地球之外的其他行星对卫星中心的引力，也叫 N 体摄动；$\boldsymbol{f}_{\mathrm{NS}}$ 为地球非球形部分对卫星的引力，也叫地球形状摄动；$\boldsymbol{f}_{\mathrm{TD}}$ 为地球潮汐 (包括固体潮、海潮和大气潮汐) 引起的卫星引力变化；$\boldsymbol{f}_{\mathrm{REL}}$ 为相对论效应对卫星运动的影响；$\boldsymbol{f}_{\mathrm{SR}}$ 为太阳辐射对卫星造成的压力，即太阳光压；$\boldsymbol{f}_{\mathrm{ER}}$ 为地球红外辐射和地球反照辐射对卫星产生的压力，即地球辐射压；$\boldsymbol{f}_{\mathrm{RF}}$ 为地球自转形变附加摄动力；$\boldsymbol{f}_{\mathrm{DG}}$ 为地球大气对卫星的阻力；$\boldsymbol{f}_{\mathrm{EJ2}}$ 为地球扁率间接摄动；$\boldsymbol{f}_{\mathrm{MJ2}}$ 为月球扁率摄动；$\boldsymbol{f}_{\mathrm{RTN}}$ 为经验力摄动。

卫星运动方程表示卫星运动和所受作用力之间的关系，除了地球的中心引力可用万有引力表示外，其他摄动力也需要利用数理方法一一建模，这就是 SLR 动力学模型，它是卫星运动方程建立的基础，下面给予详细介绍。

3.1　N 体摄动

卫星除了受到中心天体的引力，还会受到太阳系其他各种天体如太阳、月球、木星等的引力摄动，该项被称为 N 体摄动，所产生的卫星摄动加速度为

$$\boldsymbol{a}_N = \sum_{j=1}^{N} (-GM_j) \left(\frac{\boldsymbol{R}_j}{R_j^3} + \frac{\boldsymbol{\Delta}_j}{\Delta_j^3} \right) \tag{3.2}$$

式中，$\boldsymbol{a}_N$ 为 N 体摄动加速度；GM_j 为第 j 个摄动体的引力常量；$\boldsymbol{R}_j$ 为第 j 个摄动体在地心惯性系中的位矢，其空间位置可从行星历表获取；$\boldsymbol{\Delta}_j$ 为卫星相对第 j 个摄动体的位矢。

在 SLR 数据处理中，一般 N 体摄动需要考虑日、月、金星、木星、土星摄动，其余可根据卫星轨道高度和精度要求选择是否考虑。式 (3.2) 所涉及的摄动体在地心惯性系中的位矢来自行星历表，目前行星历表主要由三家单位长期提供：美国 NASA 的喷气动力实验室 (JPL) 提供的 DE 系列历表、法国的巴黎天文台数值行星系列历表 INPOP、俄罗斯的行星和月球系列历表 EPM。中国科学院紫金山天文台也可提供行星历表。但是，比较常用的是 JPL 的 DE 行星历表，最好用最新的行星历表，目前 IERS 2010 规范推荐的是 DE421 历表。在进行行星历表更新时，最好测试下新的行星历表，检查它的可靠性和精度，保障 SLR 数据处理结果的正确性。

3.2 地球形状摄动

由于地球并非一个均匀球体，不能完全按照一个质点来看待，需考虑地球形状的不规则以及质量分布不均匀造成的形状摄动力，也称地球非球形引力摄动。在地固坐标系中，该摄动对应的引力位计算模型为

$$V(r, \varphi, \lambda) = \frac{GM_{\mathrm{E}}}{r} \sum_{n=2}^{N} \left(\frac{a_{\mathrm{E}}}{r} \right)^n \sum_{m=0}^{n} \overline{\mathrm{P}}_{nm}(\sin\phi) \left[\overline{C}_{nm} \cos(m\lambda) + \overline{S}_{nm} \sin(m\lambda) \right]$$

$$(3.3)$$

式中，M_{E} 为地球质量，$GM_{\mathrm{E}} = 3.986005 \times 10^{14} \mathrm{m}^3/\mathrm{s}^2$；$m, n$ 为引力场的阶次；a_{E} 为地球参考椭球体的赤道半径；r 为卫星至地心的距离；ϕ 为测站的大地纬度；λ 为测站的大地经度；$\overline{\mathrm{P}}_{nm}$ 为勒让德多项式；$\overline{C}_{nm}, \overline{S}_{nm}$ 为归一化后的地球引力球谐系数。

由于 SLR 卫星多数是中低轨卫星，形状摄动较大，引力场阶次可适当选择高些，特别是对轨道精度要求高的，可选择 70×70 阶的地球非球形引力摄动。对于高轨卫星，采用 30×30 阶就基本够了。

3.3 潮 汐 摄 动

3.3.1 固体潮摄动

地球并非刚体，由于日月引力的影响，固体地球会发生弹性形变，这种小范围周期项的形变被称为固体潮。固体潮会使得地球体积和密度分布发生改变，从而引起引力位的变化，对卫星轨道产生固体潮摄动。固体潮模型以 Wahr(1981) 模型为基础，考虑液核的动力学影响，对不同的分潮波 (主要是全日波) 采用不同的勒夫 (Love) 数，勒夫数随分潮波频率不同而不同，其模型可由 IERS 最新规范如目前的 IERS2010 提供。固体潮摄动可表达成球谐函数展开式，其系数计算分三步进行。

(1) 第一步，计算与频率无关的球谐系数改正：

$$\Delta\overline{C}_{nm} - \mathrm{i}\Delta\overline{S}_{nm} = \frac{k_{nm}}{2n+1}\sum_{j=2}^{3}\frac{GM_j}{GE}\left(\frac{R_{\mathrm{E}}}{r_j}\right)^{n+1}\overline{P}_{nm}(\sin\varphi_j)[\cos(m\lambda_j) - \sin(m\lambda_j)\mathrm{i}]$$

$$(3.4)$$

式中，$\Delta\overline{C}_{nm}$，$\Delta\overline{S}_{nm}$ 为球谐系数改正值；k_{nm} 为勒夫数，n 和 m 依次表示阶和次；R_{E} 为地球半径；E 为地球质量；M_j 为太阳 ($j=2$) 或月亮 ($j=3$) 质量；r_j 为太阳 ($j=2$) 或月亮 ($j=3$) 到地心的距离；φ_j 为太阳 ($j=2$) 或月亮 ($j=3$) 在地固系中的地心纬度；λ_j 为太阳 ($j=2$) 或月亮 ($j=3$) 在地固系中的地心经度。

(2) 第二步，计算和频率有关的二阶项改正。二阶项潮汐改正主要考虑 21 个长周期、48 个日周期和 2 个半日周期潮汐，具体公式如下：

$$\Delta\overline{C}_{2m} - \mathrm{i}\Delta\overline{S}_{2m} = \eta_m\sum_{f(2,m)}(A_m\delta k_f H_f)\mathrm{e}^{\mathrm{i}\theta_f}, \quad m = 1, 2 \qquad (3.5)$$

式中，$\Delta\overline{C}_{2m}$，$\Delta\overline{S}_{2m}$ 为二阶球谐系数改正值；$A_m = \dfrac{(-1)^m}{R_{\mathrm{E}}\sqrt{4\pi}} = 4.4228\times10^{-8}\mathrm{m}^{-1}$；$\eta_m$ 为 $\eta_1 = -\mathrm{i}, \eta_2 = 1$；$\delta k_f$ 为 $k_{2m}^{(0)}$ 在频率 f 处的值 k_f 与其标准值 k_{2m} 之差；H_f 为频率 f 项的振幅值；$\theta_f = \overline{n}\cdot\beta$，其中 $\overline{n}$ 为 Doodson 系数，β 为 Doodson 变量。

(3) 第三步，计算由永久潮汐引起的二阶项改正，该改正项为一常数，与采用的重力场模型有关，具体公式如下：

$$\Delta\overline{C}_{20}^{\mathrm{perm}} = 4.1736\times10^{-9} \qquad (3.6)$$

式中，$\Delta\overline{C}_{20}^{\mathrm{perm}}$ 为永久潮汐二阶改正项，对于 EGM2008 重力场模型，该常数值为上式右端数值。

3.3.2　海潮摄动

由于日月的引力作用，海洋水面发生周期性涨落现象，即海潮，从而引起体积和质量分布的变化而造成引力位的变化，对卫星轨道产生海潮摄动。海潮模型以 Schwiderski (1980) 模型为基础的，通过修正地球引力位系数来计算海潮摄动，具体计算公式如下：

$$[\Delta\overline{C}_{nm} - \mathrm{i}\Delta\overline{S}_{nm}](t) = F_{nm}\sum_f\sum_+(\overline{C}_{f,nm}^{\pm} \mp \mathrm{i}\overline{S}_{f,nm}^{\pm})\mathrm{e}^{\pm\mathrm{i}\theta_f(t)}$$

$$F_{nm} = \frac{4\pi G\rho_{\mathrm{W}}}{g_{\mathrm{E}}}\left[\frac{(n+m)!}{(n-m)!(2n+1)(2-\delta_m)}\right]^{\frac{1}{2}}\cdot\left[\frac{1+K_n'}{2n+1}\right] \qquad (3.7)$$

式中，$C_{f,nm}^{\pm}$，$S_{f,nm}^{\pm}$ 为海洋潮汐系数，可取 IERS 规范表格值；$\theta_f(t)$ 为 t 时刻 f 分潮波相位。

海潮模型有多个，具体数值也不大一样，目前最新的 IERS2010 规范推荐使用 FES2004 模型。

3.3.3 大气潮摄动

由于日月引力的作用、热力作用或其他天体对大气的引力所引起的大气压的周期性涨落现象即大气潮汐。大气潮汐会引起地球引力位的变化，从而对卫星轨道产生大气潮摄动。大气潮摄动以大气潮汐模型为基础，其具体模型由 IERS 规范给出，通过修正地球引力位系数来计算大气潮摄动，由大气潮摄动引起的球谐系数改正公式具体计算如下：

$$
\begin{cases}
(\Delta \overline{C}_{nm})_{AT} = \displaystyle\sum_{\mu(n,m)} F_{nm} \left[(C_{\mu nm}^{A+} + C_{\mu nm}^{A-}) \cos(\overline{n}_\mu \cdot \overline{\beta}) + (S_{\mu nm}^{A+} + S_{\mu nm}^{A-}) \sin(\overline{n}_\mu \cdot \overline{\beta}) \right] \\[2mm]
(\Delta \overline{S}_{nm})_{AT} = \displaystyle\sum_{\mu(n,m)} F_{nm} \left[(S_{\mu nm}^{A+} + S_{\mu nm}^{A-}) \cos(\overline{n}_\mu \cdot \overline{\beta}) - (C_{\mu nm}^{A+} C_{\mu nm}^{A-}) \sin(\overline{n}_\mu \cdot \overline{\beta}) \right] \\[2mm]
F_{nm} = \dfrac{4\pi G \rho_{\mathrm{W}}}{g_{\mathrm{E}}} \left[\dfrac{(n+m)!}{(n-m)!(2n+1)(2-\delta_{om})} \right]^{1/2} \dfrac{1+k_n'}{2n+1}
\end{cases}
\tag{3.8}
$$

式中，g_{E} 为地表平均重力加速度；G 为万有引力常数；ρ_{W} 为海水的平均密度；δ_{om} 为海潮分潮波相位；k_n' 为 n 阶负荷勒夫数；$C_{\mu nm}^{A\pm}$，$S_{\mu nm}^{A\pm}$ 为 μ 分潮大气潮汐系数。

大气潮一般只需考虑 S_2 波的改正，即 $n=2, m=2$，具体计算时可在海潮摄动中进行改正：

$$
\begin{cases}
(\Delta \overline{C}_{22})_{AT} = 0.1284\mathrm{cm} \\[2mm]
(\Delta \overline{S}_{22})_{AT} = -0.3179\mathrm{cm}
\end{cases}
\tag{3.9}
$$

3.4 广义相对论摄动

由于广义相对论效应，卫星在地球质心为原点的局部惯性坐标系中的运动方程将不同于仅考虑牛顿引力场时的运动方程，这种差异可看作卫星受到了一个附加摄动。由于太阳引力场对卫星产生的相对论摄动加速度较小，可只考虑地球引力场引起的广义相对论摄动。在地心惯性系中，地球卫星相对论效应摄动加速度计算公式如下：

$$
a_{\mathrm{REL}} = \frac{GM_{\mathrm{E}}}{c^2 r^3} \left\{ \left[2(\beta + \gamma) \frac{GM_{\mathrm{E}}}{r} - \gamma \dot{\boldsymbol{r}} \cdot \dot{\boldsymbol{r}} \right] \boldsymbol{r} + 2(1+\gamma)(\boldsymbol{r} \cdot \dot{\boldsymbol{r}}) \dot{\boldsymbol{r}} \right\}
$$

$$+ (1 + \gamma) \frac{GM_\mathrm{E}}{c^2 r^3} \left[\frac{3}{r^2} (\boldsymbol{r} \times \dot{\boldsymbol{r}})(\boldsymbol{r} \cdot \boldsymbol{J}) + (\dot{\boldsymbol{r}} \times \boldsymbol{J}) \right]$$

$$+ \left\{ (1 + 2\gamma) \left[\dot{\boldsymbol{R}} \times \left(\frac{-GM_\mathrm{S} \boldsymbol{R}}{c^2 R^3} \right) \right] \times \dot{\boldsymbol{r}} \right\} \tag{3.10}$$

式中，a_REL 为地球卫星广义相对论摄动加速度；c 为光速；β、γ 为相对论参数，随不同引力理论而异，对爱因斯坦广义相对论而言，$\beta = \gamma = 1$；$\boldsymbol{r}$ 为卫星的地心位置矢量，其模为 r；$\dot{\boldsymbol{r}}$ 为卫星的地心速度矢量；$\boldsymbol{R}$ 为地球的日心位置矢量，其模为 R；$\dot{\boldsymbol{R}}$ 为地球的日心速度矢量；$\boldsymbol{J}$ 为地球单位质量的角动量矢量，其模约为 $9.8 \times 10^8 \mathrm{m}^2/\mathrm{s}$；$GM_\mathrm{E}$ 为地球引力常数；GM_S 为太阳引力常数。

3.5　太阳辐射压摄动

太阳辐射压也叫太阳光压，是卫星所受非保守力中最重要一项，其模型误差是卫星精密定轨中的最大误差源。对于均匀材质的球形 SLR 测地卫星，数据处理中一般采用球对称的球模型来对太阳辐射压进行建模，这个简单的球对称模型对于 SLR 球形卫星来说精度基本足够。因为卫星受太阳光照的横截面积不随卫星的指向而改变，同时卫星的结构和材料也是球对称的 (Mccarthy, 1996)，不存在姿态的影响，所以仅估计一个光压系数就可以比较精确地确定太阳辐射压。但对于虽是球形但材料不均匀的卫星或者非球形卫星来说，该模型就会造成较大误差，而考虑其材料和结构的不对称性可以提高定轨精度。例如：Sengoku 等 (1996) 就提出，对于 Ajisai 卫星，使用不对称的光压模型能够提高卫星的轨道精度；Scharroo 等 (1991) 指出，Lageos-1 卫星表面的铝材料光滑程度不一，导致卫星南北两部分的反射系数不一致，从而引起了沿迹方向存在较大的经验力。

我国学者桂维振等 (2017)，基于卫星激光测距数据对 Jason-2 卫星 (非球形卫星) 光压参数进行了每三天估计一组，结果表明：每三天估计一组光压参数计算的卫星轨道相比于不估计光压参数计算的卫星轨道，其精度更高，且估计的轨道参数更平稳，这说明原来的光压模型存在较大误差，通过参数估计吸收了其误差。赵罡等 (2012) 利用 SLR 对 HY-2A 卫星进行精密定轨，光压参数每三天估计一组，降低参数之间的相关性，取得了较好结果。周旭华等 (2015) 利用 SLR 对 HY-2A 卫星 (非球形) 进行精密定轨，采取了简单的盒翼（box-wing）模型 (Rim, 1992)，再进行光压参数估计 (每 12 小时估计一组) 来吸收误差，也达到了较好定轨效果。

太阳直射到卫星表面产生太阳辐射压摄动，对形状复杂和材料不均匀的卫星可将其分为若干个平面分别计算，然后通过矢量求和得到所受到的太阳辐射压摄动加速度，具体模型如下所述。

(1) 对于形状和材料比较复杂的卫星，太阳辐射压摄动加速度计算如下：

$$\boldsymbol{a}_{\mathrm{R}} = -P\frac{\gamma}{m}\sum_{i}\alpha_i A_i \cos\theta_i \left[2\left(\frac{\delta_i}{3} + \rho_i\cos\theta_i\right)\hat{\boldsymbol{n}}_i + (1-\rho_i)\,\hat{\boldsymbol{s}}_i\right] \tag{3.11}$$

式中，$\boldsymbol{a}_{\mathrm{R}}$ 为太阳辐射压摄动加速度；P 为卫星处的太阳辐射流量；A_i 为面元 i 的面积；$\hat{\boldsymbol{n}}_i$ 为面元 i 的法向矢量；$\hat{\boldsymbol{s}}_i$ 为卫星到太阳的方向矢量；θ_i 为面元 i 的法向与卫星到太阳方向之间的夹角；α_i 为面元 i 的方向因子，$\cos\theta_i < 0$ 时为 0，$\cos\theta_i > 0$ 时为 1；ρ_i 为面元 i 的反射系数；δ_i 为面元 i 的散射系数；m 为卫星的质量；γ 为卫星的地影因子。

(2) 对于球形卫星，太阳辐射压摄动加速度计算可简化如下：

$$\boldsymbol{a}_{\mathrm{R}} = P_{\mathrm{SR}}\mathrm{AU}^2 C_{\mathrm{R}}\left(\frac{A}{m}\right)\gamma\frac{\boldsymbol{\Delta}_{\mathrm{S}}}{\Delta_{\mathrm{S}}} \tag{3.12}$$

式中，P_{SR} 为作用在离太阳一个天文单位处黑体上的太阳辐射压强；AU 为天文单位，$1\mathrm{AU}=1.49597870700\times10^{11}\mathrm{m}$；$C_{\mathrm{R}}$ 为卫星的表面反射系数；A 为卫星的表面积；γ 为地影因子，$\gamma = 1 - \dfrac{\text{太阳被蚀的视面积}}{\text{太阳视面积}}$，当卫星在日光中时，$\gamma = 1$，在本影中时，$\gamma = 0$；$\boldsymbol{\Delta}_{\mathrm{S}}$ 为太阳到卫星的位置矢量，其模为 Δ_{S}。

对于材质均匀的 SLR 球形卫星，通过估计一个光压系数就可以解决由测量的材料反射系数等不准确导致的太阳辐射压计算误差。但对于非球形非均匀对称的结构复杂的 SLR 卫星，太阳辐射压仅通过估计一个系数是不够的，这时候可以针对不同类卫星定轨情况，在某些方向增加经验力参数估计，达到更好的效果，篇幅有限，这里就不讨论了，可参见导航卫星太阳光压建模，其原理和方法是一样的。

3.6 地球辐射压摄动

地球接收到太阳辐射能量后，会以两种不同的辐射方式释放：光学辐射和红外辐射，它们对卫星所造成的辐射压分别叫作地球反照辐射压和地球红外辐射压。光学辐射主要为漫反射，占 95% 左右，其辐射强度依赖于太阳的位置，当地球表面辐射面积元受到太阳光垂直照射时，其光学辐射最大，而当太阳照不到该面积元时，其光学辐射为零，光学辐射对卫星主要产生径向和横向摄动加速度，在量级上，前者是后者的 100 倍。红外辐射主要是地球吸收了太阳直射辐射后，以长波形式向空间发射的辐射，它是由地球发出的热辐射，其辐射强度不依赖于太阳的位置，只依赖于发射表面的平均热力学温度，即依赖于发射点的纬度和发射时的季节，红外辐射对卫星主要产生径向加速度。

光学辐射由地球反照率 A_l 来描述，红外辐射由地球发射率 E_m 来描述。地球反照率和发射率受到多种复杂因素影响，如海洋、陆地和云层等。地球反照率和发射率的理论模型建模较为困难，通常是根据大量卫星观测数据进行数值拟合建模。目前主要有常数模型、经验模型和格网数值模型三种，由此产生了不同的地球辐射压模型，包括经验地球辐射压模型、点源地球辐射压模型、数值格网地球辐射压模型等。对于 SLR 卫星而言，轨道高度通常为几千千米，地球辐射压对轨道的影响比对 GNSS 卫星的影响还要大，必须加以考虑。GNSS 卫星虽然轨道较高，但是地球辐射压对其定轨的径向精度影响在 1~2cm，因此，近年来 IGS 的分析中心也将地球辐射压引入导航卫星的精密定轨中。

地球反照辐射压和地球红外辐射压使卫星产生的摄动加速度取决于卫星上可看到的地球部分，其计算步骤包括地球反照率 A_l 和地球发射率 E_m 的计算及地球辐射压建模。

3.6.1　地球反照率和发射率模型

多数 SLR 数据处理中采用了地球反照率 A_l 和地球发射率 E_m 的经验模型公式，该公式是美国得克萨斯大学空间研究中心 (CSR) 基于卫星观测拟合的经验模型，该模型将地球反照率和发射率拟合为纬度与时间的周期函数 (赵群河等，2018；赵群河，2017)，具体计算如下：

$$A_\mathrm{l} = 0.34 + 0.1 \cos\left[\frac{2\pi}{365.25}(t - t_0)\right] \sin\varphi + 0.29\left(\frac{3}{2}\sin^2\varphi - \frac{1}{2}\right)$$

$$E_\mathrm{m} = 0.68 - 0.07 \cos\left[\frac{2\pi}{365.25}(t - t_0)\right] \sin\varphi - 0.18\left(\frac{3}{2}\sin^2\varphi - \frac{1}{2}\right) \tag{3.13}$$

式中，t 为观测时刻；t_0 为周期项的起始历元；φ 为纬度。

除了经验公式外，最简单的还有常数模型，即将全球的反照率当作常数，$A_\mathrm{l} = 0.3$，相当于地球表面元 $459\mathrm{W/m^2}$ 的恒定辐射量，发射率为 $E_\mathrm{m} = 0.7$。近年来还出现了利用卫星辐射流量计对全球的大气层表面 (top of atmosphere) 太阳入射辐射流量、地球短波和长波辐射流量进行监测，并提供相应的格网数值模型产品 CERES(Clouds and the Earth's Radiant Energy System, https://www.nasa.gov/centers/langley/news/factsheets/ceres_aqua.html)。图 3.1 和图 3.2 分别给出了 2019 年 3 月的经验和格网地球反照率和发射率以及两者差值，经验模型在空间上仅考虑纬度变化，对于陆地、海洋等复杂地区类型无法较好地刻画；而格网数值模型采用实测数据，可以较好地表现复杂地区的细节，因此利用格网数值模型可以得到更精确的地球辐射压。

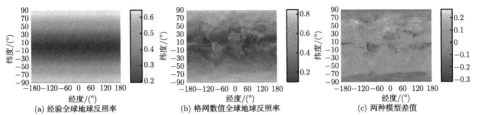

图 3.1　2019 年 3 月的经验和格网数值地球反照率以及两者差值 (彩图扫封底二维码)

横坐标负值代表西经，正值代表东经，本章余同

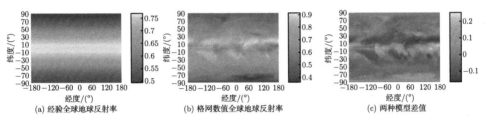

图 3.2　2019 年 3 月的经验与格网数值地球发射率以及两者差值 (彩图扫封底二维码)

3.6.2　地球辐射压球模型

为了尽可能地最小化非保守力的影响、降低卫星的复杂性并确保卫星稳定运行，SLR 地球动力学卫星通常设计为球形并采用密度较大的均匀金属核心以尽量增大卫星质量，对于这样的球形卫星，ILRS 分析中心多采用球模型，即将卫星看作一个表面完全均匀的球体，公式 (3.14) 给出了地球辐射压球模型公式：

$$\boldsymbol{a}_{\mathrm{eradp1}} = \rho_{\mathrm{SR}} \left(\frac{\mathrm{AU}}{r_{\mathrm{s}}} \right)^2 \left(\frac{A}{m} \right) \cdot \eta \cdot \boldsymbol{r}_{\mathrm{p}} \cdot \left[\frac{(f \cdot \alpha \cdot \cos\theta_{\mathrm{s}} + \varepsilon) \cos\gamma}{\boldsymbol{\pi} \left| \boldsymbol{r}_{\mathrm{p}} \right|^2} \right] \tag{3.14}$$

式中，ρ_{SR} 为地球附近太阳光压强常数；A 和 m 分别为卫星截面积和质量；AU 为天文单位；r_{s} 为太阳至地球的距离；η 为地球辐射压系数；$\boldsymbol{r}_{\mathrm{p}}$ 为地面辐射点至卫星矢量；θ_{s} 为太阳辐射在地球辐射点的入射角；γ 为地面辐射点的法线和 $\boldsymbol{r}_{\mathrm{p}}$ 的夹角。该模型建模简单且计算便捷，仅利用卫星截面积和质量无需更详细的信息便可进行计算。

3.6.3　地球辐射压物理分析模型

Fliegel 等 (1992) 利用两个光学特性参数：反射率 ν 和镜面反射率 μ 来描述由太阳和地球辐射与卫星之间的相互物理作用产生的加速度，卫星的吸收率为 $1 - \nu$，镜面反射部分为 $\nu\mu$，漫反射部分为 $\nu(1 - \mu)$。根据盒翼理论 (王琰等，2018；

Rodriguez-Solano et al., 2012)，可将地球的辐射类比于太阳，将太阳辐射压建模的方法应用在地球辐射压的建模中，地球辐射压的加速度可写为

$$\boldsymbol{a}_{\text{eradp2}} = -\frac{E_0 A}{mc}\cos\theta\left[(1-\nu\mu)\boldsymbol{e}_D + \frac{2}{3}(1-\nu\mu+3\nu\mu\cos\theta)\boldsymbol{e}_N\right] \tag{3.15}$$

式中，$\boldsymbol{e}_D$ 为太阳到卫星的方向矢量；$\boldsymbol{e}_N$ 为卫星表面法向矢量；$\cos\theta = \boldsymbol{e}_D\cdot\boldsymbol{e}_N$；$E_0$ 为卫星处的地球辐射强度，在实际计算中需将地球表面进行积分获得该值，计算公式为

$$E_0 = E_{0\hat{r}} + E_{0\hat{r}_\perp}$$

$$E_{0\hat{r}} = \int \mathrm{d}E_{\text{refl}}\cdot\hat{r} + \int \mathrm{d}E_{\text{emit}}\cdot\hat{r} \tag{3.16}$$

$$E_{0\hat{r}_\perp} = \int \mathrm{d}E_{\text{refl}}\cdot\hat{r}_\perp$$

其中，$E_{0\hat{r}}$ 和 $E_{0\hat{r}_\perp}$ 分别为地球辐射在径向和横向的分量，其中红外辐射仅包含径向分量。$\mathrm{d}E_{\text{refl}}$ 和 $\mathrm{d}E_{\text{emit}}$ 计算公式为

$$\mathrm{d}E_{\text{refl}} = \begin{cases} \dfrac{\alpha}{\pi d^2}\cos\theta\cos\gamma E_S \mathrm{d}A\hat{e} & (\cos\theta \geqslant 0\text{且}\cos\gamma \geqslant 0) \\ 0 & (\text{其他情况}) \end{cases}$$

$$\mathrm{d}E_{\text{emit}} = \begin{cases} \dfrac{\varepsilon}{\pi d^2}\cos\gamma E_S \mathrm{d}A\hat{e} & (\cos\gamma \geqslant 0) \\ 0 & (\text{其他情况}) \end{cases} \tag{3.17}$$

式中，d 是地面辐射积分格网点到卫星的距离；E_S 为太阳常数，目前这个值可以非常数，而是采用太阳辐照度测量值；$\hat{e}$ 是辐射格网到卫星的方向矢量；$\mathrm{d}A$ 为格网面积元。

3.6.4　地球辐射压精细化模型

随着非球形和非均匀材质卫星应用的广泛发展和对定轨精度要求的不断提高，在这种情况下，由地球反照辐射和红外辐射引起的摄动加速度 $\boldsymbol{a}_{\text{ER}}$ 计算也越来越精细化，具体见式 (3.18)：

$$\begin{cases} \boldsymbol{a}_{\text{AL}} = \iint\limits_{(w)} \rho_{\text{SR}}\left(\dfrac{\text{AU}}{r_S}\right)^2 \dfrac{1+\eta_S}{\pi}\left(\dfrac{A}{m}\right)\dfrac{A_1\cos\theta_S\cos\alpha}{\rho^2}\left(\dfrac{\boldsymbol{\rho}}{\rho}\right)\text{sgn}(\cos\theta_S)\mathrm{d}s \\ \boldsymbol{a}_{\text{EM}} = \iint\limits_{(w)} \dfrac{\rho_{\text{SR}}}{4}\left(\dfrac{\text{AU}}{r_S}\right)^2 \dfrac{1+\eta_S}{\pi}\left(\dfrac{A}{m}\right)\dfrac{E_m\cos\alpha}{\rho^2}\dfrac{\boldsymbol{\rho}}{\rho}\mathrm{d}s \\ \boldsymbol{a}_{\text{ER}} = \boldsymbol{a}_{\text{AL}} + \boldsymbol{a}_{\text{EM}} \end{cases} \tag{3.18}$$

式中，$\boldsymbol{a}_{\text{AL}}$ 为地球反照辐射压摄动加速度；$\boldsymbol{a}_{\text{EM}}$ 为红外辐射压摄动加速度；$\boldsymbol{a}_{\text{ER}}$

为地球反照辐射压摄动加速度与红外辐射压摄动加速度之和；w 为积分区域，为地球被卫星可见的部分；ρ_{SR} 为地球附近的太阳光压强常数，为 $4.5605 \times 10^{-6} \mathrm{N/m^2}$；AU 为天文单位；$ds$ 为面积元；r_S 为太阳至地球的距离；η_S 为卫星受照表面的反射系数；A 为地球反照和红外辐射压力摄动中所需考虑的卫星截面积；m 为卫星质量；θ_S 为太阳入射角；α 为 ds 的法线与 ρ 间的夹角；ρ 为面积元 ds 上地球反照和红外辐射对卫星的压力方向的矢量，其模为 ρ；当 $x > 0$ 时，$\mathrm{sgn}(x) = 1$，当 $x \leqslant 0$ 时，$\mathrm{sgn}(x) = 0$。

由于对式 (3.18) 的积分是困难的，在实际计算中可采用近似方法，把卫星所见地球表面分成若干个面积元，对每个面积元利用式 (3.18) 计算出它们对卫星的反照辐射压加速度 $(\mathrm{d}\boldsymbol{a}_{AL})_i$ 和红外辐射压加速度 $(\mathrm{d}\boldsymbol{a}_{EM})_i$，然后用矢量加法代替积分求得总的 $\boldsymbol{a}_{AL}$、$\boldsymbol{a}_{EM}$，具体见式 (3.19)：

$$\begin{cases} \boldsymbol{a}_{AL} = \sum_{i \geqslant 1} (\mathrm{d}\boldsymbol{a}_{AL})_i \\ \boldsymbol{a}_{EM} = \sum_{i \geqslant 1} (\mathrm{d}\boldsymbol{a}_{EM})_i \end{cases} \tag{3.19}$$

3.6.5 SLR 不同地球辐射压模型定轨结果比较

这里以 Lageos-1 卫星为例，进行 SLR 地球辐射压球模型和物理分析模型的构建与定轨结果的比较。Lageos-1 卫星分为两部分：铝合金外壳和角反射器，由于该卫星发射较早，较难获取卫星表面金属的准确信息，但是目前可知 Lageos 卫星在早期由于光学观测的需要，其金属表面的粗糙度很低，这里将它的反射率和镜面反射率分别设置为 0.9 和 0.8，角反射器由于其强烈的反射特性，反射率和镜面反射率在这里看作 1.0，表 3.1 给出了该卫星的基本信息及表面物理特性 (Pearlman et al., 2019)。SLR 卫星因其球状的外形和均匀分布的反射器，无论何时何地对地面积总是保持不变，即它被地面辐射的面积不发生变化，无须考虑复杂的姿态变换，如图 3.3 所示，根据卫星的高度可计算出辐射范围的地心夹角 $\theta = \arccos[r/(r+h)]$，以此来计算卫星受辐射面积。

表 3.1　Lageos-1 卫星基本信息及表面物理特性

Lageos-1 基本信息	高度/km	高度/km	卫星直径/m
	5860	411.0	0.60
角反射器	CCR 数量	CCR 直径/m	总面积/m²
	426	0.038	0.4831
	受照面积/m²	反射率	镜面反射率
	0.310	1.0	1.0
铝合金外壳	总面积/m²		
	0.6469	受照面积/m²	反射率
	镜面反射率	0.415	0.9
	0.8		

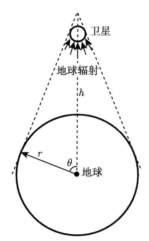

图 3.3   卫星受地球辐射示意图

为了验证地球辐射压物理分析模型的精度，这里选择了 Lageos-1 卫星 2019年 1 月 ∼ 2020 年 10 月 ILRS 全球 SLR 观测数据进行定轨测试，所采用的模型和解算策略如表 3.2 所示 (邵璠, 2019; 赵罡等, 2012)。在这里同时为了验证不同地球反照率和发射率模型的影响，将新的物理分析模型结合三种地球反照率和发射率模型与原始模型进行对比，不同方案如表 3.3 所示。

表 3.2   Lageos-1 卫星的精密定轨策略

项目	模型和策略
定轨弧长	7 天，150s 积分步长
大气折射改正	Mendes-Pavlis 模型
潮汐位移效应	地球固体潮、海潮和极潮
相对论效应	夏皮罗时延
卫星质心	依测站而定 (0.245∼0.251m)
地球重力场	EGM2008 模型 30×30
N 体摄动	太阳系行星 JPL DE 历表
大气阻力摄动	Lageos 卫星类阻力
海潮和固体潮摄动	FES2004/IERS2010 规范
地球辐射压	不同测试模型
参考框架	SLRF2014
地球定向参数 (EOP)	IERS EOP C04

表 3.3   不同地球辐射压测试方案

方案	模型	标识
方案 1	球模型 + 经验反照率和发射率	原始模型
方案 2	物理分析模型 + 点源反照率和发射率	物理点源模型
方案 3	物理分析模型 + 经验反照率和发射率	物理经验模型
方案 4	物理分析模型 + 格网反照率和发射率	物理格网模型

1) 地球辐射压加速度比较

图 3.4 给出了 Lageos-1 卫星 RTN 方向上不同地球辐射压模型加速度随时间的变化情况比较。从图可以看出，摄动加速度主要集中在径向，为其他两方向的 100 倍左右，R 方向的加速度为 $10^{-10} \sim 10^{-9} \mathrm{m/s^2}$ 量级，T 和 N 方向为 $10^{-12} \sim 10^{-11} \mathrm{m/s^2}$ 量级。由于物理点源模型把地球看作一个点，所以加速度仅分布在该点与卫星连线即径向。原始模型和物理分析模型在径向上的加速度差异较大，相差数倍之多，主要原因是在原始的球模型中，摄动加速度的计算考虑的是截面积，且把卫星看作完全均一的球；而在物理分析模型中，我们认为对地面积是整个被辐射的半球面积，相比于截面积更大，且考虑了卫星的不同部分组成 (即铝合金外壳和角反射器两部分)，更大的面积和强反射率的卫星部件都使得计算出的径向加速度更大。

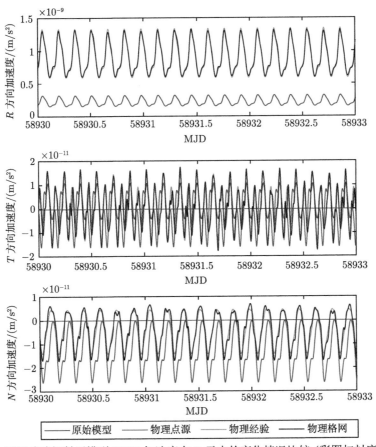

图 3.4　不同地球辐射压模型 RTN 加速度在 3 天内的变化情况比较 (彩图扫封底二维码)

在 SLR 定轨中, 为了吸收未被模型化以及模型不准确而带来的误差, 通常估计一组经验力, 经验力加速度表达为与卫星纬度幅角 u 相关的一组周期函数, 如公式 (3.20) 所示, R_C、R_S、T_C、T_S、N_C、N_S 为待估系数, 通常只估计 T 和 N 方向经验力, 不估计 R 方向。图 3.5 给出了 3 天内 (2019 年 11 月 7 日 ~2019 年 11 月 10 日) 的 R、T 和 N 方向经验加速度估计值变化, 点源、经验和格网物理模型相比于原始模型的经验力加速度, 在 T 方向分别减小了 41%、58% 和 83%, N 方向基本无变化, 这说明新的物理分析模型更准确, 使得吸收模型化不准确的经验力明显减小。

$$\boldsymbol{a}_{\text{RTN}} = \begin{bmatrix} (R_C \cos u + R_S \sin u)\hat{\boldsymbol{u}}_R \\ (T_C \cos u + T_S \sin u)\hat{\boldsymbol{u}}_T \\ (N_C \cos u + N_S \sin u)\hat{\boldsymbol{u}}_N \end{bmatrix} \tag{3.20}$$

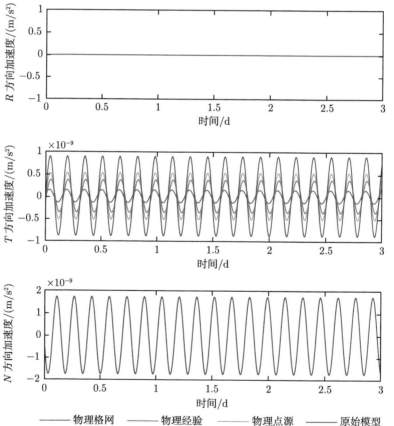

图 3.5　不同地球辐射压模型 R、T 和 N 方向的经验力加速度 3 天内的变化比较 (彩图扫封底二维码)

2) 轨道重叠弧段精度分析

轨道重叠弧段是利用有共同或者重叠弧段数据的相邻弧段定轨结果的不同来评估定轨精度的一种方法，其精度表征了定轨的内符合情况，本书以滑动 5 天的 7 天弧段进行定轨，每个弧段之间有 2 天的重叠弧段，统计所有弧段的轨道重叠精度，图 3.6 给出不同模型轨道重叠弧段精度情况。不同物理分析模型之间的差异较小，但相比于原始模型均有 3mm 左右的提升。

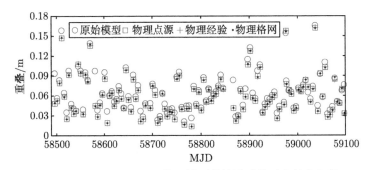

图 3.6 原始模型与不同物理模型的轨道重叠弧段精度之差

3) 轨道预报精度分析

检核地球辐射压建模精度的另一个好方法是分析轨道预报精度。在进行轨道预报的过程中摄动力模型误差会随着时间被放大，因此，根据轨道预报精度可以更好地评判模型优劣。轨道预报的力学模型与表 3.2 一致，图 3.7 给出两个 7 天预报轨道与精密轨道对比的结果，相比于原来的球模型，物理分析模型的 7 天轨道预报精度均有提升，由地球辐射压更新带来的预报轨道精度提升主要集中在切向，其最大精度提升可达米级，且物理格网模型表现最好。由于物理分析模型最大的变化在径向，径向的加速度直接使得卫星径向高度发生变化，进而引发卫星速度变化，卫星速度主要体现在切向，这样相应的轨道预报精度变化直接反映在切向上，这与 Rodriguez-Solano (2009) 和李桢等 (2017) 关于 GPS 和北斗卫星导航系统 (BDS) 地球辐射压的计算结果类似。

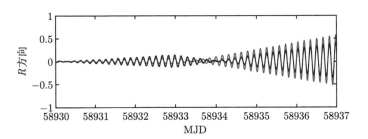

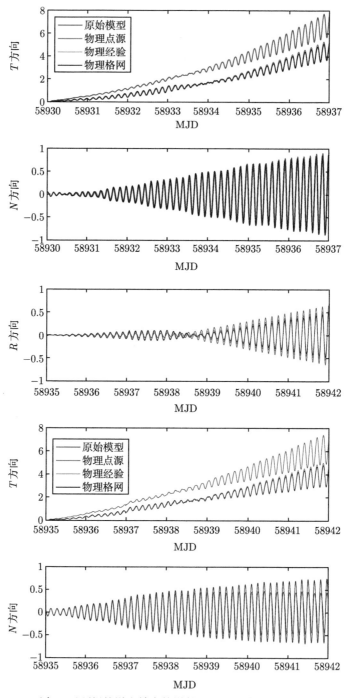

图 3.7   两个 7 天预报轨道和精密轨道的 RTN 互差 (彩图扫封底二维码)

为了对这四种地球辐射压模型的轨道预报精度进行统计，这里对 2019 年 1 月 ~ 2020 年 10 月的轨道均进行了 7 天的预报，统计每个 7 天弧段预报轨道误差的 RMS 和最大值，结果如图 3.8 所示，从图中可看出，物理分析模型相比于原始模型，轨道预报精度具有普遍的提升，且提升较为明显。采用不同反照率和发射率的物理分析模型之间也存在一定的差异，不过各个物理分析模型之间的精度差异较小。

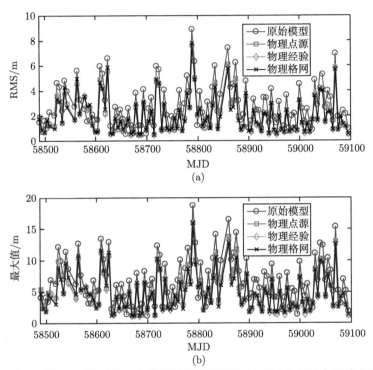

图 3.8　不同地球辐射压模型约 2 年的轨道预报精度的 RMS (a) 和最大误差 (b) 统计图
(7 天预报弧长)

另外，还检查了不同预报弧长的轨道预报精度情况。图 3.9 和表 3.4 分别给出了 1 天、3 天、5 天和 7 天预报弧长的轨道误差 RMS 和最大值统计结果。从中可以看出，不同时长的物理分析模型均好于球模型，其中物理格网模型表现最好，其 1 天、3 天、5 天和 7 天的预报轨道精度分别提升为 0.09m、0.41m、1.28m 和 2.01m，提升百分比分别为 12%，16%，28%，25%，说明了物理分析模型建模的正确性。同样，结合上述不同的结果，表明格网的地球反照率和发射率模型由于精确的数据来源，从而具有最好的模型表现。

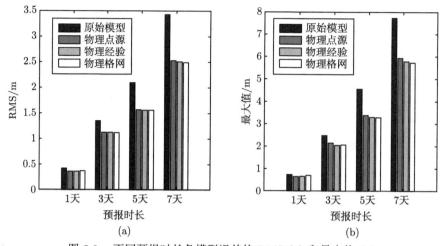

图 3.9   不同预报时长各模型误差的 RMS (a) 和最大值 (b)

表 3.4   不同预报时长各模型误差的 RMS 和最大值统计

	原始模型	物理点源	物理经验	物理格网
1 天 RMS	0.4223	0.3607	0.3607	0.3690
3 天 RMS	1.3491	1.1235	1.1241	1.1176
5 天 RMS	2.0984	1.5690	1.5613	1.5610
7 天 RMS	3.4325	2.5288	2.5069	2.4929
1 天最大值	0.7339	0.6436	0.6514	0.6965
3 天最大值	2.4798	2.1431	2.0377	2.0620
5 天最大值	4.5627	3.3847	3.3042	3.2879
7 天最大值	7.7373	5.9411	5.7910	5.7292

3.7   地球自转形变附加摄动

地球自转产生的离心力会引起地球体积和密度分布的变化，进而引起卫星轨道所受引力位的变化，从而产生一个附加摄动，即地球自转形变附加摄动。可通过修正地球引力位系数来计算地球自转形变附加摄动。由地球自转形变附加摄动引起的引力位球谐系数改正见式 (3.21)：

$$
\begin{cases}
(\Delta \overline{C}_{20})_{R0} = \dfrac{1}{\sqrt{5}} \dfrac{2a_{\mathrm{E}}^3}{3GM_{\mathrm{E}}} k_2 m_3 \Omega^2 \\[3mm]
(\Delta \overline{C}_{21})_{R0} = -\dfrac{1}{\sqrt{15}} \dfrac{a_{\mathrm{E}}^3}{GM_{\mathrm{E}}} k_2 m_1 \Omega^2 \\[3mm]
(\Delta \overline{S}_{21})_{R0} = -\dfrac{1}{\sqrt{15}} \dfrac{a_{\mathrm{E}}^3}{GM_{\mathrm{E}}} k_2 m_2 \Omega^2
\end{cases}
\tag{3.21}
$$

$$m_1 = x_{\mathrm{p}} - \overline{x}_{\mathrm{p}}, \quad m_2 = -(y_{\mathrm{p}} - \overline{y}_{\mathrm{p}}), \quad m_3 = -\frac{D}{86400}$$

式中，$(\Delta \overline{C}_{20})_{R0}$ 为地球自转形变摄动引起地球引力系数 $\overline{C}_{20}$ 的变化量；$(\Delta \overline{C}_{21})_{R0}$ 为地球自转形变摄动引起地球引力系数 $\overline{C}_{21}$ 的变化量；$(\Delta \overline{S}_{21})_{R0}$ 为地球自转形变摄动引起地球引力系数 $\overline{S}_{21}$ 的变化量；GM_{E} 为地球引力常数；a_{E} 为地球半径；k_2 为引力位勒夫数；$x_{\mathrm{p}}, y_{\mathrm{p}}$ 为瞬时极移分量；$\overline{x}_{\mathrm{p}}, \overline{y}_{\mathrm{p}}$ 为平均极移分量；D 为日长变化；Ω 为地球自转平均角速度。

3.8 大气阻力摄动

围绕地球飞行的人造卫星特别是低轨卫星，其所处的环境并非真空，大气对卫星运动会产生阻力而引起卫星运动摄动，对于有太阳帆板的卫星，除考虑卫星本体大气阻力摄动外，还要考虑太阳帆板产生的大气阻力。

3.8.1 大气阻力计算

(1) 没有太阳帆板的卫星，其大气阻力摄动模型为

$$\boldsymbol{a}_{DG} = -\frac{1}{2}\rho_{\mathrm{a}}C_D\left(\frac{A}{m}\right)V_{\mathrm{r}}\boldsymbol{V}_{\mathrm{r}} \tag{3.22}$$

式中，$\boldsymbol{a}_{DG}$ 为大气阻力摄动加速度；ρ_{a} 为卫星处的大气密度；C_D 为大气阻力系数；A 为卫星的横截面积；m 为卫星的质量；$\boldsymbol{V}_{\mathrm{r}}$ 为卫星相对于大气的速度矢量，其模为 V_{r}。

(2) 太阳帆板产生的大气阻力摄动模型为

$$\boldsymbol{a}_{DP} = -\frac{1}{2}\rho_{\mathrm{a}}C_{DP}\frac{|A_{\mathrm{P}}\cos\gamma|}{m}V_{\mathrm{r}}\boldsymbol{V}_{\mathrm{r}} \tag{3.23}$$

式中，$\boldsymbol{a}_{DP}$ 为太阳帆板引起的大气阻力摄动加速度；C_{DP} 为适用于太阳帆板的大气阻力系数；ρ_{a} 为卫星处的大气密度；m 为卫星的质量；A_{P} 为太阳帆板的面积；γ 为太阳帆板法向与卫星相对于大气速度方向的夹角；$\boldsymbol{V}_{\mathrm{r}}$ 为卫星相对于大气的速度矢量，其模为 V_{r}。

对于中高轨卫星 SLR 数据处理来说，大气阻力可以不考虑，但对于低于 6000km 的卫星，通常都要考虑大气阻力。对于复杂结构卫星的大气阻力计算不像球形卫星那样公式简单，需要计算其截面积随卫星运动和姿态的变化，还要考虑不同卫星高度大气密度模型精度的影响。高精度的大气密度模型对大气阻力的精确计算非常重要。

3.8.2　大气密度模型的重要性

大气阻力是低轨卫星的一个重要摄动源,高层大气基本处于扩散平衡状态,其变化规律十分复杂,对卫星轨道确定以及预报影响较大。大气密度模型是决定大气阻力建模精度最重要的因素,其次,卫星的面质比、大气阻力系数等因素也会对其造成一定影响 (韦春博等, 2018)。目前,经过多年发展,针对大气密度已经有众多较为成熟的模型,如最简单的指数模型 (EXPO), 20 世纪 70 年代就开始发展的 Jacchia 系列模型,法国国家太空研究中心 (CNES) 推出的 DTM(density and temperature model) 系列模型以及基于卫星质谱仪和非相干散射雷达观测的 MSIS 系列模型等 (李济生, 1995)。

不同大气密度模型由于建立所用数据和建模方法的差异,不同高度处模型精度不同,因此,不同高度卫星的最优大气密度模型也不尽相同。例如,蒋虎 (1997) 把国际参考大气模型 CIRA-1986 (简称 CIRA86) 引入大气阻力计算模块,对上海天文台人造卫星精密定轨软件进行了大气密度模型扩充,并利用多种大气模式分别对 Starlette 卫星的观测资料进行解算,结果表明,指数大气模式更适合 Starlette 卫星精密定轨。韦春博等 (2018) 研究了不同大气密度的大气阻力计算对低轨卫星轨道预报精度的影响,结果表明大气密度模型 JB2008 对轨道高度较低的 CHAMP 卫星预报效果较好,Jacchia-71Gill 模型对 GRACE 卫星预报效果较好,NRLMSISE00 模型对轨道高度较高的 HY-2 卫星预报效果较好,同时在大气阻力计算中采用更为精细的 Macro 模型对轨道预报精度也有提高。Sosnica 等 (2014a) 对 Starlette、Stella 和 Ajisai 卫星进行弧长为 7 天的定轨时,其大气阻力模型采用了 NRLMSISE00 模型 (Picone et al., 2002),且每天估计一个大气阻力系数,取代了原来在沿迹方向估计一个常数经验力,其定轨效果更好。因此,不同轨道高度的 SLR 卫星适用不同的大气密度模型。

传统的 SLR 测地应用主要分析球形的 Lageos 和 Etalon 卫星,这些卫星轨道较高,大气阻力影响较小。目前有些机构已经发射了较多的 SLR 低轨球形卫星,这些卫星轨道大多处在几百至一千多千米高度,较低的高度使得这些卫星对地球重力场、地心以及各类物理参数敏感程度高,同时受到的大气阻力也更大更复杂。如 ASI 发射的 LARES 卫星,具有所有 SLR 卫星中最小的面质比,是 ILRS 未来准备纳入时空基准分析的目标 (Pearlman et al., 2019)。再如日本宇宙航空研究开发机构 (Japan Aerospace Exploration Agency, JAXA) 发射的 Ajisai 卫星,具有所有球形卫星中最多的年均观测数据,是进行卫星自转、地球动力学等研究的很好的目标卫星。对于这些低轨球形卫星,大气阻力成为其需要考虑的一个重要摄动因素。对于 Jason2 和 HY-2A 卫星,轨道较低,并且卫星的太阳翼板面积较大,使得卫星受到的大气阻力摄动较大,成为制约卫星轨道精度的主要因素。大气密度模型精度是大气阻力计算最重要的影响因素，因此针对这些不同卫星选择出一个最佳的大气密度模型是非常有必要的。

3.8.3 大气密度模型

目前常用的大气密度模型有指数模型、Jacchia 系列模型、DTM 模型和 MSIS 系列模型。其中，指数模型作为最简单的一维大气模型，是一个静态、随高度缩减的模型 (吴必军, 1994)。该模型假设大气密度随高度的变化以指数的形式缩减，在计算时假设大气层是一个绕自转轴对称的圈层而不考虑时变特性。指数模型的公式为

$$\rho = \rho_0 \exp\left(-\frac{h-h_0}{H}\right) \tag{3.24}$$

式中，ρ_0 和 h_0 分别为参考圈层密度和高度；h 为高出参考层的高度；H 为密度标高。

Jacchia 系列模型包括 Jacchia71 模型 (J71 模型)、Jacchia77 模型 (J77 模型) 和 Jacchia-Bowman 2008 模型 (JB2008 模型)。其中，Jacchia71 模型也叫作 Jacchia-Roberts 模型，是由 Roberts 在 Jacchia 所做的工作基础上，于 1971 年提出的大气密度模型。该模型将低限固定边界条件设置为 90km (徐克红等, 2015)，同时假定 90~105km 的大气为混合状态，105km 以上的大气为扩散平衡态 (Roberts, 1971)，通过数值积分微分方程求得大气密度数值。Jacchia77 模型是在 Jacchia71 的基础上，结合了多颗卫星新的观测结果，两种模型的基本思路一致。J77 模型将大气主要分为静态大气和动态大气两部分，给出了太阳辐射和地磁变化对大气密度的影响，并在其中考虑了周日变化、半年变化、季节性和纬度变化影响 (董晓军等, 1996)。JB2008 模型是 Bowman 采用最新的飞行器阻力数据和新的太阳指数在 Jacchia 模型基础上进一步发展得到的模型，该模型拟合出了新的半年和季节–纬度改正，加入高纬度改正并采用新的手段解释地磁活动。JB2008 模型基于 CIRA72 模式并采用指数组 $(F_{10.7}, S_{10}, Mg_{10})$ 代替传统模型中的以 $F_{10.7}$ 来进行外层温度的计算，利用了多种辐射数据进行联合建模 (汪宏波等, 2009)。

DTM 模型为 CNES 推出的，其采用球谐函数对热大气层模型进行描述，它包括 DTM74 和 DTM94 两个模型。DTM74 构建模型时，采用了近 20 年的卫星数据，适合高度在 120km 以上的大气密度计算，且模型建立时借鉴了 Jacchia 的半经验公式与扩散平衡假设 (徐克红等, 2015)。DTM94 模型为 CNES 在 1994 年推出的模型版本，通过对卫星传感器得出的阻力数据、大气成分和温度变化数据联合分析，并同样采用扩散平衡方程进行大气模型系数的估计，DTM94 模型仍是现今定轨软件中较为广泛使用的模型 (蒋虎等, 1999)。

MSIS 系列模型包括 MSIS86 和 NRLMSISE00 两个模型，MSIS 指代质谱仪

与非相干散射雷达 (mass spectrometer and incoherent scattering radar)，NRL 指代美国海军研究实验室 (Navy Research Laboratory)，E 表示模型覆盖范围至散逸层 (exosphere) 底部 (卢明等，2010)。MSIS86 模型采用当时最新的大气观测手段质谱仪和非相干散射雷达数据，结合半经验的公式利用 CIRA-86 模型计算了 90~2000km 的大气密度。MSIS 模型的最新版本为 NRLMSISE00 模型，该模型采用的数据覆盖范围和高度覆盖范围更广，不仅加入了新的卫星数据，也包含了 Jacchia 模型的部分数据。在计算高度 500km 以上的大气密度时，还增加了 "异常氧" 来解释高海拔的非热成层大气对卫星的阻力影响 (韦春博等，2018)。

对于不同大气密度模型，除了建立模型所用卫星或者火箭观测数据不同外，计算大气密度值所需的输入参数也不尽相同，但是所需要的主要输入参数大致类似，如表 3.5 所示。

表 3.5   不同大气密度模型计算所需输入参数

模型	输入参数
指数模型	卫星高度
J71 模型	年份和年积日、地磁指数、$F_{10.7}$ 太阳通量及平滑 $F_{10.7}$ 太阳通量、当地太阳时、
J77 模型	地理纬度、高度、太阳赤纬
JB2008 模型	年份和年积日、时分秒、地磁指数、$F_{10.7}, S_{10}, Mg_{10}$ 太阳辐射通量、高度、地理经纬度
DTM74 模型	年积日、地磁指数、$F_{10.7}$ 太阳通量及平滑 $F_{10.7}$ 太阳通量、高度、地理经纬度
DTM94 模型	
MSIS86 模型	年份和年积日、UT 秒、地磁指数、前一天的 $F_{10.7}$ 太阳通量、81 天 (3 个太阳
NRLMSISE00 模型	周期) 的 $F_{10.7}$ 太阳通量均值、当地太阳时、高度、地理经纬度

3.8.4   大气密度建模影响因素分析

高层大气密度的变化对于确定卫星受到的大气阻力至关重要，大气密度的变化规律较为复杂，其数值变化很难用一组具体的公式进行描述，高层大气密度变化与很多因素有关。首先就是高度，大气密度随着高度的增加是基本按照指数形式缩减的，尤其是在 1000km 以下，此规律尤为明显。其次，太阳活动对大气密度也会产生较大影响，这些影响分为两大类：一类是周期性的影响，如太阳 $F_{10.7}$ 的 11 年长周期变化和太阳 27 天的自转变化影响，因此，在计算大气密度时通常需要输入计算时刻前后 3 个太阳周期 (81 天) 的 $F_{10.7}$ 平滑值；另一类是太阳粒子辐射影响，尤其是由太阳活动引起的磁暴对大气密度的影响尤为显著。再次，因地球的周日自转运动，地球受到的太阳辐射流量周日变化也会引起大气密度的周日变化。最后，纬度和季节性变化，即每日大气密度的值会随着地理纬度和季节发生变化 (翁利斌，2019)。

为了进一步了解这些影响因素的变化规律，本小节介绍大气密度的时空变化特征。图 3.10 给出 8 种大气密度模型的密度值随高度的变化情况，当高度在

1000km 以下时, 不同的模型密度值随着高度的升高而快速下降, 之后变化逐渐趋于平稳, 指数大气模型的大气密度随高度按指数模型减小 (杨昊, 2021)。

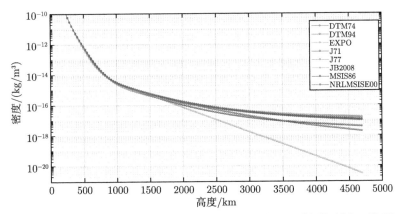

图 3.10　8 种大气密度模型的密度值随高度的变化情况 (彩图扫封底二维码)

太阳 $F_{10.7}$ 对大气密度的影响主要表现在其长周期变化上, 图 3.11 给出了太阳 $F_{10.7}$ 和大气密度在 1983~2020 年的变化情况以及拟合曲线, 通过数据拟合和频谱分析发现, 太阳 $F_{10.7}$ 中存在 12.1 年、6.2 年、1.9 年、1.5 年、1.3 年的长周期变化, 大气密度存在 12.0 年、6.1 年、2.0 年、1.5 年和 1.2 年的长周期变化, 两者较为符合, 且与 Moussas 等 (2005) 关于 $F_{10.7}$ 的周期叙述一致, 说明大气密度受到 $F_{10.7}$ 的影响发生周期性变化 (杨昊, 2021)。

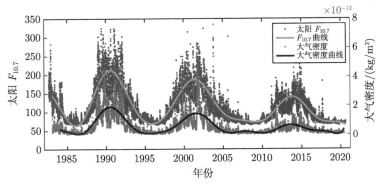

图 3.11　1983~2020 年的太阳 $F_{10.7}$ 和大气密度值变化以及拟合曲线 ($H = 500$km)

大气密度除上述周期长度为数年的长周期变化, 还存在着一些短周期变化, 如季节变化和与太阳自转周期相关的变化。大气密度通常在一年中存在两个极大值点: 4 月和 10 月中旬, 两个极小点: 1 月和 7 月中旬 (李济生, 1995)。图 3.12 给出了大气密度在 2018 年的变化情况, 具有明显的周年、半年和季节性变化特性, 从图提取出的两个极大值点与极小值点, 也与文献描述一致。另外, 红色线条给出该年大气密度的拟合曲线, 该曲线表现出明显的周期性, 其周期约为 27 天, 与太阳自转周期一致。同时大气密度具有明显的周日性变化, 通常在当地时间的 14 时达到极大值, 在凌晨 2 时达到极小值。图 3.13 给出了大气密度的周日变化, 以 2019 年的 10 月 15 日为例, 给出了高度 500km 处的全球大气密度二维分布图, 在 UTC 2 时, 当地时间处于 14 时的地点达到密度极大值, 在 UTC 14 时则相反 (杨昊, 2021)。

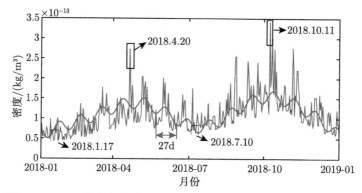

图 3.12   2018 年大气密度的变化 $(H = 500 \text{km})$(彩图扫封底二维码)

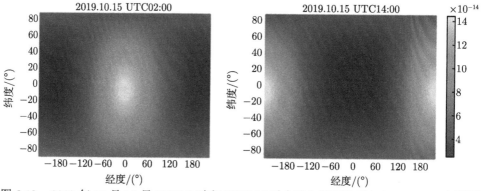

图 3.13   2019 年 10 月 15 日 UTC 2 时和 UTC 14 时全球大气密度对比 $(H = 500 \text{km})$(彩图扫封底二维码)

另外一个大气密度影响因素就是地球磁场, 太阳耀斑和日冕物质抛射会对地球磁场造成剧烈扰动, 影响大气层物质密度变化 (尹萍等, 2019)。以 2015 年年积日 173 天爆发的太阳活动导致 174 天的持续性地磁扰动 (李洋洋等, 2017) 为例, 图 3.14 给出了 7 种大气密度模型 (指数模型除外)500km 高度处计算出的该天前后共 25 天内每一天的大气密度变化情况，在第 176 天的大气密度由于受地磁影响而达到了极大值，说明磁暴效应对大气密度有着显著的影响 (杨昊，2021)。

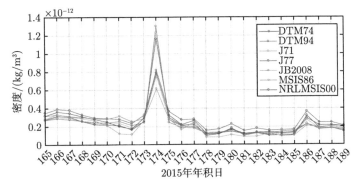

图 3.14　2015 年 174 天磁暴期间前后 25 天不同大气密度模型密度变化 ($H = 500\text{km}$)

3.8.5　不同大气密度模型定轨结果评估

目前，SLR 的分析中心会对跟踪卫星进行定期轨道预报，这一方面可以对卫星状态进行监控，另一方面卫星的预报轨道为 SLR 测站的观测提供指向信息。考虑到目前类似 LARES 和 Ajisai 这类低轨球形卫星尚未有机构发布精密轨道，因此较难评估各类大气密度模型对精密定轨的影响。对于 Jason-2 和 HY-2A 这类带有翼板的构型复杂卫星，根据陈国平等 (2010) 的研究，其三天预报精度可达数十米至上百米，不同大气密度模型的影响在轨道预报的过程中被放大，这样从中可以更好地分析出最佳的模型。因此，本小节以上述 4 颗卫星的轨道预报入手，分析目前常用的 8 种大气密度模型，研究大气密度变化的时空特征，并采用这些模型对卫星进行预报分析，选择出最佳的大气密度模型。

为了评定不同大气密度模型对 SLR 卫星定轨的影响，选取 LARES、Ajisai、Jason-2 和 HY-2A 卫星进行定轨和 3 天轨道预报，在定轨和预报中仅改变与大气密度相关的模型，其他模型不变。在这里起算时间为 2019 年 10 月 1 日，所用卫星基本信息见表 3.6。在进行预报轨道精度评估时，SLR 球形地球动力学卫星精密轨道来自上海天文台的 SLR 数据处理软件精密定轨所得到的精密轨道，Jason-2 和 HY-2A 的精密轨道来自法国国家空间研究中心分析中心发布的精密轨道 (杨昊，2021)。

表 3.6　4 颗卫星的基本信息

卫星	发射年份	高度/km	质量/kg	截面积/m²	倾角/(°)
LARES	2012	1450	685.0	0.104	69.5
Ajisai	1986	1500	386.8	3.630	50.0
Jason-2	2008	1336	505.9	IDS 提供	60.0
HY-2A	2011	971	1550.0	IDS 提供	99.3

IDS 提供的参数

	Jason-2	卫星本体坐标系下的单位矢量			HY-2A	卫星本体坐标系下的单位矢量		
截面积/m²	0.783	−1	0	0	截面积/m²	3.21	1	0	0
	0.783	1	0	0		3.52	−1	0	0
	2.040	0	−1	0		15.79	0	1	0
	2.040	0	1	0		15.80	0	−1	0
	3.105	0	0	−1		6.43	0	0	1
	3.105	0	0	1		6.40	0	0	−1
太阳帆板面积/m²	9.8	1	0	0					
	9.8	−1	0	0					

为了了解卫星在飞行中大气密度和加速度变化，以 LARES 卫星和 Jason-2 卫星为例，图 3.15 给出两颗卫星在 1 天时长内在轨飞行期间的大气密度和高度的变化情况。从中可看出，卫星的大气密度随着卫星的周期运行而表现出非常明显的周期性变化，LARES 卫星的大气密度随卫星运行周期变化 12 次，Jason-2 卫星则周期变化 13 次，对比卫星的高度变化情况，呈现出相同的周期性。由于高度不同，Jason-2 的密度值相较 LARES 密度值更大，符合大气密度随高度变化的规律。图 3.16 给出了两颗卫星在 1 天之内的大气阻力加速度在 RTN 三个方向的变化情况，大气阻力加速度主要分布在卫星 T 方向，相比于 R 和 N 方向，T 方向的加速度要大 1~2 个级量。Jason-2 卫星的三个方向的加速度相较于 LARES 卫星要大 1~2 个数量级，主要原因为 SLR 的球形卫星为了获得稳定的轨道，其面质比与一般卫星相比要小很多，卫星构型也更简单，所以其加速度量级也更小些。同时 Jason-2 这类卫星结构复杂并具有面积较大的太阳翼板，这导致卫星的迎风面积较大，所受的阻力摄动也更大，所以对这类卫星进行预报时，受到大气阻力建模不准确的影响也更大 (杨昊，2021)。

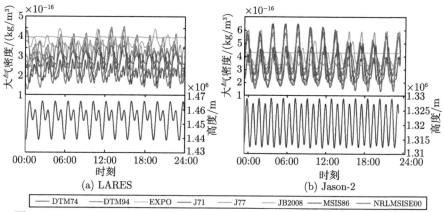

图 3.15　LARES(a) 和 Jason-2(b) 卫星 1 天飞行中的大气密度和高度变化情况

(彩图扫封底二维码)

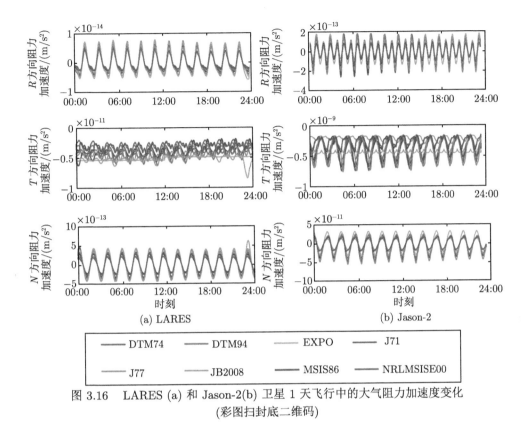

图 3.16 LARES (a) 和 Jason-2(b) 卫星 1 天飞行中的大气阻力加速度变化
(彩图扫封底二维码)

图 3.17 和表 3.7 给出了四颗卫星预报 3 天的轨道结果与精密轨道互差在
RTN 方向的 RMS 与最大值统计, 从图可以看出, 轨道预报误差主要集中在 T
方向, N 方向次之, R 方向最小, SLR 球形地球动力学卫星相比于 Jason-2 和
HY-2A 这类带有翼板的结构复杂卫星, 预报轨道结果更好, 其主要原因应该是两
颗球形地球动力学卫星面质比要小得多, 大气阻力量级小, 且这类卫星结构均匀,
大气阻力建模更为准确。LARES 卫星 3 天预报在 T 方向上误差最大的指数模型
(EXPO) 为 3.647m, 而其他模型最大误差均为 2.6m, RMS 在 1m 左右, MSIS86
和 NRLMSISE00 模型表现最好。Ajisai 卫星 3 天预报 T 方向误差均在 15m 之
内, RMS 在 6m 左右, JB2008 模型表现最好, 指数模型最差, 由于这颗卫星的
面质比更大, 所以预报结果相比 LARES 稍差。对于 Jason-2 卫星和 HY-2A 卫
星, 由于卫星的结构更为复杂, 而且带有面积较大的太阳翼板, 所以预报结果在
T 方向的误差较大。Jason-2 卫星表现最好的是 MSIS86/NRLMSISE00 模型, 预
报误差相比于其他模型最大可提升 13.443m; HY-2A 卫星中预报结果最好的模型
是 J71 模型, 相比于表现最差的指数模型提升可达约 50m。指数模型未考虑大气

密度的时空变化特性，仅与高度有关，因此表现最差。同时可以看出，同一个系列的密度模型也具有较为近似的预报精度 (杨昊，2021)。

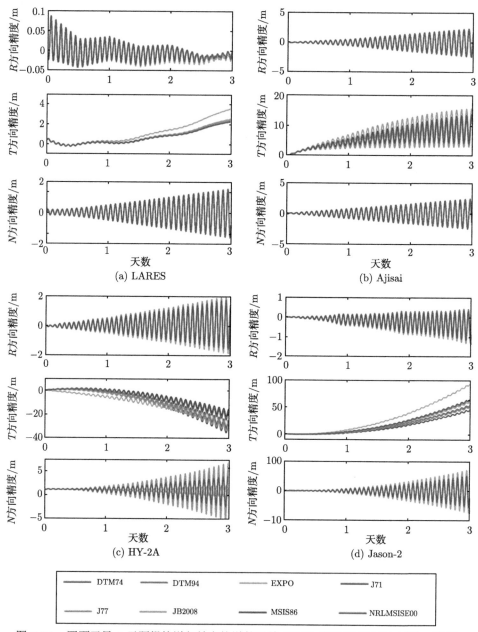

图 3.17 四颗卫星 3 天预报轨道与精密轨道的互差 (RTN 坐标系)(彩图扫封底二维码)

表 3.7　四颗卫星 3 天预报轨道与精密轨道互差的 RMS 与最大值 (RTN 坐标系)

(单位：m)

	卫星		DTM74	DTM94	EXPO	J71	J77	JB2008	MSIS86	NRLMSISE00
LARES	RMS	R	0.025	0.025	0.024	0.024	0.024	0.023	0.023	0.023
		T	1.010	1.041	1.579	1.039	1.047	1.110	0.996	1.003
		N	0.644	0.644	0.644	0.644	0.644	0.644	0.644	0.644
	最大值	R	0.087	0.087	0.087	0.087	0.087	0.087	0.087	0.087
		T	2.379	2.451	3.647	2.448	2.464	2.609	2.351	2.367
		N	1.594	1.594	1.594	1.594	1.594	1.594	1.594	1.594
Ajisai	RMS	R	0.913	0.913	0.918	0.914	0.914	0.916	0.914	0.914
		T	6.654	6.378	6.702	6.130	5.867	5.429	6.580	6.500
		N	1.003	1.004	1.005	1.004	1.004	1.004	1.003	1.003
	最大值	R	2.344	2.347	2.405	2.351	2.349	2.361	2.345	2.346
		T	13.860	13.595	13.735	13.011	12.866	12.660	13.717	13.642
		N	2.485	2.485	2.485	2.485	2.485	2.485	2.485	2.485
Jason-2	RMS	R	0.624	0.654	0.668	0.644	0.629	0.682	0.636	0.644
		T	12.068	12.482	12.762	13.884	13.238	13.867	7.725	8.848
		N	1.033	1.054	0.291	1.125	1.092	1.600	0.806	0.865
	最大值	R	1.793	1.828	1.840	1.823	1.780	1.995	1.740	1.771
		T	30.929	31.662	30.640	34.847	33.460	32.935	21.404	23.908
		N	3.297	3.370	1.145	3.600	3.499	5.045	2.635	2.814
HY-2A	RMS	R	0.342	0.336	0.417	0.329	0.341	0.351	0.360	0.358
		T	22.954	23.027	40.644	19.203	21.917	25.935	27.771	27.498
		N	1.467	1.471	2.358	1.278	1.415	1.617	1.710	1.696
	最大值	R	1.069	1.053	1.291	1.017	1.061	1.100	1.125	1.120
		T	55.294	55.403	94.529	46.846	52.820	62.006	65.842	65.223
		N	4.575	4.585	7.335	3.982	4.400	5.048	5.317	5.274

总之，大气密度具有明显的时空分布特性，受多种因素，如高度、太阳 $F_{10.7}$ 和太阳粒子辐射、季节与纬度以及地球自转变化的影响。卫星飞行时其大气密度和大气阻力加速度存在明显的与卫星运动周期相关的周期变化，轨道越低则大气密度值越大，大气阻力摄动加速度也越大。结构复杂的带有翼板的卫星相比于简单的球形卫星，其受到的大气阻力摄动量级更大。结构简单且面质比更小的球形卫星相比于结构复杂卫星，其轨道预报精度更高。MSIS86 和 NRLMSISE00 模型对 LARES 和 Jason-2 卫星预报精度最好；JB2008 模型对 Ajisai 卫星预报表现最好；J71 模型对 HY-2A 卫星预报表现最好。

3.9　地球扁率间接摄动

地球扁率间接摄动是质点月球对地球扁率部分产生的影响导致地心坐标系的变化而引起的一种惯性加速度。地球扁率 J_2 项在月心处的加速度计算见式 (3.25)：

$$\left(\frac{\partial U_{\mathrm{M}}(J_2)}{\partial \boldsymbol{r}_{\mathrm{me}}}\right)^{\mathrm{T}}$$

$$= \frac{3GM_{\mathrm{E}}}{2r_{\mathrm{me}}^4}(a_{\mathrm{E}})^2 J_2 \left\{ (3\sin^2\phi_{\mathrm{me}}-1)\frac{\boldsymbol{r}_{\mathrm{me}}}{r_{\mathrm{me}}} + \sin 2\phi_{\mathrm{me}} \begin{pmatrix} \sin\phi_{\mathrm{me}}\cos\lambda_{\mathrm{me}} \\ \sin\phi_{\mathrm{me}}\sin\lambda_{\mathrm{me}} \\ -\cos\phi_{\mathrm{me}} \end{pmatrix} \right\} \quad (3.25)$$

式中，$U_{\mathrm{M}}(J_2)$ 为地球 J_2 项在月心处的引力位；a_{E} 为地球的赤道半径；J_2 为地球的二阶带谐项系数；$\boldsymbol{r}_{\mathrm{me}}$ 为月球在地固坐标系中的位矢；r_{me} 为月球在地固坐标系中的地心距离；ϕ_{me} 为月球在地固坐标系中的纬度；λ_{me} 为月球在地固坐标系中的经度。

那么，地球扁率间接摄动加速度 (在 J2000.0 地心天球坐标系中) 计算见式 (3.26)：

$$\boldsymbol{A}_{\mathrm{EOI}} = \frac{M_{\mathrm{m}}}{M_{\mathrm{E}}} \left\{ (\mathrm{PR})^{\mathrm{T}}(\mathrm{NR})^{\mathrm{T}}(\mathrm{HR})^{\mathrm{T}} \left(\frac{\partial U_{\mathrm{M}}(J_2)}{\partial \boldsymbol{r}_{\mathrm{me}}}\right)^{\mathrm{T}} \right\} \quad (3.26)$$

式中，$\boldsymbol{A}_{\mathrm{EOI}}$ 为地球扁率间接摄动加速度 (在 J2000.0 地心天球坐标系中)；M_{E} 为地球质量；(PR) 为岁差旋转矩阵；(NR) 为章动旋转矩阵；(HR) 为地球自转极移矩阵。

3.10 月球扁率摄动

月球扁率摄动是将月球视作扁球体时对卫星产生的附加摄动。月球扁率 J_2' 项在月固坐标系中对应的在卫星处和地球处的加速度计算见公式 (3.27)：

$$\left(\frac{\partial U_{\mathrm{P}}(J_2')}{\partial \boldsymbol{r}_{\mathrm{pm}}}\right)^{\mathrm{T}}$$

$$= \frac{3GM_{\mathrm{m}}}{2r_{\mathrm{pm}}^4}(a_{\mathrm{e}}')^2 J_2' \left\{ (3\sin^2\varphi_{\mathrm{pm}}-1)\frac{\boldsymbol{r}_{\mathrm{pm}}}{r_{\mathrm{pm}}} + \sin 2\varphi_{\mathrm{pm}} \begin{pmatrix} \sin\varphi_{\mathrm{pm}}\cos\lambda_{\mathrm{pm}} \\ \sin\varphi_{\mathrm{pm}}\sin\lambda_{\mathrm{pm}} \\ -\cos\varphi_{\mathrm{pm}} \end{pmatrix} \right\}$$

$$\left(\frac{\partial U_{\mathrm{E}}(J_2')}{\partial \boldsymbol{r}_{\mathrm{em}}}\right)^{\mathrm{T}}$$

$$= \frac{3GM_{\mathrm{m}}}{2r_{\mathrm{em}}^4}(a_{\mathrm{e}}')^2 J_2' \left\{ (3\sin^2\varphi_{\mathrm{em}}-1)\frac{\boldsymbol{r}_{\mathrm{em}}}{r_{\mathrm{em}}} + \sin 2\varphi_{\mathrm{em}} \begin{pmatrix} \sin\varphi_{\mathrm{em}}\cos\lambda_{\mathrm{em}} \\ \sin\varphi_{\mathrm{em}}\sin\lambda_{\mathrm{em}} \\ -\cos\varphi_{\mathrm{em}} \end{pmatrix} \right\}$$

$$(3.27)$$

式中，$U_{\mathrm{P}}(J_2')$ 为 J_2' 项在月固坐标系中对应的在卫星处的引力位；$U_{\mathrm{E}}(J_2')$ 为 J_2' 项在月固坐标系中对应的在地球处的引力位；a_{e}' 为月球的赤道半径；J_2' 为月球的二阶带谐项；M_{m} 为月球质量；$\boldsymbol{r}_{\mathrm{pm}}$ 为卫星在月固坐标系中的位矢；r_{pm} 为卫星在月固坐标系中的月心距离；φ_{pm} 为卫星在月固坐标系中的纬度；λ_{pm} 为卫星在月固坐标系中的经度；$\boldsymbol{r}_{\mathrm{em}}$ 为地球在月固坐标系中的位矢；r_{em} 为地球在月固坐标系中的月心距离；φ_{em} 为地球在月固坐标系中的纬度；λ_{em} 为地球在月固坐标系中的经度。

那么，月球 J_2' 扁率摄动加速度 (在 J2000.0 地心天球坐标系中) 计算见式 (3.28)：

$$\boldsymbol{A}_{\mathrm{MJ}_2} = (\mathrm{PR})^{\mathrm{T}}(\mathrm{NR})^{\mathrm{T}}(M)^{\mathrm{T}}\left\{\left(\frac{\partial U_{\mathrm{P}}(J_2')}{\partial \boldsymbol{r}_{\mathrm{pm}}}\right)^{\mathrm{T}} - \left(\frac{\partial U_{\mathrm{E}}(J_2')}{\partial \boldsymbol{r}_{\mathrm{em}}}\right)^{\mathrm{T}}\right\} \tag{3.28}$$

式中，$\boldsymbol{A}_{\mathrm{MJ}_2}$ 为月球 J_2' 扁率摄动加速度 (在 J2000.0 地心天球坐标系中)；(PR) 为岁差旋转矩阵；(NR) 为章动旋转矩阵；(M) 为月心瞬时真坐标转换到月固坐标系的旋转矩阵。

3.11 经验力摄动

在 SLR 数据处理中，摄动模型不精确或者未考虑的摄动源影响 (如星际尘埃阻力、引力辐射、Poynting-Robertson 效应、带电大气阻力等) 导致卫星所受作用力并不精确，因此，常常在数据处理中引入经验力 (或类阻力)。根据实际需要，可在沿迹、法向或径向上引入经验力改正，其周期通常采用卫星轨道周期。具体模型见未模型化的径向、切向与法向摄动力式 (3.29)：

$$\overline{\boldsymbol{P}}_{RTN} = \begin{bmatrix} P_R \\ P_T \\ P_N \end{bmatrix} = \begin{bmatrix} C_R\cos u + S_R\sin u \\ C_T\cos u + S_T\sin u \\ C_N\cos u + S_N\sin u \end{bmatrix} \tag{3.29}$$

式中，$\overline{\boldsymbol{P}}_{RTN}$ 为经验力摄动矢量；P_R 为径向摄动力；P_T 为切向摄动力；P_N 为法向摄动力；C_R, S_R 为径向参数；C_T, S_T 为切向参数；C_N, S_N 为法向参数；u 为卫星的纬度幅角。

这些径向、切向和法向的摄动力，可利用坐标转换公式转换到地心惯性坐标系中。

第 4 章　SLR 观测模型

SLR 观测模型是建立观测方程的基础，它表示了观测量与理论计算值之间的差异，是必须精确建模或者估计的，见方程 (2.55)。下面就依次介绍第 2 章观测方程中所涉及的各种观测改正误差，它包括测站潮汐改正、大气折射改正、相对论改正、卫星质心改正、测站偏心改正等。

4.1　测站潮汐改正

在 SLR 数据处理中，必须考虑潮汐效应对测站位置的影响，对测站坐标给予改正。测站潮汐改正包括固体潮改正、极潮改正、海潮改正和大气潮改正，其中，大气潮因模型不够精确和测试效果好坏不一而没有统一的推荐模型，因此，没有要求必须改正。

4.1.1　固体潮改正

固体潮汐效应是在日、月引力作用下，固体地球产生周期性形变，从而引起的测站位置变化。其改正模型可由最新的 IERS 规范给出，目前 IERS2010 规范规定其计算由以下几步完成，见式 (4.1) ～ 式 (4.3)。

据 Wahr 理论，当取二次勒夫数 $h_2 = 0.6090$，志田 (Shida) 数 $l_2 = 0.0852$ 时，可按以下三步来修正测站位置。

(1) 第一步，计算潮汐形变引起的测站位移：

$$\Delta \boldsymbol{r}^{\text{sta}} = \sum_{j=1}^{2} \frac{GM_j}{GM_{\text{E}}} \frac{(r^{\text{sta}})^4}{r_j^3} \left\{ \left[3l_2 \left(\frac{\boldsymbol{r}_j}{r_j} \cdot \frac{\boldsymbol{r}^{\text{sta}}}{r^{\text{sta}}} \right) \right] \frac{\boldsymbol{r}_j}{r_j} \right.$$
$$\left. + \left[3 \left(\frac{h_2}{2} - l_2 \right) \left(\frac{\boldsymbol{r}_j}{r_j} \cdot \frac{\boldsymbol{r}^{\text{sta}}}{r^{\text{sta}}} \right)^2 - \frac{h_2}{2} \right] \frac{\boldsymbol{r}^{\text{sta}}}{r^{\text{sta}}} \right\} \tag{4.1}$$

式中，$\Delta \boldsymbol{r}^{\text{sta}}$ 为潮汐形变引起的测站位移；$\boldsymbol{r}^{\text{sta}}$ 为测站在地固系中的位矢；r^{sta} 为测站在地固系中的地心距；$\boldsymbol{r}_j$ 为月亮 ($j=1$) 或太阳 ($j=2$) 在地固系中的位矢；r_j 为月亮 ($j=1$) 或太阳 ($j=2$) 在地固系中的地心距；G 为万有引力常数；M_{E} 为地球质量；GM_{E} 为地球引力常数；GM_j 为月亮 ($j=1$) 或太阳 ($j=2$) 在地固系中的引力常数。

(2) 第二步，计算与频率有关项，此处仅需要考虑 k_1 频率项 (对应杜德森 (Doodson) 常数为 165.555) 引起的径向位移，即高程改正如下：

$$\delta h_1^{\text{sta}} = -0.0253 \sin \varphi' \cos \varphi' \sin(\theta_{\text{g}} + \lambda) \qquad (4.2)$$

式中，δh_1^{sta} 为 k_1 频率引起的径向位移；φ' 为测站的地心纬度；λ 为测站的东经；θ_{g} 为格林尼治真恒星时 (GAST)。

(3) 第三步，对尚未作零频率位移改正的测站，进行如下径向与北向位移改正：

$$\begin{aligned} \delta h_2^{\text{sta}} &= -0.12083 \left(\frac{3}{2} \sin^2 \varphi' - \frac{1}{2} \right) \\ \delta N^{\text{sta}} &= -0.05071 \cos \varphi' \sin \varphi' \end{aligned} \qquad (4.3)$$

式中，δh_2^{sta} 为站心坐标系中的径向位移；δN^{sta} 为站心坐标系中的北向位移；φ' 为测站的地心纬度。

4.1.2 极潮改正

极潮是由地球自转不均匀的地极移动而产生的地球离心力变化导致地球形变，从而引起的测站位置变化。其改正模型应符合 IERS 最新规范，具体模型见式 (4.4)：

$$\begin{cases} \delta h_{\text{p}}^{\text{sta}} = -0.032 \sin(2\theta)(x_{\text{p}} \cos \lambda - y_{\text{p}} \sin \lambda) \\ \delta N_{\text{p}}^{\text{sta}} = 0.009 \cos(2\theta)(x_{\text{p}} \cos \lambda - y_{\text{p}} \sin \lambda) \\ \delta E_{\text{p}}^{\text{sta}} = 0.009 \cos \theta (x_{\text{p}} \sin \lambda + y_{\text{p}} \cos \lambda) \end{cases} \qquad (4.4)$$

式中，$\delta h_{\text{p}}^{\text{sta}}$ 为极潮引起的测站径向位移；$\delta N_{\text{p}}^{\text{sta}}$ 为极潮引起的测站北向位移；$\delta E_{\text{p}}^{\text{sta}}$ 为极潮引起的测站东向位移；x_{p} 为极移 x 分量；y_{p} 为极移 y 分量；θ 为测站余纬；λ 为测站经度。

4.1.3 海潮改正

在日、月引力作用下，海潮引起测站位置的周期性变化，此变化可用一组负荷勒夫数表示，由于有些测站的海潮负荷形变可以达到几厘米，所以必须加以改正，其改正模型应符合 IERS 最新规范，IERS 规范给出了 11 个主要潮波的海潮对各台站的负荷形变影响的振幅和相位，包括径向、东向和北向三个方向，并给出了相应的计算主程序和子程序，可以直接采用。具体模型如下：

$$\Delta c = \sum_j A_{cj} \cos(\chi_j(t) - \phi_{cj}) \qquad (4.5)$$

式中，Δc 为测站的 U、E、N 三个方向改正量 $\delta h_{\mathrm{OT}}^{\mathrm{sta}}, \delta E_{\mathrm{OT}}^{\mathrm{sta}}, \delta N_{\mathrm{OT}}^{\mathrm{sta}}$；$A_{cj}$ 为每个分潮波对每个测站的振幅；ϕ_{cj} 为每个分潮波对每个测站的相位；$\chi_j(t)$ 为 t 时刻主要分潮波的天文学参数。

4.1.4　大气潮改正

大气潮影响量级较小，目前在 SLR 数据处理中尚未考虑大气潮影响。随着测量精度的提高和模型精度的改进，未来有可能需要引入大气潮改正。

这样固体潮、极潮和海潮引起的测距改正为

$$\Delta\rho_{\mathrm{TD}} = \left\{ \Delta r^{\mathrm{sta}} + (\mathrm{MLT})^{\mathrm{T}} \begin{pmatrix} \delta E_{\mathrm{p}}^{\mathrm{sta}} + \delta E_{\mathrm{OT}}^{\mathrm{sta}} \\ \delta N^{\mathrm{sta}} + \delta N_{\mathrm{p}}^{\mathrm{sta}} + \delta N_{\mathrm{OT}}^{\mathrm{sta}} \\ \delta h_1^{\mathrm{sta}} + \delta h_2^{\mathrm{sta}} + \delta h_{\mathrm{p}}^{\mathrm{sta}} + \delta h_{\mathrm{OT}}^{\mathrm{sta}} \end{pmatrix} \right\} \times \frac{r - r^{\mathrm{sta}}}{|r - r^{\mathrm{sta}}|} \tag{4.6}$$

式中，(MLT) 是站心坐标转换到地固坐标的旋转矩阵：

$$(\mathrm{MLT}) = \begin{pmatrix} -\sin\lambda & \cos\lambda & 0 \\ -\cos\theta\cos\lambda & -\cos\theta\sin\lambda & \sin\theta \\ \sin\theta\cos\lambda & \sin\theta\sin\lambda & \cos\theta \end{pmatrix} \tag{4.7}$$

4.2　大气折射改正

在含介质的空间中，光是以小于真空光速的群速度传播的，这样激光自卫星到达地球的时间会发生延迟。此外，由于大气折射效应，光在空气中已不再按直线传播，光程将是一条弯曲的曲线。这两种效应通称为激光测距的大气折射效应，它使实测的卫星到测站的距离增大，因此，在 SLR 数据处理中必须进行大气折射改正。对激光测距进行大气折射改正的公式过去推荐的是 Marini-Murray 模型 (M-M 模型)(Marini, 1975)，该模型没有将对流层天顶延迟与映射函数严格区分开来，且不适用于低高度角的观测数据。目前推荐的是在低高度角仍然表现良好的 Mendes-Pavlis 模型 (M-P 模型)(Mendes et al., 2004，Mendes et al., 2002)。下面介绍这两个大气模型。

4.2.1　Marini-Murray 大气折射改正模型

Marini 是映射函数的最早贡献者之一，他提出了连分式的映射函数表达式 (Marini, 1972)，并将其应用于卫星光学测量中，见式 (4.8)：

$$\Delta\rho_{\mathrm{RF}} = \frac{f(\lambda)}{f(\phi, H)} \times \frac{A + B}{\sin\gamma + \dfrac{B/(A+B)}{\sin\gamma + 0.01}} \tag{4.8}$$

式中，

$$A = 0.002357P + 0.000141W_1 \tag{4.9}$$

$$B = 1.084 \times 10^{-8} \times P \times T \times K + \frac{2 \times 4.734 \times 10^{-8} \times P^2}{T \times \left(3 - \dfrac{1}{K}\right)} \tag{4.10}$$

$$W_1 = \frac{W}{100} \times 6.11 \times 10^{\frac{7.5 \times (T-273.15)}{237.3 + (T-273.15)}} \tag{4.11}$$

$$K = 1.163 - 0.00968\cos(2\phi) - 0.00104T + 0.00001435P \tag{4.12}$$

$$f(\lambda) = 0.9650 + \frac{0.0164}{\lambda^2} + \frac{0.000228}{\lambda^4} \tag{4.13}$$

$$f(\phi, H) = 1 - 0.0026\cos 2\phi - 3.1 \times 10^{-7}H \tag{4.14}$$

以上各式中，γ 为卫星的实际仰角；P、T、W 分别为测站的大气压强 (mbar, 1mbar=100Pa)、大气温度 (K) 和湿度 (%)；W_1 为测站的水蒸气压强 (mbar)；H、ϕ 分别为测站的大地高 (m) 和纬度；λ 为激光的波长 (μm)。

4.2.2 Mendes-Pavlis 大气折射改正模型

Marini-Murray 大气折射改正模型没有将对流层天顶延迟与映射函数严格区分开来，且不适用于低高度角的观测数据。Mendes 和 Pavlis(2004) 提出了 Mendes-Pavlis 大气折射改正模型，该模型将对流层天顶延迟和映射函数严格区分开来，Mendes 等 (2002) 提出了 FCULa 映射函数模型 (当不知道测站气象数据时，可采用 FCULb 模型)，该模型在处理低高度角的观测数据时，精度明显提高。

1. 对流层天顶延迟

Mendes-Pavlis 模型将对流层天顶延迟分为流体静态力学和非流体静态力学两部分。流体静态力学部分对流层天顶延迟的计算公式如下：

$$
\begin{cases}
d_h^z = 0.00241579 \dfrac{f_h(\lambda)}{f(\phi, H)} P_S \\[2mm]
f_h(\lambda) = 10^{-2}\left[\dfrac{k_1^*(k_0 + \sigma^2)}{(k_0 - \sigma^2)^2} + \dfrac{k_3^*(k_2^* + \sigma^2)}{(k_2^* - \sigma^2)^2}\right]C_{CO_2} \\[2mm]
f(\phi, H) = 1 - 0.00266\cos(2\phi) - 0.00000028H
\end{cases} \tag{4.15}
$$

式中，$k_0 = 238.0185 \mu m^{-2}$；$k_1^* = 19990.975 \mu m^{-2}$；$k_2^* = 57.362 \mu m^{-2}$；$k_3^* = 579.55174 \mu m^{-2}$；$d_h^z$ 为流体静态力学部分的对流层天顶延迟；σ 为激光波长的倒

数, 单位为微米 $^{-1}(\mu m^{-1})$; ϕ 为测站的大地纬度; H 为测站的大地高, 单位为米 (m); P_S 为测站的压强, 单位为百帕 (hPa); $C_{CO_2} = 0.99995995$。

非流体静态力学部分对流层天顶延迟的计算公式如下:

$$
\begin{cases}
d_{nh}^z = 10^{-4}[5.316 f_{nh}(\lambda) - 3.759 f_h(\lambda)] \dfrac{e_S}{f(\phi, H)} \\
f_{nh}(\lambda) = 0.003101(\omega_0 + 3\omega_1\sigma^2 + 5\omega_2\sigma^4 + 7\omega_3\sigma^6)
\end{cases}
\tag{4.16}
$$

式中, $\omega_0 = 295.235$; $\omega_1 = 2.6422\mu m^2$; $\omega_2 = -0.032380\mu m^4$; $\omega_3 = 0.004028\mu m^6$; d_{nh}^z 为非静态力学部分的对流层天顶延迟; e_S 为测站水气压, 单位为百帕 (hPa)。

2. 映射函数

由于光学波段的对流层延迟湿分量很小, 所以 Mendes 认为干分量和湿分量的映射函数是一样的。ILRS 推荐的 Mendes-Pavlis 模型映射函数即映射函数 FCULa 的表达式为

$$
\begin{cases}
m(e) = \dfrac{1 + a_1/[1 + a_2/(1 + a_3)]}{\sin e + a_1/[\sin e + a_2/(\sin e + a_3)]} \\
a_i = a_{i0} + a_{i1} t_S + a_{i2}\cos\phi + a_{i3}H \quad (i = 1, 2, 3)
\end{cases}
\tag{4.17}
$$

式中, a_1, a_2, a_3 为映射函数系数; e 为高度角; $m(e)$ 为映射函数; $a_{10} = (12100.8 \pm 1.9) \times 10^{-7}$; $a_{11} = (1729.5 \pm 4.3) \times 10^{-9}$; $a_{12} = (319.1 \pm 3.1) \times 10^{-7}$; $a_{13} = (-1847.8 \pm 6.5) \times 10^{-11}$; $a_{20} = (30496.5 \pm 6.6) \times 10^{-7}$; $a_{21} = (234.6 \pm 1.5) \times 10^{-8}$; $a_{22} = (-103.5 \pm 1.1) \times 10^{-6}$; $a_{23} = (-185.6 \pm 2.2) \times 10^{-10}$; $a_{30} = (6877.7 \pm 1.2) \times 10^{-5}$; $a_{31} = (197.2 \pm 2.8) \times 10^{-7}$; $a_{32} = (-345.8 \pm 2.0) \times 10^{-5}$; $a_{33} = (106.0 \pm 4.2) \times 10^{-9}$; t_S 为测站的温度, 单位为摄氏度 (℃); ϕ 为测站的大地纬度; H 为测站的大地高, 单位为米 (m)。

当不知道测站的温度信息时, 可采用 FCULb 映射函数, 其计算公式如下:

$$
a_i = a_{i0} + (a_{i1} + a_{i2}\varphi^2)\cos\left[\frac{2\pi}{365.25}(\text{doy} - 28)\right] + a_{i3}H + a_{i4}\cos\varphi
\tag{4.18}
$$

式中, φ 为测站的纬度; doy 为年积日。

4.2.3   SLR 大气折射改正模型比较

传统的 SLR 数据处理软件中所使用的大气折射改正模型是 Marini-Murray (M-M) 模型, 该模型无法处理高度角低于 $10°$ 的数据。由 Mendes 和 Pavlis 提出的新的大气折射改正模型 (M-P 模型) 很好地解决了这个问题, 图 4.1 和表 4.1 为利用 2008 年 1 月 ~ 2010 年 12 月的 Lageos-1 数据求得的模型更新前

后测距精度的比较。其中在处理高高度角数据时，M-P 模型与 M-M 模型求得的测距精度相当，但是在低高度角特别是在 8° 以下的数据时，M-P 模型求得的测距精度明显优于 M-M 模型。因此，M-P 模型适合作为 SLR 数据处理大气延迟的标准模型 (邵璠，2019)。

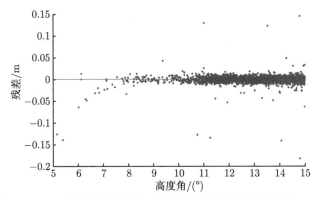

图 4.1   M-P 模型测距精度与 M-M 模型测距精度之差 (0°~15°)

表 4.1   M-P 与 M-M 模型测距精度统计表

模型名称	数据时间跨度/d	弧段总数量	测距精度提高量	测距精度提高量 (8° 以下)
M-M 模型	1096	366		
M-P 模型	1096	366	52.63%	77.78%

4.2.4   SLR 与其他技术大气延迟比较

目前，ITRF 是通过 SLR、GNSS、VLBI 和 DORIS 四种技术综合实现的，不同技术解主要是利用并置站站坐标进行本地连接。由于这四种技术的观测都会经过对流层，所以都受对流层大气的影响，如果我们能够找到不同技术并置站间对流层延迟参数的差异，就能够将对流层参数也作为不同技术间的本地连接，从而提高解算的地球参考框架的稳定性。

许多学者已经研究了不同并置站、不同时间、不同无线电波测量技术和数值气象模型获得的对流层参数，并进行了比较。Seitz 等 (2010) 发现由 GPS 和 VLBI 两种技术得到的对流层参数在时间变化上有很好的一致性，但是两者之间还存在着一些小的偏差没有被解释。Heinkelmann 等 (2007) 通过分析、比较和组合来自 8 个 IVS 分析中心的解算结果 (包括 1984 年 1 月 ~ 2004 年 12 月期间的所有 VLBI 观测时段)，评估了 12 个 IVS 代表站的长期对流层延迟参数估计的精确度，其中天顶总延迟 (ZTD) 平均偏差为 0.72mm，RMS 为 6.4mm，天顶湿延迟 (ZWD) 平均偏差为 0.89mm，RMS 为 7.67mm，这代表了 IVS 分析中心之间求得

的对流层参数有非常好的一致性。同时还比较了 GNSS 与 VLBI 得到的对流层天
顶延迟，两者有很好的一致性，其中平均偏差为 0.86mm，平均 RMS 为 8.6mm。
Heinkelmann 等 (2016) 比较了 CONT14 试验 15 天期间 DORIS、GPS、VLBI
和数值天气模型 NWM 在五个站点获得的大气参数，指出由 VLBI KAL 和 GPS
PPP 解得到的对流层参数在所有空间大地测量技术中有最好的一致性，由 NWM
模型得到的解与 DORIS 技术得到的解比较吻合，但是与 GPS 和 VLBI 得到的
结果不一致。以上研究比较均是在无线电波段技术间的对流层差异比较，下面将
重点研究 SLR 与 GNSS、VLBI 得到的对流层延迟参数的差异并进行比较分析。

1. 无线电波段对流层改正模型

无线电波段的空间大地测量技术如 GNSS、VLBI、DORIS 在观测时会被对流
层系统地延迟。该延迟在天顶方向可以达到 2.3m 左右，可分为天顶干延迟 (ZHD)
和天顶湿延迟 (ZWD) (MacMillan, 1995)。此外，还需要考虑由大气在各个方向不
均匀所引起的水平梯度延迟，其在高度角为 10° 处可以达到 30mm (Chen et al.,
1997，Behrend et al., 2000)。无线电波段的对流层延迟可用下式表达：

$$D_{\mathrm{L}} = m_{\mathrm{h}}(e)D_{\mathrm{hz}} + m_{\mathrm{w}}(e)D_{\mathrm{wz}} + m_{\mathrm{g}}(e)\left[G_{\mathrm{N}}\cos\alpha + G_{\mathrm{E}}\sin\alpha\right] \qquad (4.19)$$

式中，D_{hz} 代表天顶干延迟分量，它可以通过式 (4.20) 中的 Saastamoinen 模型计
算出先验值；D_{wz} 代表天顶湿延迟分量，它是由对流层中的水汽含量决定的；G_{N}
和 G_{E} 分别表示水平梯度的南北和东西分量。上述四个参数在 GNSS 精密定轨中
都是和其他参数一起估计的。α 为高度角。

$$D_{\mathrm{hz}} = \frac{(0.0022768 \pm 0.0000005)P_0}{f_{\mathrm{s}}(\phi, H)} \qquad (4.20)$$

2. 光学波段对流层延迟改正模型

光学波段的对流层延迟改正可采用 Marini 和 Murray 大气折射模型计算，也
可采用 Mendes-Pavlis 大气模型，二者在 10° 高度角以上几乎无差别，具体见 4.2.3
节。本书采用 FCULa 映射函数 Mendes-Pavlis 大气模型，SLR 技术的对流层总
延迟可由下式求得：

$$D_{\mathrm{rf}} = m(e) \times (D_{\mathrm{hz}} + D_{\mathrm{wz}}) \qquad (4.21)$$

在传统的 SLR 定轨中，对流层延迟改正只通过模型改正，这对毫米级定轨是
不够的，且对流层水平梯度的影响也是不可忽略的，因此在 SHORD-II 软件的基
础上，这里仿照式 (4.19) GNSS 对流层参数的估计策略，增加了 SLR 对流层参
数估计，并将得到的对流层参数与 GNSS、VLBI 的结果进行比较。

3. 并置站

为了减少其他因素的影响,仅对并置站不同技术大气参数进行比较。并置站是指两种及两种以上空间大地测量技术同时或者相继占用非常近的位置进行观测,且它们的测站位置已经用经典大地测量技术或 GPS 技术进行过本地连接精确测定 (何冰, 2017)。为了比较不同技术得到的对流层延迟参数,这里选取了 SLR、GNSS、VLBI 三种技术的并置站进行比较。我们选取了 SLR 观测数据较多的两个测站 YARL(7090) 和 WETL(8834) 进行比较,以下的比较结果全部是基于这两个并置站。表 4.2 给出了三种技术并置站之间的水平距离与高程差,从表可以看出并置站之间的距离很小,特别是高程方向相差很小。因此,可以近似认为并置站之间的气象参数应该一致,方便后面比较。

表 4.2   并置站之间的水平距离和高程差   (单位: m)

SLR	GNSS	GNSS	SLR-GNSS 测站距离		SLR-VLBI 测站距离		GNSS-VLBI 测站距离	
			水平距离	高程差	水平距离	高程差	水平距离	高程差
7090	YAR2	7376	24.2	2.7	130.1	4.0	147.0	6.9
8834	WTZZ	7224	69.4	0.9	77.2	4.1	138.2	3.2

4. 对流层天顶延迟比较

对于 Lageos-1 卫星 2008 年 1 月 ∼ 2010 年 12 月的全球观测数据,按照快速精密定轨策略进行处理,ILRS 测站坐标不估计,其中对流层参数每圈估计一组。GNSS 和 VLBI 技术的对流层延迟参数从 cddis.gsfc.nasa.gov 上下载。其中 GNSS 对流层延迟参数由美国的喷气推进实验室 (JPL) 解算获得,截止高度角设置为 7°,对流层参数每 300s 估计一组;VLBI 对流层延迟参数由 DGFI 计算得到,每 3600s 估计一组。图 4.2 给出了三种技术在并置站 WETL 的对流层天顶总延迟 (ZTD) 时间序列。从图中可以看出,GNSS 与 VLBI 的 ZTD 比较一致,SLR 呈现出较大

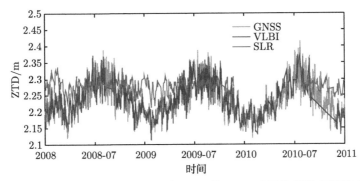

图 4.2   并置站 WETL 上 GNSS、VLBI 和 SLR 的 ZTD 时间序列图 (彩图扫封底二维码)

的偏差。为了进一步比较与分析，将 SLR 和 VLBI 技术得到的 ZTD 进行线性插值，得到与 GNSS 相同采样间隔的序列，最后与 GNSS ZTD 作差进行分析。

图 4.3 给出了 GNSS 与 VLBI 在并置站 WETL 上对流层 ZTD 之差，可以看出两者之差符合白噪声序列，平均值为 0.002m，标准差为 ±0.027m(邵璠，2019)。

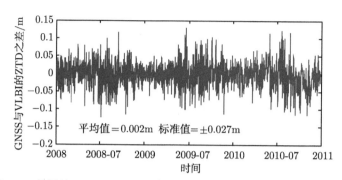

图 4.3　并置站 WETL 上 GNSS 与 VLBI 的对流层 ZTD 之差序列图

为进一步确定该序列是否存在长期项和周期项，这里对其进行长期项和周期项分析，图 4.4 给出了该序列的线性拟合情况以及频谱分析图。从图中可以看出，该序列线性项速率为 −0.003m/a，无明显长期项，且从谱分析图可以看出，该序列并无明显周期项，因此可以认为 GNSS 与 VLBI 得到的 ZTD 一致。

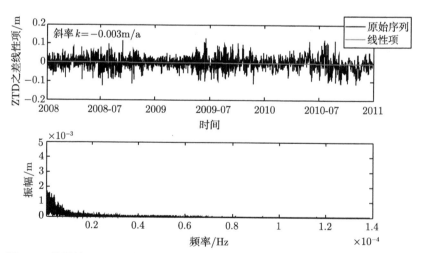

图 4.4　并置站 WETL 上 GNSS 与 VLBI 对流层 ZTD 之差线性项和频谱分析

将 SLR 得到的 ZTD 与 GNSS 进行比较，两者之间偏差平均值为 0.0427m，其标准差为 ±0.0461m，对两者差序列进行长期项分析，线性速率为 −0.0028m/a，表明两序列之间并无明显线性差项。谱分析显示存在着振幅为 0.0336m、周期为 341.3 天的近周年项，结果见图 4.5。

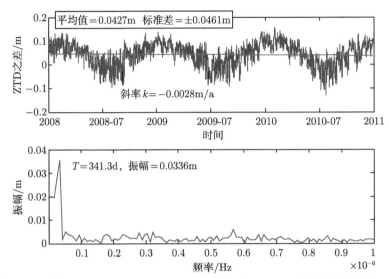

图 4.5　并置站 WETL 上 SLR 与 GNSS 对流层 ZTD 之差长期项和频谱分析

由于 GNSS 和 VLBI 的对流层参数表现出良好的一致性，接下来重点分析 SLR 与 GNSS 对流层参数之间的差异。选取另一个 SLR 观测数据较多的与 GNSS 技术并置的观测站 YARL(7090) 进行比较分析。从图 4.6 中可以看出，在并置站 YARL 上两技术 ZTD 之间也存在着偏差，该偏差平均值为 0.0334m，标准差为 ±0.0487m。对该序列进行长期项和周期项分析，线性速率为 0.0099m/a，频谱分析显示存在着振幅为 0.0374m、周期为 379.3 天的近周年项，如图 4.7 所示。这与并置站 WETL 上得到的结果一致，振幅也很接近 (邵璠, 2019)。

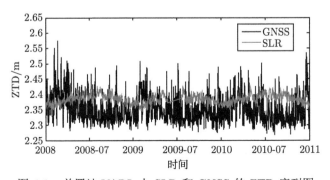

图 4.6　并置站 YARL 上 SLR 和 GNSS 的 ZTD 序列图

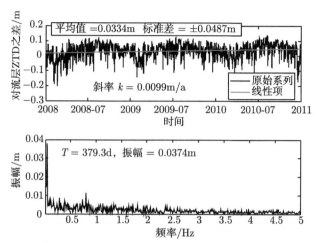

图 4.7　并置站 YARL 上 SLR 与 GNSS 的 ZTD 之差长期项和频谱分析

下面分别从 ZHD 和 ZWD 对两种技术的对流层参数进行比较。如图 4.8 和图 4.9 所示，SLR 技术的 ZHD 比 GNSS 平均大 0.13m，而 SLR ZWD 相对于

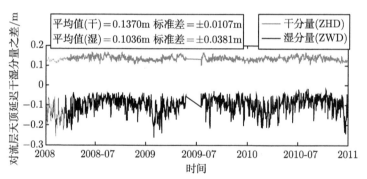

图 4.8　并置站 YARL 上 SLR 与 GNSS 对流层天顶延迟干湿分量之差

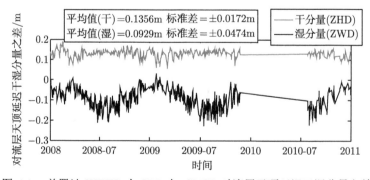

图 4.9　并置站 WETL 上 SLR 与 GNSS 对流层天顶延迟干湿分量之差

GNSS 更小, 对 ZWD 之差作频谱分析, 发现两技术间 ZTD 之差的周年项主要来自湿分量。其可能是由于光学波段技术 SLR 对对流层中的水汽不敏感, 且下雨天气 SLR 测站不观测, 因此 SLR 技术的 ZWD 相对较小。又因为对流层中水汽含量及温度有周年特征, 所以 GNSS ZWD 存在着周年项, 导致两者之差存在着明显周年项。

5. 水平梯度比较

在传统的 SLR 定轨中, 并未考虑水平梯度对对流层延迟的影响。Hulley 和 Pavlis (2007) 指出, 在高度角为 10° 时, 水平梯度对对流层延迟的影响可以达到 50mm, 水平梯度的影响是不可忽略的。因此, 我们将 GNSS 技术中估计水平梯度参数的方法引入 SLR 技术中, 同时每圈解算一组参数。图 4.10 显示当增加水平梯度参数后, SLR 定轨残差加强均方根 (WRMS) 普遍得到了减小, 平均减小了 1.1mm, 且有 96.9% 弧段得到了提高 (邵璠, 2019)。

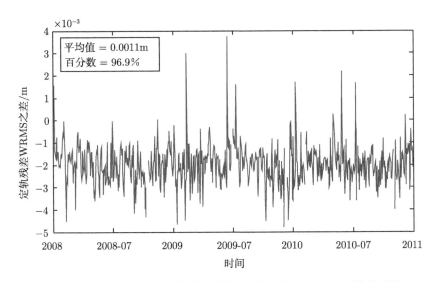

图 4.10   估计对流层水平梯度参数前后定轨残差 WRMS 之差序列图

将 SLR 估计得到的水平梯度参数与 GNSS 的结果进行比较, 图 4.11 和图 4.12 中 SLR 与 GNSS 技术一样, 水平梯度南北方向分量引起的对流层延迟较东西方向更大。SLR 与 GNSS 水平梯度在量级上大致一致, 但是由于 SLR 观测数据较少且几何构型较差, 从而解算的水平梯度参数呈现较大的波动。

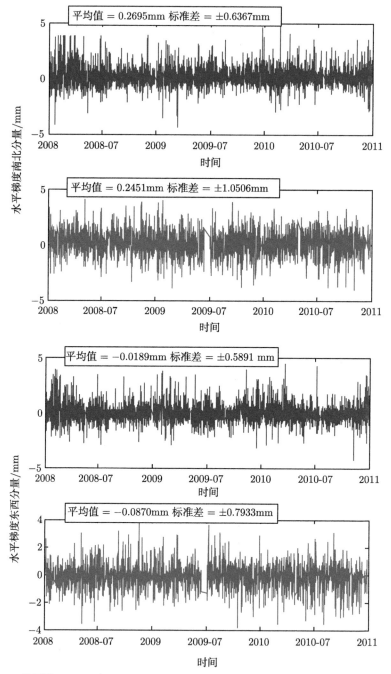

图 4.11　并置站 YARL 上 SLR 与 GNSS 的对流层水平梯度序列 (彩图扫封底二维码)

其中蓝色代表 GNSS，红色代表 SLR

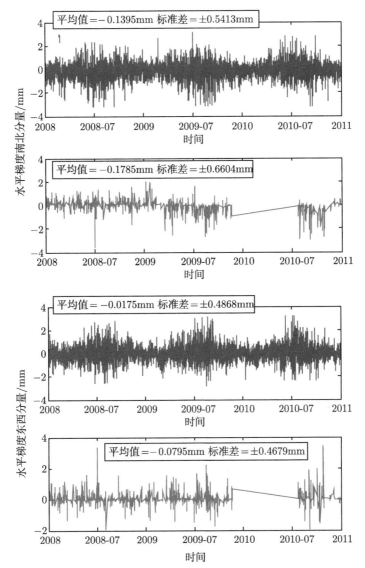

图 4.12 并置站 WETL 上 SLR 与 GNSS 的对流层水平梯度序列 (彩图扫封底二维码)

其中蓝色代表 GNSS, 红色代表 SLR

6. 映射函数比较

对于 SLR、GNSS 和 VLBI 技术, 在计算对流层总延迟时所使用的映射函数并不相同。GNSS 和 VLBI 技术一般使用的是全球映射函数 (global mapping function, GMF) (Boehm et al., 2006), 它是一种经验映射函数, 可以使用测站的经纬度、大地高和年积日来计算得到。对于 ZHD 和 ZWD 分别采用不同的映

射函数 GMFH 和 GMFW。而 SLR 技术对于天顶延迟干分量和湿分量采用的
是统一的映射函数 FCULa。为了评估映射函数不同对对流层延迟所带来的影响，
我们分别利用这两类映射函数处理了 2008~2010 年的 Lageos-1 全球观测数据，
图 4.13 给出了两类映射函数在 SLR 与 GNSS 技术并置站上的比较统计结果，从
图中可以看出，FCULa 与 GMFH 相差在 10^{-4} 量级，由于对流层天顶延迟干分
量大约为 2.3m，所以该映射函数引起的总延迟误差很小，约为 0.23mm。FCULa
与 GMFW 映射函数相差在 0.01，由于 SLR 对流层天顶延迟湿分量很小，量级
在 0.1m，所以该项差异引起的对流层总延迟约为 1mm。综上所述，映射函数对
SLR 和 GNSS 技术对流层总延迟所带来的差异很小 (邵瑨，2019)。

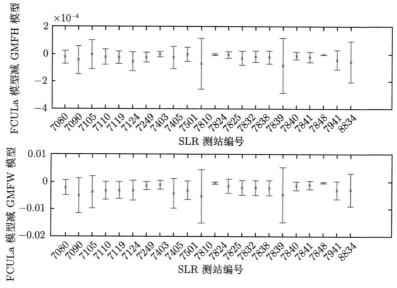

图 4.13　映射函数 GMF 和 FCULa 的比较

4.3　相对论改正

在平直空间中光的传播速度是不变的数值 c。当存在引力场时，光的传播速
度不再是常数，而是恒小于 c 的变量，这使光在引力场中传播的时间比在平直空
间中传播的时间要长，其差额就是由引力场造成的，称为引力时延。对于地球动力
学卫星，激光测距引力时延可达厘米量级，数据处理中必须考虑其影响，对 SLR
来说，通常只考虑由太阳和地球引力场引起的相对论改正。

通常情况下，SLR 数据处理中采用夏皮罗时延，记为 Δt_{G}，它不是爱因斯坦
揭示的相对论效应，是由夏皮罗 (I. I. Shapiro) 于 1964 年提出的，其简单近似

计算为

$$\Delta t_{\mathrm{G}} = \frac{2GM}{C^3} \ln \frac{r + R + \rho}{r + R - \rho} \qquad (4.22)$$

式中，M 为光线所在的引力场源的质量；r、R 分别为引力源到光源和观测者的距离；ρ 为光源与观测者间的距离。

对采用不同广义相对论理论，有下列改正公式：

$$\begin{cases} \Delta_{\mathrm{S}} = (1 + \gamma) \dfrac{GM_{\mathrm{S}}}{c^2} \ln \dfrac{r_1 + R_1 + \rho}{r_1 + R_1 - \rho} \\[3mm] \Delta_{\mathrm{E}} = (1 + \gamma) \dfrac{GM_{\mathrm{E}}}{c^2} \ln \dfrac{r_2 + R_2 + \rho}{r_2 + R_2 - \rho} \\[3mm] \Delta\rho_{\mathrm{REL}} = \Delta_{\mathrm{S}} + \Delta_{\mathrm{E}} \end{cases} \qquad (4.23)$$

式中，Δ_{S} 为太阳引力场引起的相对论效应改正；Δ_{E} 为地球引力场引起的相对论效应改正；$\Delta\rho_{\mathrm{REL}}$ 为由太阳和地球引起的相对论效应改正；G 为万有引力常数；M_{S} 为太阳质量，$GM_{\mathrm{S}} = 1.327124 \times 10^{20}\mathrm{m}^3/\mathrm{s}^2$；$M_{\mathrm{E}}$ 为地球质量，$GM_{\mathrm{E}} = 3.986005 \times 10^{14}\mathrm{m}^3/\mathrm{s}^2$；$c$ 为光速；r_1 为太阳到卫星的距离；r_2 为地球到卫星的距离；R_1 为太阳到测站的距离；R_2 为地球到测站的距离；ρ 为卫星与测站的距离；γ 为相对论效应修正因子，可作为被估计量，爱因斯坦广义相对论取 $\gamma = 1$。

4.4 卫星质心改正

4.4.1 均一卫星质心改正模型

在 SLR 测量中，由激光打中卫星的往返时间间隔换算得到的距离是测站到卫星表面激光反射点之间的距离，而精密星历表的卫星位置是卫星的质心在地心 GCRS 坐标系中的位置，因此，必须在测量距离中加入卫星表面到卫星质心的质心改正。卫星质心改正模型在以前各个测站采用均一值，如对球形 Lageos 卫星来说，质心的改正为 0.251m，即

$$\Delta\rho_{\mathrm{MC}} = -0.251\mathrm{m} \qquad (4.24)$$

4.4.2 测站相关的卫星质心改正模型

随着测量精度和数据处理方法的提高，人们逐渐发现，卫星质心改正与卫星的外形、激光反射器位置、卫星姿态和 SLR 测站系统运行方式等有关，该项改正随卫星而异，表 4.3 给出了常用地球动力学卫星目前推荐的质心改正模型，其中不同测站，卫星质心改正值稍有不同，目前该模型精度也还有改进的空间。

表 4.3   不同测站 Lageos-1/2 和 Etalon-1/2 的卫星质心改正 (单位：mm)

测站代号	名称	Lageos-1/2	Etalon-1/2
1873	Simeiz	246	598
1879	Altay	251	605
1884	Riga	250	607
7080	McDonlad	249	603
7090	Yarragadee	249	603
7105	Greenbelt	249	603
7110	Monument Peak	249	603
7119	Haleakala	249	603
7124	Tahiti	249	603
7237	Changchun	248	575
7249	Beijing	251	575
7355	Urumqi	251	581
7358	Tanegashima	250	607
7405	Concepcion	246	575
7406	San Juan	250	581
7501	Hartebeesthoek	247	603
7806	Metsahovi	251	607
7810	Zimmerwald	248	572
7811	Borowiec	253	607
7824	San Fernando	249	578
7825	Stromlo	252	581
7832	Riyadh	249	578
7835	Grasse	250	609
7836	Postdam	254	609
7838	Simosato	250	607
7839	Graz	252	574
7840	Herstmonceux	245	565
7841	Postdam3	251	609
7941	Matera	250	610
8834	Wettzell	250	608

4.4.3 模型比较

在利用 SLR 数据进行卫星精密定轨过程中，需要高精度的测量模型来进行星地距离归算修正，卫星质心改正就是测量模型中不可忽略的一个因素。从 SLR 实测的激光脉冲往返时间间隔换算得到的是地面测站与卫星表面激光反射点之间的距离，而在计算卫星精密星历、确定地球参考架或其他 SLR 数据应用中通常要用到卫星质心与测站之间的距离。因此，必须在实测距离中加入卫星有效反射面至卫星质心的距离补偿改正，这就是卫星的质心改正。卫星质心改正与星载角反射器的尺度、几何构型、制作材料和阵列分布有关，可以通过相关的理论计算和卫星发射前的地面光学检验等手段确定 (Minott et al., 1993)。

在现有的 SLR 精密定轨软件中，对某一特定的卫星一般采用全球各测站统一的质心改正值 (Eanes et al., 2000)。然而，目前 SLR 测量精度正在迈向毫米级，各种科学应用也对 SLR 数据分析与评估提出更高要求，因此有必要分析卫星质心改正对测站系统运行模式依赖性的影响。与测站发射激光脉冲相比，经过星载角反射器阵列反射的激光脉冲不仅被展宽，而且脉冲轮廓发生改变，这就是"卫星形状效应" (Appleby, 1993)。数值模拟和理论模型分析表明，卫星形状效应将给激光卫星的观测数据带来至少几毫米的偏差 (Appleby, 1993)。在不考虑地球大气的影响时，这一效应导致卫星质心改正主要与以下三类因素有关。① 地面发射系统的出射激光波长、出射脉冲能量与波形。这类因素决定了发射光束中光子在时间和空间上的分布。② 星载角反射器阵列的光学特性与几何分布。这类因素确定了发射光束中同一波阵面的光子被反射器阵列中不同反射器反射的时间差，即确定了脉冲波形的展宽程度；再结合第一类因素，可以确定返回激光脉冲中光子能量在时间上的分布。③ 地面接收系统探测器的光电响应特性。这类因素确定了回波光子从到达探测器到转化为光电流而被记录的时间。三类因素的综合确定了激光脉冲往返时间的修正值，最终可换算得到卫星质心改正。

为实现高精度 SLR 定轨，以及保障各种 SLR 科学应用和高精度 ITRF 构建的需求，有必要分析卫星形状效应的影响程度。这意味着在高精度的 SLR 数据处理中不应继续采用全球统一的质心改正标称值，而应对不同测站的质心改正加以仔细考虑 (Otsubo et al., 2003)。鉴于不同测站卫星质心不同改正对利用 SLR 资料精密确定 ITRF 尺度因子的重要性，不断提高这一改正的精度也已被 ILRS 列为其信号处理工作组的首要任务之一 (Appleby, 2009)。为此，作者所在课题组利用 SLR 实测数据，分析了不同测站卫星质心不同改正对精密定轨水平的影响。

对 Lageos-1 从 2008 年 1 月 1 日至 2010 年 12 月 30 日，共 365 个 3 天弧段分别应用原质心改正和现质心改正进行定轨，结果如图 4.14 所示，Lageos-2 与之类似，结果如图 4.15 所示，可以看出：① Lageos-1/2 的 3 天短弧定轨精度一般都在 1~2cm，最差精度不大于 3cm；② 采用现质心改正后，定轨精度有普遍提高，最大提高量分别达到 1.38mm(Lageos-1) 和 4.61mm(Lageos-2)。虽然平均提高幅度有限，分别只有 0.42mm(Lageos-1) 和 0.36mm(Lageos-2)，但分别有 94.0%(Lageos-1) 和 91.8%(Lageos-2) 的弧段精度得到提高，可见提高确实是普遍的，是系统性的，如表 4.4 第二列和第三列所示 (赵罡等，2012)。

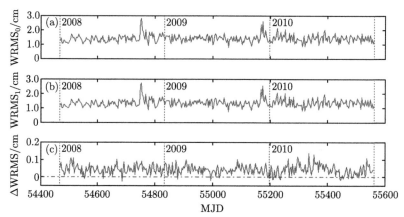

图 4.14   对 Lageos-1，采用原质心改正时的定轨精度 (a)，采用现质心改正后的定轨精度
(b)，以及二者之差，即定轨精度提高量 (c)

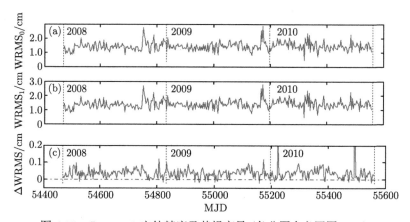

图 4.15   Lageos-2 定轨精度及其提高量 (各分图含义同图 4.14)

表 4.4   **Lageos-1/2 和 Etalon-1/2 定轨结果统计**

卫星名称	Lageos-1	Lageos-2	Etalon-1	Etalon-2
数据时间跨度/d	1095	1095	1092	1092
弧段总数量	365	365	156	156
原弧段平均标准点数	637	588	170	156
现弧段平均标准点数	637	588	171	156
原平均定轨精度/mm	14.27	14.44	11.88	11.92
现平均定轨精度/mm	13.85	14.08	11.26	11.32
平均定轨精度提高量/mm	0.42	0.36	0.62	0.60
定轨精度提高弧段百分比	94.0%	91.8%	75.0%	73.1%

对 Etalon-1 从 2008 年 1 月 1 日 ～ 2010 年 12 月 27 日，共 156 个 7 天弧段
分别应用原质心改正和现质心改正进行定轨，结果如图 4.16 所示，Etalon-2 与之
类似，结果如图 4.17 所示，Etalon-1/2 数据量明显少于 Lageos-1/2，即使采用更

宽松的收敛准则，仍有极少数弧段因观测数据太少或全球分布严重不均匀，造成定轨精度过低甚至轨道发散。为有效利用观测数据，我们并未舍弃这些弧段，而是采取合理增加定轨弧长 (至 14 天)，或将精度较差测站的时距偏差作为待估参数进行解算，这样所有弧段定轨精度都好于 3cm。对 Etalon-1/2 定轨结果的分析表明：① 对于 Etalon-1/2，7 天短弧定轨精度普遍也在 1~2cm；② 采用现质心改正后，定轨精度平均提高幅度约 0.6mm；提高普遍程度虽然不及 Lageos-1/2，但这种提高也是系统性的，如表 4.4 第四列和第五列所示，占到全部统计弧段约 3/4。从表 4.4 中还可以看出，采用原质心改正和现质心改正，对最终参与定轨 (即按 3σ 标准未被剔除) 的标准点数几乎没有影响，这说明对观测数据的剔除不是造成定轨精度变化的原因 (赵罡等，2012)。

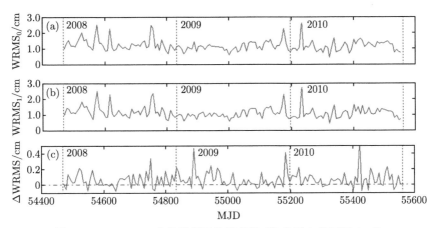

图 4.16　Etalon-1 定轨精度及其提高量 (各分图含义同图 4.14)

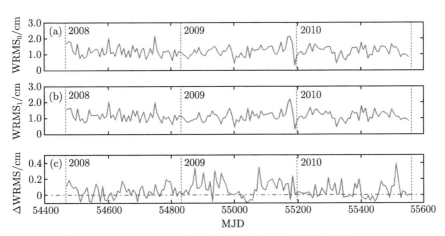

图 4.17　Etalon-2 定轨精度及其提高量 (各分图含义同图 4.14)

造成 Etalon-1/2 相对于 Lageos-1/2 精度提高弧段比例偏低的可能原因，一是 Etalon-1/2 观测的数量和全球分布状况不如 Lageos-1/2，导致精密定轨稳定性不够；二是 Etalon-1/2 直径 (1.294m) 大于 Lageos-1/2(0.6m)，并且 Etalon-1/2 的角反射器呈分片分布状态 (Eanes et al., 2000)，而 Lageos-1/2 角反射器是均匀分布的 (Minott et al., 1993)，这可能导致 Etalon-1/2 的质心改正精度明显偏低。

4.4.4 激光卫星反射器质心改正模型建立

SLR 测量精度正迈向毫米级，各种科学应用也对 SLR 数据分析与评估提出更高要求，例如：毫米级地球参考框架 (原点、尺度因子)、导航卫星轨道精度评估、SLR 精密定轨、不同空间技术系统差研究、地球重力场监测等。为此，本小节研究卫星激光反射面质心位置的标定方法，并尝试对 Lageos-1/2 和 Etalon-1/2 采用基于概率分布函数的激光反射面位置标定，其结果与国际上给出的结果一致，并对我国导航卫星质心改正进行了建模和验证。激光测距时，测得的值既不是地面参考点到卫星质心 (O 点) 的距离，也不是到激光束在卫星表面正入射点 (C 点) 的距离，而是等效反射点 (B 点)，$|OB|$ 即为 CoM 值，如图 4.18 所示。

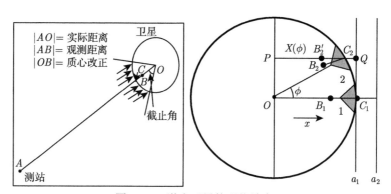

图 4.18   激光卫星的形状效应

由于激光反射器的雷达特性，该质心是由某一分布函数所确定的，由卫星及其反射器的雷达特性决定。卫星形状效应是一种平均效应，假设 CoM 的值相当于某一随机变量的平均值，该分布函数概率密度：

$$p_X(x) = \frac{p(\phi)}{|\mathrm{d}X(\phi)/\mathrm{d}\phi|}\bigg|_{\phi=X^{-1}(x)} = \frac{p_\Phi(\phi)}{\left(R_\mathrm{S} - \dfrac{L\cos\phi}{\sqrt{n^2 - \sin^2\phi}}\right)\sin\phi}\bigg|_{\phi=X^{-1}(x)} \tag{4.25}$$

式中，$X(\phi)$ 的平均值就是 CoM 的值；ϕ 为角坐标值；R_S 相当于卫星球体的半径；L 为角反射器正高；n 为角反射器折射率。

$$\text{CoM} = E(X) = \int_{[X]} x p_X(x)\mathrm{d}x = \int_0^{\phi_{\max}} X(\phi)p_{\Phi}(\phi)\mathrm{d}\phi \tag{4.26}$$

当光线垂直入射，即入射角 $i = 0$ 时的有效面积记为

$$S_0 = \pi r^2 \tag{4.27}$$

式中，r 为圆的半径。相对有效面积为

$$A_{\mathrm{s}} = \left[1 - \frac{2\sqrt{2}}{\pi}\tan i\sqrt{1 - 2\tan^2 i} - \frac{2}{\pi}\arcsin\left(\sqrt{2}\tan i\right)\cos i\right] \tag{4.28}$$

以上公式是对空心角体合作目标而言，如果是实心的话，必须考虑材料的折射率 n，将相对有效面积公式中的 $\tan i$ 换成 $\dfrac{\sin i}{\sqrt{n^2 - \sin^2 i}}$ 即可。

实际有效面积 S 为

$$S = S_0 A_{\mathrm{S}} \tag{4.29}$$

角反射器的相对有效面积和实际有效面积与入射角 i 的关系如图 4.19 所示，显示一个单调递减的关系，但其具体关系会随入射截止角 (cut-off angle，CoA) 有所变化，具体参见文献 (赵群河等，2015)。

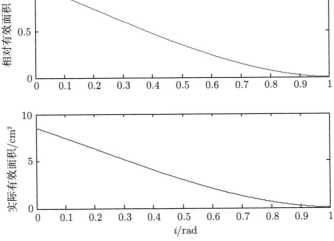

图 4.19　角反射器的相对有效面积和实际有效面积随入射角的变化

对于入射角的范围, 尚须考虑角反射器的接收角, 即光线在非镀膜角反射器的全反射而不受破坏的最大入射角, 根据光学折射定律和几何关系得到下式并见图 4.20。

$$i_{\max} = \arcsin\left[n\sin\left(\arctan\sqrt{2} - \arcsin\frac{1}{n}\right)\right] \qquad (4.30)$$

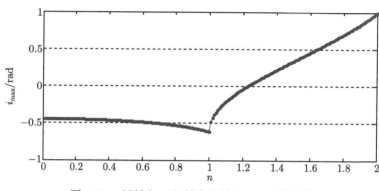

图 4.20   折射率 n 与最大入射角 $i_{\max}$ 的关系

对于北斗卫星的激光角反射器阵列, 如图 4.21 所示, 由于对称性, 阵列所在平面的几何中心位置即能量中心的水平分量所在位置, 那么能量中心在厚度方向的位置由于无法直接测量而成为难题。我们定义角反射器底面的法线方向为 Z 轴方向, 即讨论 Z 轴方向的能量中心位置。

$$|BC| = h \cdot \sqrt{n^2 - \sin^2 i} \qquad (4.31)$$

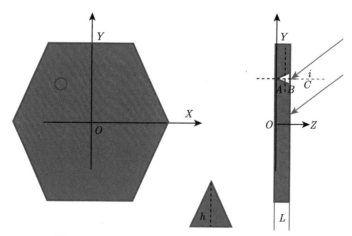

图 4.21   COMPASS-M1 的激光反射器示意图

对于每个角反射器，在入射角为 i 时，定义入射角 i 为随机变量，Z 与 i 的关系为

$$Z(i) = L - h \cdot \sqrt{n^2 - \sin^2 i} \tag{4.32}$$

在 COMPASS-M1 中角反射器的材质为熔石英，其折射率 $n = 1.46$，$i_{\max} = 16.8°$，$\eta(i) = S = S_0 \cdot A_{\mathrm{s}}$，整个激光反射器阵列光学截面为 $N\eta(i)$。

由概率论可以通过 i 的概率分布函数推出 Z 的概率分布函数：

$$
\begin{aligned}
p(i) &= \frac{N \cdot \eta(i)}{\int_0^{\pi/2} N \cdot \eta(i)\mathrm{d}i} \\
&= \frac{\eta(i)}{\int_0^{i_{\max}} \eta(i)\mathrm{d}i}
\end{aligned}
\qquad
\begin{aligned}
p(Z) &= \left.\frac{\mathrm{d}(i)}{|\mathrm{d}Z(i)/\mathrm{d}i|}\right|_{i=Z^{-1}(z)} \\
&= \frac{p(i) \cdot \sqrt{n^2 - \sin^2 i}}{h \sin i \cos i}
\end{aligned}
\tag{4.33}
$$

故可以求得角反射器阵列质心改正：

$$\mathrm{CoM}' = E(Z) = \int_{[Z]} zp(z)\mathrm{d}z = \int_0^{i_{\max}} Z(i)p(i)\mathrm{d}i \tag{4.34}$$

表 4.5 展示了 Lageos-1/2 卫星和 COMPASS-M1 卫星的角反射器基本信息。图 4.22 展示了激光测距卫星质心改正模型软件计算结果。图 4.23 展示了 COMPASS-M1 上的激光反射器陈列和角反射器按内接圆切割示意图。表 4.6 给出了不同卫星的计算结果。

表 4.5　Lageos-1/2 卫星和 COMPASS-M1 卫星信息

卫星	内接圆直径/mm	高 h/mm	折射率 n	镀层
Lageos-1/2	38.1	27.8	1.455	无
COMPASS-M1	33	24.0	1.46	无

图 4.22　激光测距卫星质心改正模型软件

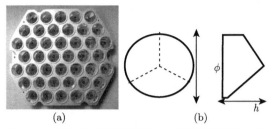

(a)   (b)

图 4.23   COMPASS-M1 上的激光反射器阵列 (a) 和角反射器按内接圆切割示意图 (b)

表 4.6   不同卫星计算结果

卫星	R/mm	h/mm	CoA/rad	CoM/mm	能量中心到反射器底面的距离/mm
COMPASS-M1	∞	24	0.29	-4.80	34.80
Lageos	298.00	27.84	0.75	242.26	55.74
Ajisai	1053.00	25.72	0.75	959.12	93.88
Etalon	641.50	19.10	0.75	579.44	62.06
GFZ-1	91.00	19.10	0.70	59.48	31.52

反射中心在星固坐标系中的坐标为 $(-0.4321\mathrm{m}, -0.5621\mathrm{m}, 1.1338\mathrm{m})$，新的质心改正值，其能量反射中心在星固坐标系中为 $(-0.4321\mathrm{m}, -0.5621\mathrm{m}, 1.1125\mathrm{m})$。图 4.24 为 Lageos-1 卫星采用新旧质心改正值的定轨精度。图 4.25 为 COMPASS-M1 卫星 SLR 精密定轨残差。从图中可以看到所建立的卫星质心改正模型与 ILRS 建议的原质心改正模型定轨残差 RMS 相差在亚毫米水平，利用所建立的 COMPASS-M1 质心改正模型定轨，定轨残差 RMS 在 2cm 左右，达到了其测站分布和观测状况所能达到的理想结果 (赵群河等，2015)。

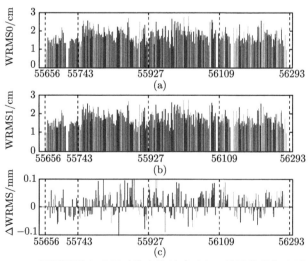

图 4.24   对 Lageos-1，采用原质心改正时的定轨精度 (a)，采用现质心改正后的精度 (b)，以及二者之差 (WRMS1-WRMS0)，即定轨精度提高量 (c)

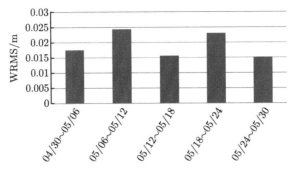

图 4.25   2012 年 5 月对 COMPASS-M1 进行 SLR 精密定轨残差

4.5 测站偏心改正

卫星激光测距仪的测量中心相对于测站标定坐标之间的偏差就是测站偏心改正，在 SLR 数据处理中也必须进行改正，具体模型如下：

$$\Delta\rho_{RO} = \frac{1}{\rho}\left(\rho_x EC_E + \rho_y EC_N + \rho_z EC_U\right) \tag{4.35}$$

式中，$\Delta\rho_{RO}$ 为测站偏心改正；ρ 为卫星到测站的距离，ρ_x、ρ_y、ρ_z 分别为 ρ 在测站坐标系中三个坐标轴上的分量；EC_E 为测量设备的测量中心相对于测站标定坐标在偏东方向上的偏心量；EC_N 为测量设备的测量中心相对于测站标定坐标在偏北方向上的偏心量；EC_U 为测量设备的测量中心相对于测站标定坐标在偏上方向上的偏心量。

表 4.7 给出了部分 SLR 测站的偏心改正值，方向为测站的 U、N、E 三个方向分量，通常这个表不变，除非测站信息更新中或者 ILRS 邮件中提到某个测

表 4.7   部分 SLR 测站的偏心改正值 (U、N、E 方向)

测站	U/m	N/m	E/m
7035	2.5870	0.0060	0.0170
7046	2.6390	0.0030	−0.0020
7051	3.6800	0.0020	−0.0010
7080	1.7560	−0.0040	−0.0050
7090	3.1827	−0.0064	0.0194
7097	1.4950	0.0000	−0.0010
7210	0.8490	0.7530	0.0000
7403	2.6790	0.0140	−0.0020
7405	1.4638	−0.1891	0.0063
7510	1.3570	−2.6250	−0.0590
7890	3.2910	0.4420	−1.5100
7920	3.1290	1.4480	−0.0470

站的偏心改正有变化时才会更新，由于完整表格较长，在这里无法给出，可查阅 https://cddis.nasa.gov/archive/slr/slrocc/ecc_une.snx。

4.6　SLR 测站系统偏差改正

SLR 测站系统偏差包括距离偏差和时间偏差，在数据处理时应估计此项偏差并加以扣除。图 4.26 和图 4.27 分别为对 Lageos-1 和 Lageos-2 卫星进行每周常规快速定轨的残差 RMS 序列图，定轨精度平均为 1.5cm 左右。

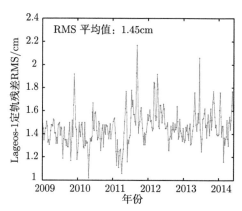 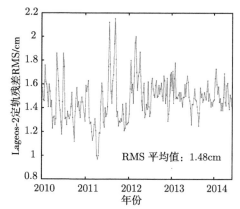

图 4.26　Lageos-1 卫星定轨残差RMS 序列　　　图 4.27　Lageos-2 卫星定轨残差RMS 序列

图 4.28 为每周对 Lageos-1 卫星进行常规定轨后，北京站、长春站、上海站和昆明站四个国内 SLR 站的残差序列图。其中，北京站和上海站的残差量级稳定，而长春站在 2013 年 6 月以后的部分观测数据中存在较大的残差。随后在其距离偏差和时间偏差中也发现了类似的异常，因此通过改变定轨策略，对长春站的距离偏差和时间偏差进行估计，之后该站的残差得到改善，如图 4.29 所示。

图 4.30 和图 4.31 分别为北京站、长春站、上海站和昆明站等四站的距离偏差、时间偏差统计值的时间序列图。昆明站由于数据较为稀疏，所以其距离偏差和时间偏差的均值都较大。长春站在 2013 年 6 月以后的部分观测数据中存在较大的距离偏差和时间偏差。

上述的 SLR 测站系统偏差计算和改正是对测站进行质量评估的重要途径，目前 ILRS 下属有 8 个辅助分析中心会定期 (每日或每周) 对全球 SLR 测站的数据进行快速精密定轨，通过定轨残差进行测站的距离偏差和时间偏差计算，并以此来评估每个测站的观测数据质量。表 4.8 给出目前提供快速质量控制机构的信息，其中 HITU、JCET、SHAO 和 MIC 提供长期不间断服务。图 4.32 给出一个质量控制

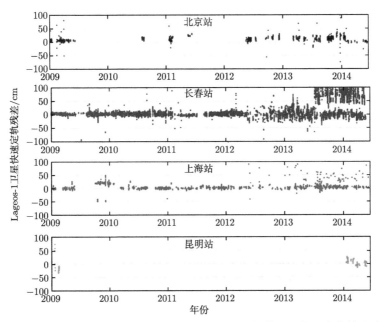

图 4.28 测站快速定轨残差图 (采用常规解算策略, 即不解算测站的距离偏差和时间偏差)

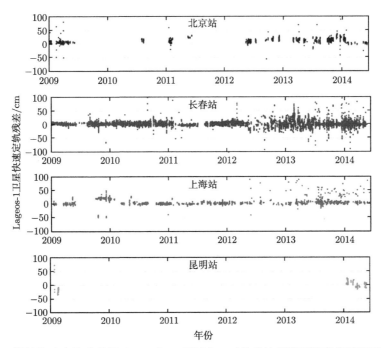

图 4.29 测站快速定轨残差图 (2013 年 6 月至今, 对长春站解算其距离偏差和时间偏差)

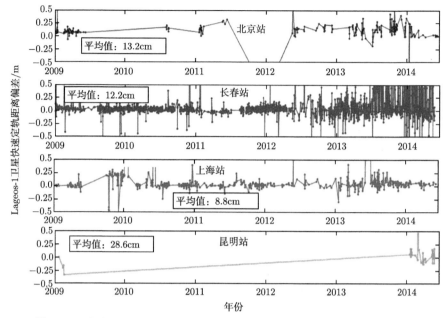

图 4.30 北京、长春、上海、昆明 SLR 站的快速精密定轨距离偏差序列

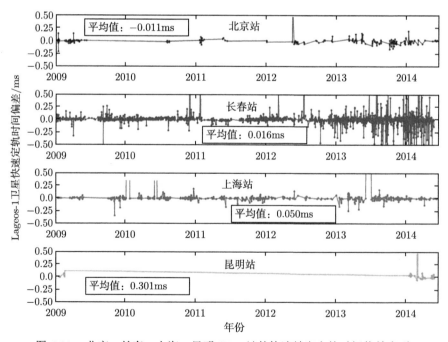

图 4.31 北京、长春、上海、昆明 SLR 站的快速精密定轨时间偏差序列

报告示例，所给出的信息为卫星、测站、时间、该圈持续时长、距离偏差及它的估计误差 (mm)、时间偏差及它的估计偏差 (μs)、估计的标准点的精度、剔除的标准点个数、原始测距精度 (mm)、气压 (hPa)、温度 (K)、两个 ILRS 改正标准、发布标准和激光波长 (μm)，用户从这些信息就可以获得测站的数据质量和系统偏差情况。

表 4.8　提供快速质量控制机构的信息

机构	软件	输出	卫星	更新	持续时长
Astronomical Institute, University of Bern, Switzerland(AIUB)	Bernese 5.3	距离偏差	GNSS	每日	2000 年至今
Deutsches Geodätisches Forschungsinstitut, Germany(DGFI)	DOGS 5.4	时间/距离偏差	Etalon, Lageos, LEO	每 4 小时	2003 年至今
Hitotsubashi University, Japan(HITU)	c5++R889	时间/距离偏差	GNSS, Etalon, Lageos, LEO	每 6 小时	2007 年至今
Joint Center for Earth Systems Technology, USA(JCET)	GEODYN II 和 SOLVE II	时间/距离偏差和残差图	Etalon, Lageos, LEO	每日	1997 年至今
Information Analytical Center, Russia(MIC)	STARK-C 7.7	时间/距离偏差	Lageos	每日	1997 年至今
NERC Space Geodesy Facility, UK(NERC)	SATAN_SX	残差图	Etalon，Lageos	每日	1997 年至今
Shanghai Astronomical Observatory, China(SHAO)	SHORD-II	时间/距离偏差	Etalon，Lageos	每日	1999 年至今
Wroclaw University of Environmental and Life Sciences, Poland(WUELS)	Bernese 5.2	距离偏差和残差图	GNSS	每日	2016 年至今

```
#
# 7090 = YARRAGADEE
# sat site      date     time  dur  rb mm  error    tb us   error   prec bad total  rms  pres  temp  hum sdelay shft  rms cf g r wlen
AJI1 7090 2018/01/07 18:54    7   14 (   6)    -4.9 (  2.9)   3  0/  17    9 979.5 295.8  31 13079    0   2 6 1 0 532
LARS 7090 2018/01/07 19:02   13    4 (   2)    -0.5 (  0.5)   1  0/  29    4 979.5 295.8  31 13079    0   2 6 1 0 532
GA03 7090 2018/01/07 20:48  132   -3 (   6)    42.7 ( 24.3)   3  0/  10    5 980.6 295.4  33 21896   -0   4 6 1 0 532
LAG1 7090 2018/01/07 21:01   21    6 (   2)     2.3 (  4.3)   2  0/  10    5 980.2 294.9  32 13082    0   2 6 1 0 532
SARL 7090 2018/01/07 21:24    4  -11 (  10)  ------- (     )  1  0/        4 980.3 294.6  33 21896    0   4 6 1 0 532
ETA1 7090 2018/01/07 21:48   57    1 (   3)  ------- (     )  6  0/  11   14 980.8 295.2  35 21896   -0   4 6 1 0 532
SARL 7090 2018/01/07 23:02    5    4 (   )     -3.3 (  0.8)   1  0/   9    4 981.0 296.4  33 13083    1   4 6 1 0 532
AJI1 7090 2018/01/07 23:09    2   20 (   8)  ------- (     )  3  0/   7   11 981.0 296.4  33 13083    1   2 6 1 0 532
LAG2 7090 2018/01/08 00:13   19   17 (   4)     1.4 (  6.5)   2  0/  11    4 981.0 296.9  33 13083    1   2 6 1 0 532
STRL 7090 2018/01/08 00:13   11    0 (   3)    -3.2 (  0.7)   1  0/  15    4 981.0 298.4  28 13084    1   2 6 1 0 532
LAG1 7090 2018/01/08 00:27   33   11 (   2)     1.5 (  1.5)   2  0/  18    4 980.8 299.6  28 13084    1   2 6 1 0 532
AJI1 7090 2018/01/08 01:03   17   24 (   5)     0.2 (  1.0)   3  0/  20   11 980.7 300.7  25 13084    1   2 6 1 0 532
CRY2 7090 2018/01/08 01:52    7    6 (   2)     0.2 (  0.7)   1  0/   7    4 980.5 302.6  23 13084    1   2 6 1 0 532
STRL 7090 2018/01/08 02:04    7    9 (   5)     6.9 (  1.4)   2  0/  11    5 980.4 303.1  22 13084    1   2 6 1 0 532
AJI1 7090 2018/01/08 03:12    1   18 (  11)  ------- (     )  2  0/   4    4 979.9 305.0  20 13084    1   2 6 1 0 532
LAG2 7090 2018/01/08 03:17   32    1 (   4)     5.7 (  2.8)   3  0/   9    4 979.8 305.7  19 13084    1   2 6 1 0 532
GA02 7090 2018/01/08 04:58  227    4 (  17)  -126.3 ( 54.0)   6  0/  21   14 977.8 309.6  16 21897    1   4 6 1 0 532
GL33 7090 2018/01/08 06:42  103   74 (  17)  ------- (     )  4  17 978.6 310.5  15 21898    0   4 6 1 0 532
STEL 7090 2018/01/08 07:05    7   -1 (   4)     0.8 (  0.9)   2  0/  17    6 977.1 310.8  16 13086    2   4 6 1 0 532
LAG1 7090 2018/01/08 07:19    9   10 (   3)     9.8 ( 17.0)   4  0/  14    4 976.9 310.7  16 13086    2   2 6 1 0 532
STRL 7090 2018/01/08 07:38    4    1 (   4)     4.0 (  1.9)   1  0/  11    4 976.8 311.1  16 13086    2   2 6 1 0 532
LAG2 7090 2018/01/08 07:47   15    3 (   2)     7.8 (  8.5)   1  0/   9    4 976.7 311.2  15 13086    2   2 6 1 0 532
LARS 7090 2018/01/08 07:55    3   -6 (   3)     1.4 (  2.3)   1  0/   7    3 976.6 311.1  15 13086    2   2 6 1 0 532
```

图 4.32　质量控制报告示例 (2018 年 1 月)

第 5 章　SLR 数据处理方法

SLR 测量的目的是精确测定卫星的轨道参数、测站坐标和运动速度等，为此，SLR 数据处理需要遵守一些基本原则：① 首先从观测得到的数据中精确地去除存在的系统误差；② 被观测的对象——卫星是运动的，卫星状态参数精确与否，直接影响了对其他信息的提取，因而 SLR 数据处理一般总是将卫星状态参数一起估计，即采用动力学方法进行数据处理；③ 为了精确地提取感兴趣的信息，减少观测误差和力学模型误差影响，对所提信息精度影响较大的模型参数应该一并估计，具体应该估计什么参数，估计频次如何，都应该进行测试后确定。本章首先介绍线性无偏最小方差估计，然后阐述批处理算法，最后叙述其解算中的不求平方根的 Givens-Gentleman(G-G) 正交变换所采用的积分器。

5.1　线性无偏最小方差估计

第 2 章线性化后的观测方程即

$$\begin{cases} y = Hx_0 + \varepsilon \\ \overline{x}_0 = x_0 + \eta_0 \end{cases} \tag{5.1}$$

其满足以下的统计特性：

$$\begin{cases} E(\varepsilon_i) = E(\eta_0) = 0 \\ E(\varepsilon_i \varepsilon_j^{\mathrm{T}}) = R_i \delta_{ij} \\ E(\eta_0 \eta_0^{\mathrm{T}}) = \overline{P}_0 \\ E(\eta_0 \varepsilon_i^{\mathrm{T}}) = 0 \end{cases} \tag{5.2}$$

可以证明其线性无偏最小方差估计为

$$\widehat{x}_0 = (H^{\mathrm{T}} R^{-1} H + \overline{P}_0^{-1})^{-1} (H^{\mathrm{T}} R^{-1} y + \overline{P}_0^{-1} \overline{x}_0) \tag{5.3}$$

其对应的协方差为

$$P_0 = (H^{\mathrm{T}} R^{-1} H + \overline{P}_0^{-1})^{-1} \tag{5.4}$$

一般要将历元时刻 t_0 的估计值 $\widehat{x}_0$ 及其协方差 P_0 传播到下一弧段的历元时刻 $t_K(K > 1)$ 去，在 t_K 时刻的这种传播量 $\overline{x}_K$、$\overline{P}_K$ 分别称为 x_K 的预报值和预

报协方差, 它们可以作为 t_K 时刻状态的先验值。根据最小方差估计理论, 可以证明:

$$\overline{x}_K = \Phi(t_K, t_0)\widehat{x}_0 \tag{5.5}$$

$$\overline{P}_K = \Phi(t_K, t_0)P_0\Phi^{\mathrm{T}}(t_K, t_0) \tag{5.6}$$

5.2 批处理算法

对方程 (5.1) 的解算通常有批处理算法和序贯处理算法。所谓批处理就是将所要处理的观测资料一起解算, 序贯处理算法是一种递推算法, 它可以像卡尔曼滤波那样逐步递推, 也可分段递推, 二者的结果是一致的。由于 SLR 数据实时性不强, 所以, 通常采用批处理算法, 这里仅介绍此方法。

为了估计每日或每五天一组的地球自转参数, 我们可以把观测弧段按时间先后每隔一天或者五天分为一个子弧段, 在每一子弧段中利用一天或者五天资料按式 (5.3)、式 (5.4) 解算出该子弧段的地球自转参数与历元时刻的卫星状态。两个子弧段的历元时刻状态靠预报式 (5.5)、式 (5.6) 来传播 (黄珹等, 2003)。

在归算过程中, 考虑到 R^{-1} 常为对角矩阵, 可以设法使式 (5.3)、式 (5.4) 中大维数的矩阵运算转化为小维数的矩阵运算。例如观测的权矩阵为对角阵 W:

$$W = R^{-1} = \begin{pmatrix} W_1 & & 0 \\ & \ddots & \\ 0 & & W_l \end{pmatrix}$$

我们就有

$$\begin{cases} H^{\mathrm{T}}R^{-1}H + \overline{P}_0^{-1} = \sum_{i=1}^{l} H_i^{\mathrm{T}}W_iH_i + \overline{P}_0^{-1} \\ H^{\mathrm{T}}R^{-1}y + \overline{P}_0^{-1}\overline{x}_0 = \sum_{i=1}^{l} H_i^{\mathrm{T}}W_iy_i + \overline{P}_0^{-1}\overline{x}_0 \end{cases} \tag{5.7}$$

根据式 (5.3) ~ 式 (5.7), 就可给出第 K 子弧段的批处理算法。

已知: t_{K-1} 时刻的状态偏差估计 $\widehat{x}_{K-1}$、协方差 P_{K-1} 以及参考解之值 X_{K-1}^*, 第 K 子弧段 $(t_K < t \leqslant t_{K-1})$ 中 l 个观测值及其相应的权 (分别由程序 GIVEN0、PSET、XSET、OBSERV 提供)(黄珹等, 2003):

$$Y_K = \begin{pmatrix} Y_{K_1} \\ \vdots \\ Y_{K_l} \end{pmatrix}, \quad W_K = \begin{pmatrix} W_{K_1} & & 0 \\ & \ddots & \\ 0 & & W_{K_l} \end{pmatrix} \tag{5.8}$$

求: t_K 时刻的状态估计 $\widehat{X}_K$、偏差估计 $\widehat{x}_K$、协方差 P_K 以及参考解之值 X_K^*。算法如下所述。

(1) 从 t_{K-1} 到 t_K 数值积分参考状态 X^* 和状态转移方程,求得 $X_K^* \Phi(t_K, t_{K-1})$:

$$
\begin{aligned}
\dot{X}^*(t) &= F(X^*(t), t), \quad X^*(t_{K-1}) = X_{K-1}^* \\
\dot{\Phi}(t, t_{K-1}) &= B(t)\Phi(t, t_{K-1}), \quad \Phi(t_{K-1}, t_{K-1}) = I
\end{aligned} \tag{5.9}
$$

F 和 B 由程序 ACCEL 计算,X^* 和 Φ 的初值分别由程序 MAIN 和 ZZD-SET 赋值。以上方程可以化为二阶微分方程组,然后用数值方法同时求解 (程序 INTEG4)。

(2) 将 $\widehat{x}_{K-1}$、P_{K-1} 传播到 t_K 时刻:

$$
\left\{
\begin{aligned}
\overline{x}_K &= \Phi(t_K, t_{K-1})\widehat{x}_{K-1} \\
\overline{P}_K &= \Phi(t_K, t_{K-1})P_{K-1}\Phi^{\mathrm{T}}(t_K, t_{K-1})
\end{aligned}
\right. \tag{5.10}
$$

(3) 利用第 K 弧段的观测,估计 t_K 时刻状态与协方差 $\widehat{X}_K$、P_K。

(A) 取先验值

$$
L_K^0 = \overline{P}_K^{-1}, \quad M_K^0 = \overline{P}_K^{-1}\overline{x}_K \tag{5.11}
$$

(B) 读入观测 t_{K_i},观测量 Y_{K_i},权重 $W_{K_i}(i = 1, \cdots, l; K_0 = K)$(程序 OBSERV)。

(C) 从 $t_{K_{i-1}}$ 到 t_{K_i} 数值积分参数状态和状态转移矩阵,求得 $X^*(t_{K_i}), \Phi(t_{Ki}, t_K)$(程序 INTEG4):

$$
\begin{aligned}
\dot{X}^*(t) &= F(X^*(t), t), \quad X^*(t_{K_{i-1}}) = X_{K_{i-1}}^* \\
\dot{\Phi}(t, t_K) &= B(t)\Phi(t, t_K), \quad \Phi_{K_{i-1}} = \Phi(t_{K_{i-1}}, t_k)
\end{aligned} \tag{5.12}
$$

积分状态方程以及状态转移矩阵方程组所用的积分器为 KSG 积分器,这是适用于二阶微分方程组的定阶定步长多步积分器,将在 5.4 节讲述。

(4) 计算:

$$
\begin{aligned}
\tilde{H}_{K_i} &= \partial G(X_{K_i}^*, t_{K_i})/\partial X_{K_i}^* \\
H_{K_i} &= \tilde{H}_{K_i}\Phi(t_{K_i}, t_K)
\end{aligned} \tag{5.13}
$$

$$
y_{K_i} = Y_{K_i} - G(X_{K_i}^*, t_{K_i}) \quad (\text{程序 BATPRO}) \tag{5.14}
$$

(5) 计算、修正 L_K^i 和 M_K^i：

$$L_K^i = L_K^{i-1} + H_{K_i}^{\mathrm{T}} W_{K_i} H_{K_i} \tag{5.15}$$

$$M_K^i = M_K^{i-1} + H_{K_i}^{\mathrm{T}} W_{K_i} y_{K_i} \tag{5.16}$$

上两式用 Givens-Gentleman 正交变换代替完成，程序为 ACCMLT。

(6) 如果 $i < l$，回复到 (2)；如果 $i = l$，则继续下一步的运算。

(7) 计算 t_K 时刻的状态偏差估计 $\widehat{x}_K$ 及协方差 P_K(程序 GIVENS)：

$$\widehat{x}_K = (L_K^l)^{-1} M_K \tag{5.17}$$

$$P_K = (L_K^l)^{-1} \tag{5.18}$$

(8) 计算历元 t_K 时状态的最优估计值 (程序 GIVENS)：

$$\widehat{X}_K = X_K^* + \widehat{x}_K \tag{5.19}$$

(9) 应用以下收敛判别式决定是否需要迭代 (程序 MAIN)：

$$\sqrt{(\widehat{x}_1)_K^2 + (\widehat{x}_2)_K^2 + (\widehat{x}_3)_K^2} \leqslant \eta \tag{5.20}$$

式中，η 为根据精度要求选择的量。如果式 (5.20) 不成立，置 $X_K^* = \widehat{X}_K$，并回复到 (1) 进行迭代计算。如果式 (5.20) 成立，则迭代结束。

$$(\text{RMS})_k = \sqrt{\dfrac{\displaystyle\sum_{i=1}^{l} w_{k_i} y_{k_i}^2}{\displaystyle\sum_{i=1}^{l} w_{k_i}}} \tag{5.21}$$

$$(\text{RMSP})_k = \sqrt{\dfrac{\displaystyle\sum_{i=1}^{l} w_{k_i}(y_{k_i} - H_{k_i}\widehat{x}_k)^2 + \sum_{j=1}^{n} \dfrac{1}{\overline{P}_k(j)}(\overline{x}_k^{(j)} - \widehat{x}_k^{(j)})^2}{\displaystyle\sum_{i=1}^{l} w_{k_i}}} \tag{5.22}$$

式中，w_{k_i} 为观测权；$\overline{x}_k^{(j)}$、$\widehat{x}_k^{(j)}$ 为相应量的第 j 分量；$\overline{P}_k(j)$ 为 $\overline{P}_k$ 之对角线第 j 元素；$(\text{RMS})_k$ 为全部观测残差之带权中误差；而 $(\text{RMSP})_k$ 为残差中误差的线性预报值。

5.3　不求平方根的 Givens-Gentleman 正交变换

在 5.2 节批处理算法中, 已讲过处理的问题可用数学公式表示为

$$\begin{cases} y_{K_i} = H_{K_i} x_K + \varepsilon_{K_i}, & i = 1, \cdots, l \\ \overline{x}_K = x_K + \eta_K \end{cases} \tag{5.23}$$

其统计特性为

$$\begin{cases} E(\varepsilon_{K_i}) = 0, & E(\eta_K) = 0 \\ E(\varepsilon_{K_i}, \varepsilon_{K_j}^{\mathrm{T}}) = 0 & (i \neq j) \\ E(\varepsilon_{K_i} \eta_K^{\mathrm{T}}) = 0 \\ E(\varepsilon_{K_i} \varepsilon_{K_i}^{\mathrm{T}}) = R_i^{(K)} \\ E(\eta_K \eta_K^{\mathrm{T}}) = \overline{P}_K \end{cases}$$

$$\underset{m \times m}{R}^{(K)} = \begin{pmatrix} R_1^{(K)} & & 0 \\ & \ddots & \\ 0 & & R_l^{(K)} \end{pmatrix}, \quad \overline{P}_K = \begin{pmatrix} \overline{P}_K(1) & & 0 \\ & \ddots & \\ 0 & & \overline{P}_K(l) \end{pmatrix} \tag{5.24}$$

求 x_K 的带权最小二乘估计 (即线性无偏最小方差估计 (当 $R = W^{-1}$ 时), 设

$$Y_K = \begin{pmatrix} \overline{x}_K \\ y_{K1} \\ \vdots \\ y_{Kl} \end{pmatrix}, \quad H_K = \begin{pmatrix} I \\ H_{K1} \\ \vdots \\ H_{Kl} \end{pmatrix}, \quad \varepsilon_K = \begin{pmatrix} \eta_K \\ \varepsilon_{K1} \\ \vdots \\ \varepsilon_{Kl} \end{pmatrix}$$

$$\overline{x}_K = \begin{pmatrix} \overline{x}_K^{(1)} \\ \vdots \\ \overline{x}_K^{(n)} \end{pmatrix}, \quad H_{Kj} = (h_{j1}^{(K)}, h_{j2}^{(K)}, \cdots, h_{jn}^{(K)})$$

则 (5.23) 式可改写为

$$Y_K = H_K x_K + \varepsilon_K \tag{5.25}$$

其中,

$$E(\varepsilon_K) = 0$$

$$E(\varepsilon_K \varepsilon_K^{\mathrm{T}}) = \begin{pmatrix} \overline{P}_K & 0 \\ {}_{n \times n} & \\ 0 & R_{l \times l}^{(K)} \end{pmatrix} \equiv \underset{(l+n)(l+n)}{W_K^{-1}}$$

求解上面问题的方法较多, 习惯方法就是将式 (5.25) 法化, 得

$$(H_K^{\mathrm{T}} W_K H_K)\hat{x}_K = H_K^{\mathrm{T}} W_K Y_K \tag{5.26}$$

然后用线性代数方程组常用的解算方法进行解算, 如高斯 (Gauss) 消元法、高斯–赛德尔 (Gauss-Siedel) 迭代法、楚列斯基 (Cholesky) 分解法 (或平方根法) 等, 但是这些习惯方法由于以下这些缺点而不太适用于精确求解我们的问题:

(1) 习惯方法求解的不是式 (5.25) 本身而是它的法方程 (5.26), 法方程的建立要作大矩阵的乘积 $H_K^{\mathrm{T}} W_K H_K, H_K^{\mathrm{T}} W_K Y_K$, 这会引入某些舍入误差, 增加一些运算量;

(2) 在建立法方程过程中, 会使方程组的 "病态" 程度大大增加, 致使有的问题根本无法解出。

为了解决习惯方法带来的问题, 这里引进了正交变换方法。该方法直接求解观测方程 (5.25), 避免了处理较为 "病态" 的法方程的过程, 因而可望获得精度较高的解。

正交变换常用的有格拉姆–施密特 (Gram-Schmidt) 正交化方法、豪斯霍尔德 (Householder) 变换方法、吉文斯 (Givens) 正交变换方法等, 其中前两个都是寻求列正交变换阵, 即对观测按列处理, 这就要求观测全部读入才能有矩阵 $(H_K^{\mathrm{T}} W_K H_K), (H_K^{\mathrm{T}} W_K Y_K)$, 然后按列处理, 而 Givens 正交变换方法具有以下一些特色, 更适宜于式 (5.25) 这类方程组的求解。

(1) 对系数矩阵 H_K 是逐行处理的, 而 H_K 的每一行 (除单位阵外) 正好对应每一观测的量, 因而对 H_K 矩阵按行进行正交变换, 相当于对观测资料的逐个处理。由于每处理一个观测后该观测已不再占据内存, 从而该变换方式避免了由系数矩阵 H_K 太大而造成计算机内存大量占用的弊病。

(2) 此方法正如前述, 是一个累积过程, 即第 i 次观测被处理后其结果将被累积到前面 $(i-1)$ 个观测处理的结果中去, 这样一个累积过程使我们在增加新的观测时能够利用前面处理的结果。

(3) 当 H_K 为稀疏矩阵时, 该方法可以充分利用矩阵含有大量零元素的特点, 大大减小计算量。

但是一般的 Givens 方法与其他两种正交变换方法一样, 在计算过程中要进行大量的开方运算, 而绝大多数计算机对开方的运算是用子程序来实现的, 这样增加了不少运算量, 其计算精度也稍差。这就是我们要引进另一种不求平方根的 Givens-Gentleman(G-G) 正交变换方法的原因。

G-G 正交变换方法具有如下的优点: 具有 Givens 正交变换的所有特点; 消除了变换过程中的开方运算; 比 Givens 正交变换的乘法运算次数少; 具有比一般 Gevens 正交变换方法精度高、机时省 (大约节省近一半机时) 的特点, 为此,

ILRS 上海天文台分析中心就采用 G-G 正交变换来处理 SLR 数据求解问题。

5.3.1　G-G 正交变换求解观测方程原理

仍结合 (5.25) 式来说明 G-G 正交变换的一般原理。设权阵 W_K 正定，则有平方根分解：

$$W_K = W_K^{-\frac{1}{2}} W_K^{\frac{1}{2}} \tag{5.27}$$

式中，

$$W_K^{\frac{1}{2}} = \begin{pmatrix} \begin{pmatrix} \sqrt{\dfrac{1}{P_K(1)}} & & 0 \\ & \ddots & \\ 0 & & \sqrt{\dfrac{1}{P_K(n)}} \end{pmatrix} & & 0 \\ \\ & 0 & & \begin{pmatrix} \sqrt{\dfrac{1}{R_1}} & & \\ & \ddots & \\ & & \sqrt{\dfrac{1}{R_l}} \end{pmatrix} \end{pmatrix} \tag{5.28}$$

"残差" 平方和 J 为 (J 实为带权信息平方和)

$$\begin{aligned} J &= (Y_K - H_K x_K)^{\mathrm{T}} W_k (Y_K - H_K x_K) \\ &= (W_K^{1/2} Y_K - W_K^{1/2} H_K x_K)^{\mathrm{T}} (W_K^{1/2} Y_K - W_K^{1/2} H_K x_K) \end{aligned} \tag{5.29}$$

设 Q 为 $(n+l) \times (n+l)$ 正交阵，它使

$$QW_K^{\frac{1}{2}} H_K = D^{\frac{1}{2}} \begin{pmatrix} \hat{U} \\ \vdots \\ 0 \end{pmatrix}, \quad QW_K^{\frac{1}{2}} Y_K = D^{\frac{1}{2}} \begin{pmatrix} b \\ \vdots \\ e \end{pmatrix} \tag{5.30}$$

式中，$D^{\frac{1}{2}}$ 为 $(n+l) \times (n+l)$ 非奇异对角阵；$\hat{U}$ 为 $n \times n$ 单位上三角阵；b、e 分别为 $n \times 1$、$l \times 1$ 列矩阵。如果这样的 Q 矩阵可以找到，则

$$\begin{aligned} J &= \left(W_K^{\frac{1}{2}} Y_K - W_K^{\frac{1}{2}} H_K x_K \right)^{\mathrm{T}} Q^{\mathrm{T}} Q \left(W_K^{\frac{1}{2}} Y_K - W_K^{\frac{1}{2}} H_K x_K \right) \\ &= \left\| QW_K^{\frac{1}{2}} Y_K - QW_K^{\frac{1}{2}} H_K x_K \right\|^2 \end{aligned}$$

$$= \left\| D^{\frac{1}{2}} \begin{pmatrix} b \\ \vdots \\ e \end{pmatrix} - D^{\frac{1}{2}} \begin{pmatrix} \hat{U} \\ \vdots \\ 0 \end{pmatrix} x_K \right\|^2 \tag{5.31}$$

如令

$$D^{\frac{1}{2}} = \begin{pmatrix} \sqrt{d_1^*} & & 0 \\ & \ddots & \\ 0 & & \sqrt{d_{n+l}^*} \end{pmatrix}, \quad 设\ D^{\frac{1}{2}} = \begin{pmatrix} D_1^{\frac{1}{2}} & 0 \\ 0 & D_2^{\frac{1}{2}} \end{pmatrix} \tag{5.32}$$

式中,

$$D_1^{\frac{1}{2}} = \begin{pmatrix} \sqrt{d_1^*} & & 0 \\ & \ddots & \\ 0 & & \sqrt{d_n^*} \end{pmatrix}, \quad D_2^{\frac{1}{2}} = \begin{pmatrix} \sqrt{d_{n+1}^*} & & 0 \\ & \ddots & \\ 0 & & \sqrt{d_{n+l}^*} \end{pmatrix} \tag{5.33}$$

则

$$J = \left\| \begin{matrix} D_1^{\frac{1}{2}} b - D_1^{\frac{1}{2}} \hat{U} x_k \\ \vdots \\ D_2^{\frac{1}{2}} e \end{matrix} \right\|^2 = \left\| D_1^{\frac{1}{2}} b - D_1^{\frac{1}{2}} \hat{U} x_K \right\|^2 + \left\| D_2^{\frac{1}{2}} e \right\|^2 \tag{5.34}$$

为了使

$$J = \min \tag{5.35}$$

必然有

$$D_1^{\frac{1}{2}} \hat{U} \hat{x}_K = D_1^{\frac{1}{2}} b \tag{5.36}$$

即

$$\hat{U} \hat{x}_k = b \tag{5.37}$$

$$\hat{x}_K = \hat{U}^{-1} b \tag{5.38}$$

协方差

$$P_K = \left[\left(D_1^{\frac{1}{2}} (\hat{U}) \right)^{\mathrm{T}} \left(D_1^{\frac{1}{2}} (\hat{U}) \right) \right]^{-1}$$

$$= \left(\hat{U}^{\mathrm{T}} D_1 \hat{U} \right)^{-1} \tag{5.39}$$

式中,

$$D_1 = \left(D_1^{\frac{1}{2}} \right)^{\mathrm{T}} \left(D_1^{\frac{1}{2}} \right) \tag{5.40}$$

于是带权信息平方和为

$$J = \left\| D_2^{1/2} e \right\|^2 = \sum_{i=1}^{l} d_{n+i}^* e_i^2 \tag{5.41}$$

式中, e_i 为 e 的元素, 即

$$e = \begin{pmatrix} e_1 \\ \vdots \\ e_l \end{pmatrix} \tag{5.42}$$

以上正交变换求加权最小二乘解的过程中, 关键在于如何寻找 Q 矩阵来完成式 (5.30) 的分解。下面用 G-G 正交变换方法完成上述分解。设

$$
A = \left[W_K^{\frac{1}{2}} H_K \vdots W_K^{\frac{1}{2}} Y_K \right] = W_K^{\frac{1}{2}} \left[H_K \vdots Y_K \right]
$$

$$
= \begin{pmatrix}
\begin{pmatrix}
\sqrt{\dfrac{1}{\overline{P}_K(1)}} & & 0 \\
& \ddots & \\
0 & & \sqrt{\dfrac{1}{\overline{P}_K(n)}}
\end{pmatrix} & & 0 \\
\\
0 & & \begin{pmatrix}
\sqrt{\dfrac{1}{R_1^{(K)}}} & & 0 \\
& \ddots & \\
0 & & \sqrt{\dfrac{1}{R_l^{(K)}}}
\end{pmatrix}
\end{pmatrix}
$$

$$
\times \begin{bmatrix}
1 & & 0 & \overline{x}_K(1) \\
& \ddots & & \\
0 & & 1 & \overline{x}_K(n) \\
h_{11}^{(K)} & \cdots & h_{1n}^{(K)} & y_{K1} \\
\cdots & \cdots & \cdots & \cdots \\
h_{l1}^{(K)} & \cdots & h_{ln}^{(K)} & y_{Kl}
\end{bmatrix}
$$

$$
=
\begin{bmatrix}
\sqrt{\dfrac{1}{\overline{P}_K(1)}} & & 0 & \sqrt{\dfrac{1}{\overline{P}_K(1)}}\,\overline{x}_K(1) \\
& \ddots & & \vdots \\
0 & & \sqrt{\dfrac{1}{\overline{P}_K(n)}} & \sqrt{\dfrac{1}{\overline{P}_K(n)}}\,\overline{x}_K(n) \\
\sqrt{\dfrac{1}{R_1^{(K)}}}\,h_{11}^{(K)} & \cdots & \sqrt{\dfrac{1}{R_1^{(K)}}}\,h_{1n}^{(K)} & \sqrt{\dfrac{1}{R_1^{(K)}}}\,y_{K1} \\
\cdots & \cdots & \cdots & \cdots \\
\sqrt{\dfrac{1}{R_l^{(K)}}}\,h_{l1}^{(K)} & \cdots & \sqrt{\dfrac{1}{R_l^{(K)}}}\,h_{1n}^{(K)} & \sqrt{\dfrac{1}{R_l^{(K)}}}\,y_{Kl}
\end{bmatrix}
\tag{5.43}
$$

改写上式为

$$
A =
\begin{pmatrix}
\sqrt{d_1}\,U_{11} & \sqrt{d_1}\,U_{1,2} & \cdots & \sqrt{d_1}\,U_{1,n+1} \\
\cdots & \cdots & \cdots & \cdots \\
\sqrt{d_m}\,U_{m1} & \sqrt{d_m}\,U_{m,2} & \cdots & \sqrt{d_m}\,U_{m,n+1}
\end{pmatrix}
\tag{5.44}
$$

式中，$m = n + l$，其余量 (d_j, U_{ij}) 可与式 (5.15) 对照知晓，但注意 $U_{jj} = 1, j = 1, \cdots, n$。令算符 $\mathrm{GG}(i,k)$ 表示对矩阵 A 作用的 G-G 正交矩阵，其中 i, k 表示对 A 矩阵第 i、k 行进行变换。定义 $\mathrm{GG}(i,k)$ 算符为

$$
\mathrm{GG}(i,k) =
\begin{bmatrix}
1 & & & & & & & & & & \\
& \ddots & & & & & & & & & \\
& & 1 & & & & & & & & \\
& & & C & \cdots & \cdots & \cdots & S & & & \\
& & & & 1 & & & & & & \\
& & & \vdots & & \ddots & & \vdots & & & \\
& & & & & & 1 & & & & \\
& & & -S & \cdots & \cdots & \cdots & C & & & \\
& & & & & & & & 1 & & \\
& & & & & & & & & \ddots & \\
& & & & & & & & & & 1
\end{bmatrix}
\begin{matrix} \\ \\ \\ i \\ \\ \\ \\ k \\ \\ \\ \end{matrix}
\tag{5.45}
$$

式中未标数字与符号的元素为零，其中，

$$C = \frac{(d_i)^{1/2}}{(d_i + d_K U_{Ki}^2)^{1/2}}, \quad S = \frac{(d_K)^{1/2} U_{Ki}}{(d_i + d_K U_{Ki}^2)^{1/2}} \tag{5.46}$$

显然，GG 矩阵依赖于需被正交变换的矩阵 A，特别对 GG(i,k) 依赖于 A 矩阵的第 i、k 行的部分元素。现在来看一下 GG(i,k) 对矩阵 A 作用后使 A 发生什么变化：

$$\mathrm{GG}(i,k)A = \begin{pmatrix} \sqrt{d_1}U_{11} & \sqrt{d_1}U_{12} & \cdots & \sqrt{d_1}U_{1i} & \cdots & \sqrt{d_1}U_{1,n+1} \\ \vdots & \vdots & \cdots & \vdots & \cdots & \vdots \\ \sqrt{d_i'}U_{i1}' & \sqrt{d_i'}U_{i2}' & \cdots & \sqrt{d_i'}U_{ii}' & \cdots & \sqrt{d_i'}U_{i,n+1}' \\ \vdots & \vdots & \cdots & \vdots & \cdots & \vdots \\ \sqrt{d_k'}U_{k1}' & \sqrt{d_k'}U_{k2}' & \cdots & \sqrt{d_k'}U_{ki}' & \cdots & \sqrt{d_k'}U_{k,n+1}' \\ \vdots & \vdots & \cdots & \vdots & \cdots & \vdots \\ \sqrt{d_m}U_{m1} & \sqrt{d_m}U_{m2} & \cdots & \sqrt{d_m}U_{mi} & \cdots & \sqrt{d_m}U_{m,n+1} \end{pmatrix} = A' \tag{5.47}$$

A 与 A' 不同之处仅是第 i、k 行，式中 d_i'、d_k' 由以下附加条件求得：

$$d_i' = d_i + d_K U_{Ki}^2 \tag{5.48}$$

$$d_K' = \frac{d_K d_i}{d_i'} \tag{5.49}$$

而 U_{ij}', U_{kj}' 由变换求得：

$$\begin{cases} U_{ij}' &= \frac{c d_i^{1/2}}{(d_i')^{1/2}} U_{ij} + \frac{s d_K^{1/2}}{(d_i')^{1/2}} U_{Kj} \\ &= \frac{d_i}{d_i'} U_{ij} + \frac{d_K U_{Ki}}{d_i'} U_{Kj} \\ U_{Kj}' &= -U_{Kj} U_{ij} + U_{Kj} \end{cases} \tag{5.50}$$

由式 (5.50) 可以得出：

(1) 矩阵 A 经 GG(i,k) 作用后，第 i、k 行发生了变化，其中 $U_{ii}' = U_{ii} = 1$，而 $U_{ki}' = 0$；

(2) 变换过程中，如果 A 原来的元素 $U_{ij} = U_{Kj} = 0$，那么变换后该性质保持不变，即 $U_{ij}' = U_{Kj}' = 0$；

(3) 由式 (5.48) ~ 式 (5.50) 可以看出，整个计算避免了开平方的运算。

通过一系列类似于式 (5.45) 这样的正交变换，我们就可以完成对式 (5.30) 的分解，取

$$
\begin{aligned}
Q =\ & \mathrm{GG}(n, n+l)\mathrm{GG}(n-1, n+l)\cdots\mathrm{GG}(1, n+l) \\
& \times \mathrm{GG}(n, n+l-1)\mathrm{GG}(n-1, n+l-1)\cdots\mathrm{GG}(1, n+l-1) \\
& \qquad\qquad \cdots\cdots \\
& \times \mathrm{GG}(n, n+1)\mathrm{GG}(n-1, n+1)\cdots\mathrm{GG}(2, n+1)\mathrm{GG}(1, n+1)
\end{aligned}
\tag{5.51}
$$

式 (5.51) 乃为我们欲求的 G-G 正交变换阵。事实上，Q 对 A 作用后生成：

$$
QA = \begin{bmatrix}
\sqrt{d_1^*} & \cdots & \sqrt{d_1^*}U_{1n}^* & \sqrt{d_1^*}U_{1,n+1}^* \\
0 & \ddots & \vdots & \vdots \\
\vdots & 0 & \vdots & \vdots \\
0 & \cdots & \sqrt{d_n^*} & \sqrt{d_n^*}U_{n,n+1}^* \\
0 & \cdots & 0 & \sqrt{d_{n+1}^*}U_{n+1,n+1}^* \\
\vdots & \cdots & \vdots & \vdots \\
\vdots & \vdots & \vdots & \vdots \\
0 & \cdots & 0 & \sqrt{d_{n+1}^*}U_{n+1,n+1}^*
\end{bmatrix}
\tag{5.52}
$$

如令

$$
\hat{U} = \begin{pmatrix}
1 & U_{12}^* & \cdots & \cdots & U_{1n}^* \\
& 1 & \cdots & \cdots & U_{2n}^* \\
& & & & \vdots \\
& & & & U_{n-1,n}^* \\
0 & & & & 1
\end{pmatrix}
\tag{5.53}
$$

$$
b = \begin{pmatrix}
U_{1,n+1}^* \\
U_{2,n+1}^* \\
\vdots \\
U_{n,n+1}^*
\end{pmatrix}, \quad
e = \begin{pmatrix}
U_{n+1,n+1}^* \\
U_{n+2,n+1}^* \\
\vdots \\
U_{n+l,n+1}^*
\end{pmatrix}
\tag{5.54}
$$

则

$$QA = \begin{pmatrix} D_1^{1/2}\hat{U} & D_1^{1/2}b \\ & \\ 0 & D_2^{1/2}e \end{pmatrix} \tag{5.55}$$

从上述正交变换过程中可见，我们事实上并没有去把 Q 矩阵求出，整个过程是一个累积的过程，当逐行正交变换处理完成后，得到的被变换了的矩阵已提供了式 (5.37)∼ 式 (5.41) 计算所需要的全部中间结果。

5.3.2　G-G 正交变换的程序实现

从上述方法的过程中可知，我们不必待 l 个观测全部读进后才进行计算，而可以在每读进一次观测即对矩阵 A 作 G-G 正交变换。例如设第 p 次观测读入后，已经作了对 $A = [W_K^{1/2}H_K \vdots W_K^{1/2}Y_K]$ 的 G-G 正交变换，使其变为

$$A_p = \begin{bmatrix} \sqrt{d_1^{(p)}} & & \sqrt{d_1^{(p)}}U_{1n}^{(p)} & \sqrt{d_1^{(p)}}b_1^{(p)} \\ & \ddots & & \vdots \\ 0 & & \sqrt{d_n^{(p)}} & \sqrt{d_n^{(p)}}b_n^{(p)} \\ 0 & \cdots & 0 & \sqrt{d_{n+1}^{(1)}}e_1^{(1)} \\ \cdots & \cdots & \cdots & \cdots \\ 0 & \cdots & 0 & \sqrt{d_{n+p}^{(p)}}e_{\mathrm{p}}^{(p)} \\ \sqrt{\dfrac{1}{R_{p+1}^{(K)}}}h_{p+1,1}^{(K)} & & \sqrt{\dfrac{1}{R_{p+1}^{(K)}}}h_{p+1,n}^{(K)} & \sqrt{\dfrac{1}{R_{p+1}^{(K)}}}y_{K(p+1)} \\ \cdots & & \cdots & \cdots \\ \sqrt{\dfrac{1}{R_l^{(K)}}}h_{l,1}^{(K)} & & \sqrt{\dfrac{1}{R_l^{(K)}}}h_{l,n}^{(K)} & \sqrt{\dfrac{1}{R_l^{(K)}}}y_{Kl} \end{bmatrix} \tag{5.56}$$

此时实际上已算出式 (5.55) 中

$$\begin{cases} d_{n+1}^* = d_{n+1}^{(1)}, \cdots, d_{n+p}^* = d_{n+p}^{(p)} \\ e_1 = e_1^{(1)}, \cdots, e_p = e_p^{(p)} \\ J_p = \sum\limits_{i=1}^{p} d_{n+i}^* e_i^2 \end{cases} \tag{5.57}$$

而 A_p 中第 $(n+p+1)$ 行到 $(n+l)$ 行，由于观测尚未读入，实际上是无值的。这也无妨，因为在读入这些行的资料前，我们所用的正交变换是不会使用的。当第 $(p+1)$ 次观测读入，即 5.2 节批处理算法中第 (2) 步进行时，即有

(1) 读入观测 $t_{K_{(p+1)}}, Y_{K_{(p+1)}}$，权重 $w_{K_{(p+1)}}$ 或方差 $R_{p+1}^{(K)}$（程序 ORSERV）。

(2) 从 t_{K_p} 积分到 $t_{K_{(p+1)}} \Rightarrow X_{K_{(p+1)}}^*, \Phi(t_{K_{(p+1)}}, t_{K_p})$

$$\begin{cases} \dot{X}^*(t) = F(X^*(t), t), & X^*(t_{K_p}) = X_{K_p}^* \\ \dot{\Phi}(t, t_{K_p}) = A(t)\Phi(t, t_{K_p}), & \Phi_{K_p} = \Phi(t_{K_p}, t_K) \end{cases} \tag{5.58}$$

(3) 计算

$$\tilde{H}_{K_{(p+1)}} = \frac{\partial G(X_{K_{(p+1)}}^*, t_{K_{(p+1)}})}{\partial X_{K_{(p+1)}}^*} \quad \text{（程序 BATPRO-HMATRX）} \tag{5.59}$$

$$H_{K_{(p+1)}} = (h_{p+1,1}^{(K)}, \cdots, h_{p+1,n}^{(K)}) = \tilde{H}_{K_{(p+1)}}\Phi(t_{K_{(p+1)}}, t_K) \quad \text{（程序 BATPRO-HTIL2H）} \tag{5.60}$$

$$y_{K_{(p+1)}} = Y_{K_{(p+1)}} - G(X_{K_{(p+1)}}^*, t_{K_{(p+1)}}) \quad \text{（程序 BATPRO）} \tag{5.61}$$

至此，式 (5.56) 中第 $(n+p+1)$ 行（即第 $(p+1)$ 次观测）已赋值。

(4) 对 A_p 作 G-G 行正交变换

$$\text{GG}(n, n+p+1)\text{GG}(n-1, n+p+1)\cdots\text{GG}(2, n+p+1)\text{GG}(1, n+p+1)A_p$$

$$= \begin{bmatrix} \sqrt{d_1^{(p+1)}} & \sqrt{d_1^{(p+1)}}U_{1n}^{(p+1)} & \sqrt{d_1^{(p+1)}}b_1^{(p+1)} \\ & \ddots & \vdots \\ 0 & \sqrt{d_n^{(p+1)}} & \sqrt{d_n^{(p+1)}}b_n^{(p+1)} \\ 0 & \cdots & 0 & \sqrt{d_{n+1}^{(1)}}e_1^{(1)} \\ \cdots & & & \cdots \\ 0 & \cdots & 0 & \sqrt{d_{n+p}^{(p)}}e_p^{(p)} \\ 0 & \cdots & 0 & \sqrt{d_{n+p+1}^{(p+1)}}e_{p+1}^{(p+1)} \\ \sqrt{\frac{1}{R_{p+2}^{(K)}}}h_{p+2,1}^{(K)} & \sqrt{\frac{1}{R_{p+2}^{(K)}}}h_{p+2,n}^{(K)} & \sqrt{\frac{1}{R_{p+2}^{(K)}}}y_{K_{(p+2)}} \\ \cdots & \cdots & \cdots & \cdots \\ \sqrt{\frac{1}{R_l^{(K)}}}h_{l,1}^{(K)} & \sqrt{\frac{1}{R_l^{(K)}}}h_{l,n}^{(K)} & \sqrt{\frac{1}{R_l^{(K)}}}y_{K_l} \end{bmatrix} \tag{5.62}$$

上述正交变换由 BATPRO-ACCMLT 程序实现 (每调用一次 ACCMLT 就处理上述类似变换一次)。

(5) 计算

$$J_{p+1} = J_{\mathrm{p}} + d^*_{n+p+1}e^2_{p+1} \quad (\text{程序 ACCMLT}) \tag{5.63}$$

式中，$d^*_{n+p+1} = d^{(p+1)}_{n+p+1}$，$e_{p+1} = e^{(p+1)}_{p+1}$。

(6) 重复上述 (1)~(5) 过程，直至观测全部处理完毕，此时

$$\hat{U} = (\hat{U}_{ij}), \quad \text{而 } \hat{U}_{ij} = U^{(l)}_{ij} \quad (i \neq j), \quad \hat{U}_{ii} = 1 \tag{5.64}$$

$$D_1 = \begin{pmatrix} d^*_1 & & 0 \\ & \ddots & \\ 0 & & d^*_n \end{pmatrix}, \quad \text{其中 } d^*_i = d^{(l)}_i \tag{5.65}$$

$$b = \begin{pmatrix} b^{(l)}_1 \\ \vdots \\ b^{(l)}_n \end{pmatrix}, \quad e = \begin{pmatrix} e^{(1)}_1 \\ \vdots \\ e^{(l)}_l \end{pmatrix}, \quad J = \sum_{i=1}^l d^*_{n+i}e^2_i = J_{l-1} + d^*_{n+l}e^2_l \tag{5.66}$$

(7) 计算 $\hat{U}\hat{x}_K = b \Rightarrow \hat{x}_K$。(利用回代法解此方程，计算程序为 GIVENS-BCKSUB)

(8) 计算 P_K：

$$P_K = (\hat{U}^{\mathrm{T}}D_1\hat{U})^{-1} \quad (\text{程序 GIVENS-COVMAT}) \tag{5.67}$$

(而信息矩阵 $\hat{U}^{\mathrm{T}}D_1\hat{U}$ 由 GIVENS-INFMAT 程序计算)

(9) 计算残差中误差的线性预报值

$$(\mathrm{RMSP})_K = \sqrt{\dfrac{J}{\sum_{i=1}^l \left(\dfrac{1}{R^{(K)}_i}\right)}} \quad (\text{程序 GIVENS}) \tag{5.68}$$

(10) 计算未被剪辑的全部观测残差加权中误差

$$(\mathrm{RMS})_K = \sqrt{\dfrac{\sum_{i=1}^l \dfrac{1}{R^{(K)}_i}y^2_{k_i}}{\sum_{i=1}^l \left(\dfrac{1}{R^{(K)}_i}\right)}} \quad (\text{程序 REPORT}) \tag{5.69}$$

5.4 KSG 积分器

KSG 积分器是适用于二阶微分方程的定阶、定步长、线性多步法积分器,该积分器的名字取自于研究它的三位学者的姓:Krogh、Shampine 和 Gorden。该积分器就其本质来说仍属于科威尔 (Cowell) 方法,即它也是用牛顿插值多项式代替右端函数来得到计算公式的,仅基本公式形式以及积分器系数计算与 Cowell 方法不尽相同。此外,其 PECE 算法中的改正公式作了某些技巧性修正,从而使积分器系数的计算量减少了近乎一半。据 Lundberg (1981) 的研究,该积分器对二体力学模型积分运动方程 30 天 (步长取 300s),积分器引起的最大沿迹误差只有 5.2cm,而对 11×11 引力位模型积分运动方程 30 天 (取步长 200s) 所引起的最大沿迹误差也只有 3.1cm,因而精度还是比较高的 (黄珹,1985)。至于该方法的稳定性问题有待进一步研究。下面分别就 KSG 积分器适用性、KSG 积分器数学推导、卫星测地二阶微分方程组、KSG 积分器的算法及其程序实现这四大问题来讲述 KSG 积分器 (黄珹等,2003)。

5.4.1 KSG 积分器适用性

积分器分线性积分器和非线性积分器两大类。线性积分器又分单步法积分器和多步法积分器。其中单步法积分器分第 I 类 (适用于一阶方程组) 和第 II 类 (适用于二阶方程组) 积分器,如著名的龙格–库塔 (Runge-Kutta) 方法 (程序 RK24,RK78) 就属于单步法的第 I 类积分器,Runge-Kutta-Nystrom 方法就属于单步法的第 II 类积分器。多步法积分器分定步长定阶积分器和变步长变阶积分器两大类,其中定步长定阶积分器分第 I 类 (适用于一阶方程组,如 Adams 方法、Adams-Bashforth-Moulton 方法) 和第 II 类 (适用于二阶方程组,如 Cowell 方法、Stomer-Cowell 方法、KSG 方法);变步长变阶积分器分第 I 类 (适用于一阶方程组,如 Shampine-Gordon 方法、Krough 1 方法) 和第 II 类 (适用于二阶方程组,如 Krough 2 方法)。非线性积分器如 Chebyshev 迭代法。如此多的积分器到底哪个是最好的呢?首先来看 SLR 卫星运动方程,它是二阶的,且状态转换矩阵方程是一阶的。不论一阶、二阶,我们都可以设法组成一阶方程组或二阶方程组,即第 I 类、第 II 类积分器都可以使用。但 Krogh (1971) 的研究表明,对于小偏心率卫星数值积分似乎采用二阶方程组直接求解比对一阶方程组求解更有效。Lundberg (1981) 研究卫星数值积分问题也表明:在达到相同精度条件下,对二阶方程直接求解所允许的步长比对一阶方程组求解时使用的步长可大得多,也就更有效。因此,第 II 类积分器更适合些。

对第 II 类积分器,如上述分类可知,既可以用单步法,也可以用多步法。但是随着数值方法阶数的增加,前者计算右函数的次数将增加,而后者基本保持不变。对于人卫轨道这样的动力学问题，方程右函数的计算十分复杂，数值积分所耗费的机时主要表现在右函数的计算上，因而人卫数据处理几乎都用多步法。

对多步法积分器既可以取定步长定阶积分器，又可以取变步长变阶积分器，前者主要适用于小偏心率轨道，后者主要适用于大偏心率轨道。对 Lageos 卫星言，$e = 0.004$，较小，因而采用定阶定步长积分器为好，这样可以与变步长变阶积分器一样达到相当的精度，但在函数计算次数和所耗费的计算机机时上要比变步长变阶积分器少。

鉴于上述的分析和筛选，我们要选的是定步长定阶多步积分器，考虑到 KSG 积分器的一些特点与精度，因而 ILRS 上海天文台分析中心采用的积分器为 KSG 积分器 (黄珹等，2003)。

5.4.2　KSG 积分器数学推导

设二阶微分方程为

$$\ddot{y} = f(t, y, \dot{y}) \tag{5.70}$$

由 t_n 积分到 t，则有

$$\dot{y}(t) = \dot{y}_n + \int_{t_n}^{t} f(t, y, \dot{y}) \mathrm{d}t \tag{5.71}$$

$$y(t) = y_n + (t - t_n)\dot{y}_n + \int_{t_n}^{t}\int_{t_n}^{x_1} f(t, y, \dot{y}) \mathrm{d}t \mathrm{d}t_1 \tag{5.72}$$

设多步法已知 i 个等距时刻 (或节点) 的函数值为 $f_n, f_{n-1}, \cdots, f_{n-i+1}$，则

$$f(t, y, \dot{y}) \approx P(t) = P(t, t_n, t_{n-1}, \cdots, t_{n-i+1}, f_n, \cdots, f_{n-i+1}) \tag{5.73}$$

$$
\begin{aligned}
P(t) &= f_n + g[t_n, t_{n-1}](t - t_n) + \cdots\cdots + g[t_n, t_{n-1}, \cdots, t_{n-i+1}] \\
&\quad \cdot (t - t_n) \cdot (t - t_{n-1}) \cdots (t - t_{n-i+2}) \quad (\text{用均差表示的牛顿插值多项式}) \\
&= f_n + \frac{(t - t_n)}{1!h}\nabla f_n + \cdots + \frac{(t - t_n)\cdots(t - t_{n-i+2})}{(i-1)!h^{(i-1)}}\nabla^{i-1} f_n \\
&= \sum_{j=1}^{i} \gamma_j(t)\nabla^{j-1} f_n \quad (\text{用后差分表示的牛顿插值多项式})
\end{aligned}
\tag{5.74}
$$

式中，

$$\gamma = 1, \quad \gamma_j = \frac{(t - t_n)\cdots(t - t_{n-j+2})}{(j-1)!h^{(j-1)}} \quad (j = 2, 3, \cdots, i)$$

h 为常数步长,

$$h = t_k - t_{k-1}, \quad k = n, n-1, \cdots, n-i+2$$

而均差

$$g[t_2, t_1] = (g[t_2] - g[t_1])/(t_2 - t_1), \quad g[t_i] = f_i$$

$$g[t_n, \cdots, t_1] = (g[t_n, \cdots, t_2] - g[t_{n-1}, \cdots, t_1])/(t_n - t_1)$$

$$g[t_n, t_{n-1}, \cdots, t_{n-i+1}] = \frac{\nabla^{i-1} f_n}{(i-1)! h^{i-1}}$$

后差分

$$\nabla^0 f_n = f_n, \quad \nabla f_n = f_n - f_{n-1}, \quad \nabla^2 f_n = \nabla f_n - \nabla f_{n-1}$$

$$\nabla^j f_n = \sum_{m=0}^{j} (-1)^m \begin{pmatrix} j \\ m \end{pmatrix} f_{n-m}$$

利用式 (5.73), 式 (5.71) 与式 (5.72) 变成

$$
\begin{cases}
\dot{y}(t) = \dot{y}_n + \displaystyle\int_{t_n}^{t} \sum_{j=1}^{i} \gamma_j \nabla^{j-1} f_n \mathrm{d}t \\
y(t) = y_n + (t - t_n)\dot{y}_n + \displaystyle\int_{t_n}^{t} \int_{t_n}^{x_1} \sum_{j=1}^{i} \gamma_j(x) \nabla^{j-1} f_n \mathrm{d}t \mathrm{d}t_1
\end{cases}
\tag{5.75}
$$

取 $t = t_{n+r} = t_n + rh$, 由式 (5.75) 可得 KSG 积分器的基本公式 (i 阶公式):

$$
\begin{cases}
\dot{y}(t_{n+r}) = \dot{y}_{n+r} = \dot{y}_n + (rh) \displaystyle\sum_{j=1}^{i} \beta_{j,r} \nabla^{j-1} f_n \\
y(t_{n+r}) = y_{n+r} = y_n + rh\dot{y}_n + (rh)^2 \displaystyle\sum_{j=1}^{i} \alpha_{j,r} \nabla^{j-1} f_n
\end{cases}
\tag{5.76}
$$

式中,

$$
\alpha_{j,r} = \frac{1}{(rh)^2} \int_{t_n}^{t_{n+r}} \int_{t_n}^{x_1} \frac{(t - t_n) \cdots (t - t_{n-j+2})}{(j-1)! h^{(j-1)}} \mathrm{d}t \mathrm{d}t_1
$$

$$
= \frac{1}{(rh)^2} \int_{t_n}^{t_{n+r}} \int_{t_n}^{x_1} \gamma_j(t) \mathrm{d}t \mathrm{d}t_1
\tag{5.77}
$$

$$
\beta_{j,r} = \frac{1}{rh} \int_{t_n}^{t_{n+r}} \gamma_j(t) \mathrm{d}t
\tag{5.78}
$$

令

$$S = \frac{t - t_n}{rh}, \quad S_1 = \frac{x_1 - t_n}{rh}$$

则

$$\begin{cases} \alpha_{j,r} = \displaystyle\int_0^1 \int_0^{S_1} \frac{(srh)(srh + h) \cdots (srh + (j - 2)h)}{(j - 1)!} \frac{}{h^{(j-1)}} \mathrm{d}s \mathrm{d}s_1 \\[4mm] \beta_{j,r} = \displaystyle\int_0^1 \frac{(srh)(srh + h) \cdots (srh + (j - 2)h)}{(j - 1)!} \frac{}{h^{(j-1)}} \mathrm{d}s \end{cases} \quad j = 2, 3, \cdots, i$$

(5.79)

而 $\alpha_{1,r} = \dfrac{1}{2}, \beta_{1,r} = 1$。

$\alpha_{j,r}, \beta_{j,r}$ 可用递推公式算出，递推公式请见以下 KSG 算法。利用基本公式 (5.76) 可推出 PECE(预报–计算–改正–计算) 公式，取 $r = 1$，由 i 个节点值 $f_n, f_{n-1}, \cdots, f_{n-i+1}$ 计算 P_{n+1} 和 $\dot{P}_{n+1}$，得 KSG 积分器 i 阶预报公式：

$$\begin{cases} P_{n+1} = y_n + h\dot{y}_n + h^2 \displaystyle\sum_{j=1}^{i} \alpha_{j,1} \nabla^{j-1} f_n \\[4mm] \dot{P}_{n+1} = \dot{y}_n + h \displaystyle\sum_{j=1}^{i} \beta_{j,1} \nabla^{j-1} f_n \end{cases}$$

(5.80)

计算

$$f_{n+1}^P = f(f_{n+1}, P_{n+1}, \dot{P}_{n+1})$$

(5.81)

$$\begin{aligned} \nabla^i f_{n+1}^P &= \nabla^{i-1} f_{n+1}^P - \nabla^{i-1} f_n \\ &= \nabla^{i-2} f_{n+1}^P - \nabla^{i-2} f_n - \nabla^{i-1} f_n \\ &= \cdots = \nabla^0 f_{n+1}^P - \nabla^0 f_n - \nabla f_n - \cdots - \nabla^{i-1} f_n \\ &= f_{n+1}^P - \sum_{j=1}^{i} \nabla^{j-1} f_n \end{aligned}$$

(5.82)

改正公式即 $(i + 1)$ 阶公式：

(由 $f_{n+1}^P, f_n, \cdots, f_{n-i+1}$ 共 $(i + 1)$ 个节点值 $\Rightarrow y_{n+1}, \dot{y}_{n+1}$)

如按 KSG 积分器基本公式 (5.76)，可得

$$\begin{cases} y_{n+1} = y_n + h\dot{y}_n + h^2 \sum_{j=1}^{i+1} \alpha_{j,0} \nabla^{j-1} f_{n+1}^* \\ \dot{y}_{n+1} = \dot{y}_n + h \sum_{j=1}^{i+1} \beta_{j,0} \nabla^{j-1} f_{n+1}^* \end{cases} \tag{5.83}$$

式中，$f_{n+1}^* = f_{n+1}^P$。

　　显见这里的系数 $\alpha_{j,0}$、$\beta_{j,0}$ 与预报公式中 $\alpha_{j,1}$、$\beta_{j,1}$ 不一样，得重新计算一遍。下面从另一途径推出改正公式，其只需比预报公式多计算一个系数，从而大大减小了系数计算量。由式 (5.74) 知

$$P(t) = f_n + g[t_n, t_{n-1}](t - t_n) + \cdots + g[t_n, t_{n-1}, \cdots, t_{n-i+1}]$$
$$\cdot (t - t_n) \cdot (t - t_{n-1}) \cdots (t - t_{n-i+2}) \tag{5.84}$$

现在由 $f_{n+1}^P, f_n, \cdots, f_{n-i+1}$ 共 i 个节点值给出插值多项式:

$$\begin{aligned} P^*(t) &= f_n + g[t_n, t_{n-1}](t - t_n) + \cdots + g[t_n, t_{n-1}, \cdots, t_{n-i+1}](t - t_n) \\ &\quad \cdot (t - t_{n-1}) \cdots (t - t_{n-i+2}) + g[t_n, t_{n-1}, \cdots, t_{n-i+1}, t_{n+1}^P](t - t_n) \cdots (t - t_{n-i+1}) \\ &= P(t) + (t - t_n)(t - t_{n-1}) \cdots (t - t_{n-i+1}) g[t_n, t_{n-1}, \cdots, t_{n-i+1}, t_{n+1}^P] \\ &= P(t) + \frac{(t - t_n) \cdots (t - t_{n-i+1})}{i! h^i} \nabla^i f_{n+1}^P \\ &= P(t) + \gamma_{i+1}(t) \nabla^i f_{n+1}^P \end{aligned} \tag{5.85}$$

将上式代入下式:

$$\begin{cases} y_{n+1} = y_n + h\dot{y}_n + \int_{t_n}^{t_{n+1}} \int_{t_n}^{x_1} P^*(t) \mathrm{d}t \mathrm{d}t_1 \\ \dot{y}_{n+1} = \dot{y}_n + \int_{t_n}^{t_{n+1}} P_{(t)}^* \mathrm{d}t \end{cases} \tag{5.86}$$

得

$$\begin{aligned} y_{n+1} = y_n + h\dot{y}_n + \int_{t_n}^{t_{n+1}} \int_{t_n}^{x_1} P(t) \mathrm{d}t \mathrm{d}t_1 \\ + \int_{t_n}^{t_{n+1}} \int_{t_n}^{x_1} \gamma_{i+1}(t) \nabla^i f_{n+1}^P \mathrm{d}t \mathrm{d}t_1 \end{aligned}$$

$$= P_{n+1} + h^2 \alpha_{i+1,1} \nabla^i f_{n+1}^P \tag{5.87}$$

$$\dot{y}_{n+1} = \dot{y}_n + \int_{t_n}^{t_{n+1}} P(t)\mathrm{d}t + \int_{t_n}^{t_{n+1}} \gamma_{i+1}(t)\nabla^i f_{n+1}^P \mathrm{d}t$$

$$= \dot{P}_{n+1} + h\beta_{i+1,1}\nabla^i f_{n+1}^P \tag{5.88}$$

显见式 (5.87)、式 (5.88) 比预报公式只是多计算了 $\beta_{i+1,1}, \alpha_{i+1,1}$ 这两个系数。求得改正后的解 $y_{n+1}, \dot{y}_{n+1}$ 后，可重新计算 t_{n+1} 时的右函数：

$$f_{n+1} = f(t_{n+1}, y_{n+1}, \dot{y}_{n+1}) \tag{5.89}$$

而 t_{n+1} 时刻的后差分可先求 t_n 时刻各后差分之和，即

$$S_k = \sum_{j=k}^{i} \nabla^{j-1} f_n, \quad k = 1, \cdots, i$$

$$S_0 \equiv \nabla^i f_{n+1} = f_{n+1} - \sum_{j=1}^{i} \nabla^{j-1} f_n = f_{n+1} - S_1$$

而

$$\nabla^{k-1} f_{n+1} = f_{n+1} - \sum_{j=1}^{k-1} \nabla^{j-1} f_n$$

$$= f_{n+1} - \sum_{j=1}^{i} \nabla^{j-1} f_n + \sum_{j=k}^{i} \nabla^{j-1} f_n = S_0 + S_k, \quad k = 1, \cdots, i$$

$$\Rightarrow f_{n+1}, \nabla f_{n+1}, \cdots, \nabla^i f_{n+1} \tag{5.90}$$

这为下一步积分准备了必要的函数值与后差分值。

从上述 PECE 计算过程中可知，对 i 阶而言，在积分器启动前需预先知道 i 个时刻的右函数值。但二阶方程组只给了 t_0 初始时刻的 $y_0, \dot{y}_0$ 以及该时刻的右函数值，因而必须有一个初始过程来产生 $y_k, \dot{y}_k$ 以及 $f_k(k=n, n-1, \cdots, n-i+1)$ 和后差分 $\nabla^{j-1} f_n(j=1, \cdots, i)$。

初始过程可用单步积分器 (如龙格–库塔方法) 建立，也可用多步积分器自持启动方法或迭代方法完成初始化过程。这里引进中心迭代初始化过程。

已知初始条件：$t_0, y_0, \dot{y}_0$

求 i 个节点值 $y_k, \dot{y}_k, f_k(k=n, n-1, \cdots, n-i+1)$ 和 $\nabla^{j-1} f_n(j=1, \cdots, i)$

算法如下：

取 t_n, t_{n-i+1}，使 t_0 在 t_n 与 t_{n-i+1} 之中点，即 $n=\left[\dfrac{i}{2}\right]$，且 $\dfrac{t_n - t_0}{h} > 0$，

利用 KSG 积分器基本公式 (5.76) 有

$$
\begin{cases}
\dot{y}_k = \dot{y}_n + (k-n)h \displaystyle\sum_{j=1}^{i} \beta_{j,(k-n)} \nabla^{j-1} f_n \\[2mm]
y_k = y_n + (k-n)h\dot{y}_n + (k-n)^2 h^2 \displaystyle\sum_{j=1}^{i} \alpha_{j,(k-n)} \nabla^{j-1} f_n
\end{cases}
\tag{5.91}
$$

而初始化过程中某一节点时刻的解为

$$
\begin{cases}
\dot{y}_0 = \dot{y}_n - nh \displaystyle\sum_{j=1}^{i} \beta_{j,-n} \nabla^{j-1} f_n \\[2mm]
y_0 = y_n - nh\dot{y}_n + n^2 h^2 \displaystyle\sum_{j=1}^{i} \alpha_{j,-n} \nabla^{j-1} f_n
\end{cases}
\tag{5.92}
$$

由式 (5.91) 得

$$
\begin{cases}
y_k = y_0 + kh\dot{y}_0 + h^2 \displaystyle\sum_{j=1}^{i} [(n-k)^2 \alpha_{j,k-n} - n^2 \alpha_{j,-n} + kn\beta_{j,-n}] \nabla^{j-1} f_n \\[2mm]
\dot{y}_k = \dot{y}_0 + h \displaystyle\sum_{j=1}^{i} [n\beta_{j,-n} + (k-n)\beta_{j,k-n}] \nabla^{j-1} f_n \quad (k=n, n-1, \cdots, n-i+1)
\end{cases}
\tag{5.93}
$$

由式 (5.93) 可以获得 $y_k, \dot{y}_k (k = n, n-1, \cdots, n-i+1)$，从而求得 f_k 以及 $\nabla^{j-1} f_n (j = 1, \cdots, i)$。至于式 (5.93) 中 i 个结点的函数初始值 $f_n, \cdots, f_{n-i+1}$ 可由泰勒 (Taylor) 级数展开求得；而求非整步点时的解，可用 KSG 积分器基本公式 (5.76) 内插求得，公式不再列出。

5.4.3 卫星测地二阶微分方程组

卫星测地要积的微分方程组为

$$
\dot{\boldsymbol{R}} = -\frac{GM}{R^3}\boldsymbol{R} + \boldsymbol{P}(\boldsymbol{R}, \dot{\boldsymbol{R}}, \boldsymbol{p}, t) = \boldsymbol{A}(\boldsymbol{R}, \dot{\boldsymbol{R}}, \boldsymbol{p}, t)
\tag{5.94}
$$

$$
\boldsymbol{R}(t_0) = \boldsymbol{R}_0, \quad \dot{\boldsymbol{R}}(t_0) = \dot{\boldsymbol{R}}_0
$$

状态转移矩阵方程:

$$\dot{\Phi}(t, t_0) = A(t)\Phi(t, t_0), \quad \Phi(t_0, t_0) = I \tag{5.95}$$

式中,

$$\Phi = \frac{\partial \boldsymbol{X}}{\partial \boldsymbol{X}_0} = \begin{pmatrix} \dfrac{\partial \boldsymbol{R}}{\partial \boldsymbol{R}_0} & \dfrac{\partial \boldsymbol{R}}{\partial \dot{\boldsymbol{R}}_0} & \dfrac{\partial \boldsymbol{R}}{\partial \boldsymbol{p}_d} & 0 \\[2mm] \dfrac{\partial \dot{\boldsymbol{R}}}{\partial \boldsymbol{R}_0} & \dfrac{\partial \dot{\boldsymbol{R}}}{\partial \dot{\boldsymbol{R}}_0} & \dfrac{\partial \dot{\boldsymbol{R}}}{\partial \boldsymbol{p}_d} & 0 \\[2mm] 0 & 0 & I & 0 \\[1mm] 0 & 0 & 0 & I \end{pmatrix} \tag{5.96}$$

这里, $\boldsymbol{X}$ 为状态矢量。

$$\boldsymbol{X} = \begin{pmatrix} \boldsymbol{R} \\ \boldsymbol{V} \\ \boldsymbol{p}_d \\ \boldsymbol{p}_g \end{pmatrix}, \quad \boldsymbol{F} = \begin{pmatrix} \dot{\boldsymbol{R}} \\ \boldsymbol{A} \\ 0 \\ 0 \end{pmatrix}, \quad \boldsymbol{X}_0 = \begin{pmatrix} \boldsymbol{R} \\ \boldsymbol{V} \\ \boldsymbol{p}_d \\ \boldsymbol{p}_g \end{pmatrix}_0 \tag{5.97}$$

$$A(t) = \left(\frac{\partial \boldsymbol{F}}{\partial \boldsymbol{X}} \right)^* = \begin{pmatrix} 0 & I & 0 & 0 \\[1mm] \dfrac{\partial \boldsymbol{A}}{\partial \boldsymbol{R}} & \dfrac{\partial \boldsymbol{A}}{\partial \dot{\boldsymbol{R}}} & \dfrac{\partial \boldsymbol{A}}{\partial \boldsymbol{p}_d} & 0 \\[2mm] 0 & 0 & 0 & 0 \\[1mm] 0 & 0 & 0 & 0 \end{pmatrix}^* \tag{5.98}$$

把上式代入状态转移方程 (5.95), 可得方程为

$$\begin{cases} \dfrac{\mathrm{d}^2}{\mathrm{d}t^2} \left(\dfrac{\partial \boldsymbol{R}}{\partial \boldsymbol{R}_0} \right) = \dfrac{\partial \boldsymbol{A}}{\partial \boldsymbol{R}} \dfrac{\partial \boldsymbol{R}}{\partial \boldsymbol{R}_0} + \dfrac{\partial \boldsymbol{A}}{\partial \dot{\boldsymbol{R}}} \dfrac{\mathrm{d}}{\mathrm{d}t} \left(\dfrac{\partial \boldsymbol{R}}{\partial \boldsymbol{R}_0} \right) \\[3mm] \dfrac{\mathrm{d}^2}{\mathrm{d}t^2} \left(\dfrac{\partial \boldsymbol{R}}{\partial \dot{\boldsymbol{R}}_0} \right) = \dfrac{\partial \boldsymbol{A}}{\partial \boldsymbol{R}} \dfrac{\partial \boldsymbol{R}}{\partial \dot{\boldsymbol{R}}_0} + \dfrac{\partial \boldsymbol{A}}{\partial \dot{\boldsymbol{R}}} \dfrac{\mathrm{d}}{\mathrm{d}t} \left(\dfrac{\partial \boldsymbol{R}}{\partial \dot{\boldsymbol{R}}_0} \right) \\[3mm] \dfrac{\mathrm{d}^2}{\mathrm{d}t^2} \left(\dfrac{\partial \boldsymbol{R}}{\partial \boldsymbol{p}_d} \right) = \dfrac{\partial \boldsymbol{A}}{\partial \boldsymbol{R}} \dfrac{\partial \boldsymbol{R}}{\partial \boldsymbol{p}_d} + \dfrac{\partial \boldsymbol{A}}{\partial \dot{\boldsymbol{R}}} \dfrac{\mathrm{d}}{\mathrm{d}t^2} \left(\dfrac{\partial \boldsymbol{R}}{\partial \boldsymbol{p}_d} \right) + \dfrac{\partial \boldsymbol{A}}{\partial \boldsymbol{p}_d} \end{cases} \tag{5.99}$$

其初始条件为

$$\left(\frac{\partial \boldsymbol{R}}{\partial \boldsymbol{R}_0} \right)_{t=t_0} = I_{3\times3}, \quad \left(\frac{\partial \boldsymbol{R}}{\partial \dot{\boldsymbol{R}}_0} \right)_{t=t_0} = 0, \quad \left(\frac{\partial \boldsymbol{R}}{\partial \boldsymbol{p}_d} \right)_{t=t_0} = 0$$

$$\left[\frac{\mathrm{d}}{\mathrm{d}t} \left(\frac{\partial \boldsymbol{R}}{\partial \boldsymbol{R}_0} \right) \right]_{t=t_0} = 0, \quad \left[\frac{\mathrm{d}}{\mathrm{d}t} \left(\frac{\partial \boldsymbol{R}}{\partial \boldsymbol{p}_d} \right) \right]_{t=t_0} = 0, \quad \left[\frac{\mathrm{d}}{\mathrm{d}t} \left(\frac{\partial \boldsymbol{R}}{\partial \dot{\boldsymbol{R}}_0} \right) \right]_{t=t_0} = I_{3\times3}$$

$$\tag{5.100}$$

令积分矢量 $\boldsymbol{Z}$ 为

$$
\boldsymbol{Z} = \begin{pmatrix} \boldsymbol{R} \\ \dfrac{\partial \boldsymbol{R}}{\partial x_0} \\ \dfrac{\partial \boldsymbol{R}}{\partial y_0} \\ \dfrac{\partial \boldsymbol{R}}{\partial z_0} \\ \dfrac{\partial \overline{\boldsymbol{R}}}{\partial \dot{x}_0} \\ \dfrac{\partial \boldsymbol{R}}{\partial \dot{y}_0} \\ \dfrac{\partial \boldsymbol{R}}{\partial \dot{z}_0} \\ \dfrac{\partial \boldsymbol{R}}{\partial p_{d1}} \\ \vdots \\ \dfrac{\partial \boldsymbol{R}}{\partial p_{d\text{NDP}}} \end{pmatrix} \tag{5.101}
$$

那么,

$$
\frac{\mathrm{d}^2 \boldsymbol{Z}}{\mathrm{d}t^2} = \frac{\mathrm{d}^2}{\mathrm{d}t^2} \begin{pmatrix} \boldsymbol{R} \\ \dfrac{\partial \boldsymbol{R}}{\partial x_0} \\ \vdots \\ \dfrac{\partial \boldsymbol{R}}{\partial \dot{x}_0} \\ \vdots \\ \dfrac{\partial \boldsymbol{R}}{\partial p_1} \\ \vdots \end{pmatrix} = \begin{pmatrix} \boldsymbol{A} \\ \dfrac{\partial \boldsymbol{A}}{\partial \boldsymbol{R}} \dfrac{\partial \boldsymbol{R}}{\partial x_0} + \dfrac{\partial \boldsymbol{A}}{\partial \dot{\boldsymbol{R}}} \dfrac{\mathrm{d}}{\mathrm{d}t}\left(\dfrac{\partial \boldsymbol{R}}{\partial x_0} \right) \\ \vdots \\ \dfrac{\partial \boldsymbol{A}}{\partial \boldsymbol{R}} \dfrac{\partial \boldsymbol{R}}{\partial \dot{x}_0} + \dfrac{\partial \boldsymbol{A}}{\partial \dot{\boldsymbol{R}}} \dfrac{\mathrm{d}}{\mathrm{d}t}\left(\dfrac{\partial \boldsymbol{R}}{\partial \dot{x}_0} \right) \\ \vdots \\ \dfrac{\partial \boldsymbol{A}}{\partial \boldsymbol{R}} \dfrac{\partial \boldsymbol{R}}{\partial p_{d1}} + \dfrac{\partial \boldsymbol{A}}{\partial \dot{\boldsymbol{R}}} \dfrac{\mathrm{d}}{\mathrm{d}t}\left(\dfrac{\partial \boldsymbol{R}}{\partial p_{d1}} \right) + \dfrac{\partial \boldsymbol{A}}{\partial p_{d1}} \\ \vdots \end{pmatrix} = \boldsymbol{f} \tag{5.102}
$$

式中, $\boldsymbol{A}, \dfrac{\partial \boldsymbol{A}}{\partial \boldsymbol{R}}, \dfrac{\partial \boldsymbol{A}}{\partial \dot{\boldsymbol{R}}}, \dfrac{\partial \boldsymbol{A}}{\partial \boldsymbol{p}}$ 由程序 ACCEL 算得, 满足的初始条件为

$$\boldsymbol{Z}(t_0) = \begin{pmatrix} \boldsymbol{R}_0 \\ \begin{pmatrix} 1 \\ 0 \\ 0 \end{pmatrix} \\ \begin{pmatrix} 0 \\ 1 \\ 0 \end{pmatrix} \\ \begin{pmatrix} 0 \\ 0 \\ 1 \end{pmatrix} \\ \begin{pmatrix} 0 \\ 0 \\ 0 \end{pmatrix} \\ \begin{pmatrix} 0 \\ 0 \\ 0 \end{pmatrix} \\ \begin{pmatrix} 0 \\ 0 \\ 0 \end{pmatrix} \\ \vdots \\ \begin{pmatrix} 0 \\ 0 \\ 0 \end{pmatrix} \end{pmatrix} \equiv \boldsymbol{Z}_0, \quad \dot{\boldsymbol{Z}}(t_0) = \begin{pmatrix} \dot{\boldsymbol{R}}_0 \\ \begin{pmatrix} 0 \\ 0 \\ 0 \end{pmatrix} \\ \begin{pmatrix} 0 \\ 0 \\ 0 \end{pmatrix} \\ \begin{pmatrix} 0 \\ 0 \\ 0 \end{pmatrix} \\ \begin{pmatrix} 1 \\ 0 \\ 0 \end{pmatrix} \\ \begin{pmatrix} 0 \\ 1 \\ 0 \end{pmatrix} \\ \begin{pmatrix} 0 \\ 0 \\ 1 \end{pmatrix} \\ \vdots \\ \begin{pmatrix} 0 \\ 0 \\ 0 \end{pmatrix} \end{pmatrix} \equiv \dot{\boldsymbol{Z}}_0 \tag{5.103}$$

其中, 除 $\boldsymbol{R}_0, \dot{\boldsymbol{R}}_0$ 外, 都由程序 ZZDSET 赋值。可得到方程组:

$$\begin{cases} \ddot{\boldsymbol{Z}} = \boldsymbol{f}(\boldsymbol{Z}, \dot{\boldsymbol{Z}}, t) \\ \boldsymbol{Z}(t_0) = \boldsymbol{Z}_0, \quad \dot{\boldsymbol{Z}}(t_0) = \dot{\boldsymbol{Z}}_0 \end{cases} \tag{5.104}$$

这由程序 INTEG4 中的 KSGFS 程序积分器计算。

5.4.4　KSG 积分器的算法及其程序实现 (程序 KSGFS)

已知 $t_0, \boldsymbol{Z}_0, \dot{\boldsymbol{Z}}_0$。

1. 初始化过程 (中心迭代初始算法)(程序 SGSTRT)

(1) 计算 t_0 时 $\boldsymbol{f}_0$：

$$\boldsymbol{f}_0 = \boldsymbol{f}(t_0, \boldsymbol{Z}_0, \dot{\boldsymbol{Z}}_0) \tag{5.105}$$

(2) 利用 Taylor 级数展开求得各节点的 $\boldsymbol{Z}, \dot{\boldsymbol{Z}}, \boldsymbol{f}$ 值：

$$t_k = t_0 + kh \tag{5.106}$$

$$\boldsymbol{Z}_k = \boldsymbol{Z}_0 + kh\dot{\boldsymbol{Z}}_0 + \frac{1}{2}(kh)^2 \boldsymbol{f}_0 \tag{5.107}$$

$$\dot{\boldsymbol{Z}}_k = \dot{\boldsymbol{Z}}_0 + kh\boldsymbol{f}_0 \tag{5.108}$$

$$\boldsymbol{f}_k = \boldsymbol{f}(t_k, \boldsymbol{Z}_k, \dot{\boldsymbol{Z}}_k), \quad k = n, n-1, \cdots, n-i+1 \tag{5.109}$$

(3) 计算后差分 $\nabla^{j-1}\boldsymbol{f}_n(j=1,\cdots,i)$，并构成矢量 $\boldsymbol{V}_P$：

$$\nabla^{j-1}\boldsymbol{f}_n = \sum_{l=0}^{j-1} (-1)^l \begin{pmatrix} j-1 \\ l \end{pmatrix} \boldsymbol{f}_{n-l} \quad (j=1,\cdots,i) \tag{5.110}$$

$$\boldsymbol{V}_P = \begin{pmatrix} \boldsymbol{Z}_n \\ \vdots \\ \dot{\boldsymbol{Z}}_n \end{pmatrix} \tag{5.111}$$

(4) 用以下 i 阶内插公式求出各节点的 $\boldsymbol{f}$ 近似解：

$$\boldsymbol{Z}_K = \boldsymbol{Z}_0 + kh\dot{\boldsymbol{Z}}_0 + h^2 \sum_{j=1}^{i} \alpha'_{j,k} \nabla^{j-1}\boldsymbol{f}_n \tag{5.112}$$

$$\dot{\boldsymbol{Z}}_K = \dot{\boldsymbol{Z}}_0 + h \sum_{j=1}^{i} \beta'_{j,k} \nabla^{j-1}\boldsymbol{f}_n \tag{5.113}$$

$$\boldsymbol{f}_k = \boldsymbol{f}(t_k, \boldsymbol{Z}_k, \dot{\boldsymbol{Z}}_k), \quad k = n, n-1, \cdots, n-i+1 \tag{5.114}$$

式中，

$$\alpha'_{j,k} = (k-n)^2 \alpha_{j,k-n} - n^2 \alpha_{j,-n} + nk\beta_{j,-n} \tag{5.115}$$

$$\beta'_{j,k} = (k-n)\beta_{j,k-n} + n\beta_{j,-n} \tag{5.116}$$

而系数 $\alpha_{j,l}, \beta_{j,l}$ 之计算见本小节附录式 (5.133)。

(5) 计算两个连贯的矢量 V_P 与 V 相对差之模:

$$u = \left\| \frac{V_P - V}{V} \right\|, \quad V \neq 0 \tag{5.117}$$

$$u = \| V_P - V \|, \quad V = 0 \tag{5.118}$$

式中, V_P 取自步骤 (3), $V = \begin{pmatrix} Z_n \\ \dot{Z}_n \end{pmatrix}$ 取自步骤 (4)。

(6) 设允差为 $\tilde{u}$, 则

当 $u \geqslant \tilde{u}$ 时, 重复 (3)~(5) 过程;

当 $u < \tilde{u}$ 时, 迭代完毕。

初始化过程结束, 求得了 $Z_n, \dot{Z}_n, f_K(K = n, n-1, \cdots, n-i+1)$ 以及 $\nabla^{j-1} f_n (j = 1, \cdots, i)$。

2. 把解从 t_n 推进到 t_{n+1} 时刻的 PECE 算法

(1) 预报 t_{n+1} 时刻的 Z、$\dot{Z}$ 值 (用 i 阶公式):

$$Z_{n+1}^P = Z_n + h\dot{Z}_n + h^2 \sum_{j=1}^{i} \alpha_{j,1} \nabla^{j-1} f_n \tag{5.119}$$

$$\dot{Z}_{n+1}^P = \dot{Z}_n + h \sum_{j=1}^{i} \beta_{j,1} \nabla^{j-1} f_n \tag{5.120}$$

(2) 用预报解计算右函数 f:

$$f_{n+1}^P = f(t_{n+1}, Z_{n+1}^P, \dot{Z}_{n+1}^P) \tag{5.121}$$

(3) 计算后差分:

$$d_j = \sum_{l=j}^{i} \nabla^{l-1} f_n \quad (j = 1, \cdots, i) \tag{5.122}$$

$$\nabla^i f_{n+1}^P = f_{n+1}^P - d_1 \tag{5.123}$$

(4) 用 $(i+1)$ 阶公式校正预报解:

$$Z_{n+1} = Z_{n+1}^P + h^2 \alpha_{i+1,1} \nabla^i f_{n+1}^P \tag{5.124}$$

$$\dot{Z}_{n+1} = \dot{Z}_{n+1}^P + h\beta_{i+1,1} \nabla^i f_{n+1}^P \tag{5.125}$$

(5) 用校正后的解计算 $\boldsymbol{f}$:

$$\boldsymbol{f}_{n+1} = \boldsymbol{f}(t_{n+1}, \boldsymbol{Z}_{n+1}, \dot{\boldsymbol{Z}}_{n+1}) \tag{5.126}$$

(6) 计算 t_{n+1} 时刻的后差分:

$$\boldsymbol{d}_0 = \boldsymbol{f}_{n+1} - \boldsymbol{d}_1 \tag{5.127}$$

$$\nabla^{j-1} \boldsymbol{f}_{n+1} = \boldsymbol{d}_j + \boldsymbol{d}_0, \quad j = 1, \cdots, i \tag{5.128}$$

3. 用内插公式求出非整步点时解

设内插时刻 $t = t_{n+r} = t_n + rh$, 其中 r 为小于零的实数, 且满足 $n - i + 1 \leqslant n + r \leqslant n$, 则可取以 $t_j (j = n, n-1, \cdots, n-i+1)$ 为节点的 i 阶内插公式求得 t_{n+r} 时的解 $\boldsymbol{Z}_{n+r}, \dot{\boldsymbol{Z}}_{n+r}$:

$$\boldsymbol{Z}_{n+r} = \boldsymbol{Z}_n + rh \dot{\boldsymbol{Z}}_n + (rh)^2 \sum_{j=1}^{i} \alpha_{j,r} \nabla^{j-1} \boldsymbol{f}_n \tag{5.129}$$

$$\dot{\boldsymbol{Z}}_{n+r} = \dot{\boldsymbol{Z}}_n + rh \sum_{j=1}^{i} \beta_{j,r} \nabla^{j-1} \boldsymbol{f}_n \tag{5.130}$$

以上 $\alpha_{j,r}$, $\beta_{j,r}$ 由程序 KSGC0 计算。

4. 附录: KSGFS 积分器系数之计算

(1) 定义

$$h_I = t_{n+l} - t_n \tag{5.131}$$

$$\eta_s = h_I / h$$

式中, h 为积分步长; l 为所求系数 $\alpha_{j,l}, \beta_{j,l}$ 之第 2 下标。

(2) 计算中间量 $g_{k,q}$:

$$g_{1,q} = \frac{1}{q} \tag{5.132}$$

$$g_{k,q} = \gamma_k g_{k-1,q} - \eta_k g_{k-1,q+1} \quad (k = 2, \cdots, i+1; q = 1, 2)$$

式中,

$$\gamma_k = (k + \eta_s - 2)/k$$

$$\eta_k = \eta_s / k$$

(3) 计算系数 $\alpha_{j,l}, \beta_{j,l}$:

$$\begin{cases} \beta_{j,l} = g_{j,1} \\ \alpha_{j,l} = g_{j,2}, \quad j = 1, \cdots, i+1 \end{cases} \tag{5.133}$$

5.5　复　弧　法

通常在一个卫星测地长弧解中，卫星的轨道状态是与地球自转参数和某些测地参数一起进行联合平差。所有这些平差参数分成三种类型。第一类参数称为全局量，诸如卫星的轨道根数、测站坐标及一些地球物理参数。为了获得这些参数的稳定可靠的结果，需在整个长弧内 (几天甚至一个月或者更长时间) 估算；第二类称为一级局部量，如与轨道有关的一些参数 (阻力参数、太阳光压参数等)。为了消除非模制的摄动加速度的影响，获得稳定的卫星轨道，它们需要在一个子弧内 (3 天、5 天、7 天、10 天或 15 天) 独立估算，具体多长时间解算一组参数，需要根据数据和解算效果确定。第三类称为二级局部量，如地球自转参数，为了模制它们随时间的变化，需要在甚短弧段内 (如目前常采用的 1 天) 独立求解 (黄珹等，2003)。

对这样一个颇费机时的庞大估算问题，为了减少计算误差，节省计算机机时和内存，可以设计一个多级复弧法的计算方法来解决 (黄珹等，2003)。我们先看一个三级复弧法的例子：整个长弧为 30 天，一级局部量弧长为 10 天，二级局部量弧长为 5 天。令 $\boldsymbol{X}(i,j)$ 为在第 j 个子弧中的第 i 个子子弧内的二级局部量的状态改正矢量，$i=1,2$。在每个子弧中共有 2 个子子弧，在整个长弧中有 6 个子子弧。$\boldsymbol{Y}(j)$ 为在第 j 个子弧内的一级局部量的状态改正矢量，$j=1,2,3$，在整个长弧中有 3 个子弧。$\boldsymbol{Z}$ 为全局量的状态改正矢量。利用多级复弧法，对观测方程逐个进行一系列的 G-G 正交变换后，可以得到如下的法方程：

$$D^{1/2}UW = D^{1/2}B \tag{5.134}$$

或如下的法方程：

$$D_{ij}^{1/2}\begin{bmatrix} U_{\boldsymbol{X}(i,j)} & R_{\boldsymbol{X}(i,j)\boldsymbol{Y}(j)} & R_{\boldsymbol{X}(i,j)\boldsymbol{Z}} \\ & U_{\boldsymbol{Y}(j)} & R_{\boldsymbol{Y}(j)\boldsymbol{Z}} \\ & & U_{\boldsymbol{Z}} \end{bmatrix}\begin{bmatrix} \boldsymbol{X}(i,j) \\ \boldsymbol{Y}(j) \\ \boldsymbol{Z} \end{bmatrix} = D_{ij}^{1/2}\begin{bmatrix} B_{\boldsymbol{X}(i,j)} \\ B_{\boldsymbol{Y}(j)} \\ B_{\boldsymbol{Z}} \end{bmatrix} \tag{5.135}$$

$$D_{ij}^{1/2} = \begin{bmatrix} D_{\boldsymbol{X}(i,j)}^{1/2} & & \\ & D_{\boldsymbol{Y}(j)}^{1/2} & \\ & & D_{\boldsymbol{Z}}^{1/2} \end{bmatrix} \quad (i=1,2;j=1,2,3) \tag{5.136}$$

式中，$D_{\boldsymbol{X}(i,j)}^{1/2}$, $D_{\boldsymbol{Y}(j)}^{1/2}$, $D_{\boldsymbol{Z}}^{1/2}$ 为非奇异的对角矩阵；$U_{\boldsymbol{X}(i,j)}$, $U_{\boldsymbol{Y}(j)}$, $U_{\boldsymbol{Z}}$ 为单位上三角矩阵；$R_{\boldsymbol{X}(i,j)\boldsymbol{Z}}$ 是全局量 $\boldsymbol{Z}$ 与第 i 个子子弧内的二级局部量 $\boldsymbol{X}(i,j)$ 的关系矩阵；$R_{\boldsymbol{Y}(j)\boldsymbol{Z}}$ 是全局量 $\boldsymbol{Z}$ 与第 j 个子弧内的一级局部量 $\boldsymbol{Y}(j)$ 的关系矩阵。

为求解各弧段状态改正矢量，状态量在 W 中的位置得按一定规律排列。因而上述三级复弧法对应的各量可写成以下形式：

$$
W = \begin{bmatrix} \boldsymbol{X}(1,1) \\ \boldsymbol{X}(2,1) \\ \boldsymbol{Y}(1) \\ \boldsymbol{X}(1,2) \\ \boldsymbol{X}(2,2) \\ \boldsymbol{Y}(2) \\ \boldsymbol{X}(1,3) \\ \boldsymbol{X}(2,3) \\ \boldsymbol{Y}(3) \\ \boldsymbol{Z} \end{bmatrix}, \quad B = \begin{bmatrix} B_{\boldsymbol{X}(1,1)} \\ B_{\boldsymbol{X}(2,1)} \\ B_{\boldsymbol{Y}(1)} \\ B_{\boldsymbol{X}(1,2)} \\ B_{\boldsymbol{X}(2,2)} \\ B_{\boldsymbol{Y}(2)} \\ B_{\boldsymbol{X}(1,3)} \\ B_{\boldsymbol{X}(2,3)} \\ B_{\boldsymbol{Y}(3)} \\ B_{\boldsymbol{Z}} \end{bmatrix}
\tag{5.137}
$$

$$
D^{1/2} = \begin{bmatrix} D^{1/2}_{\boldsymbol{X}(1,1)} & & & & & & & & & \\ & D^{1/2}_{\boldsymbol{X}(2,1)} & & & & & & & & \\ & & D^{1/2}_{\boldsymbol{Y}(1)} & & & & & & & \\ & & & D^{1/2}_{\boldsymbol{X}(1,2)} & & & & & & \\ & & & & D^{1/2}_{\boldsymbol{X}(2,2)} & & & & & \\ & & & & & D^{1/2}_{\boldsymbol{Y}(2)} & & & & \\ & & & & & & D^{1/2}_{\boldsymbol{X}(1,3)} & & & \\ & & & & & & & D^{1/2}_{\boldsymbol{X}(1,3)} & & \\ & & & & & & & & D^{1/2}_{\boldsymbol{Y}(3)} & \\ & & & & & & & & & D^{1/2}_{\boldsymbol{Z}} \end{bmatrix}
\tag{5.138}
$$

$$
U = \begin{bmatrix} U_{\boldsymbol{X}(1,1)} & 0 & R_{\boldsymbol{X}(1,1)\boldsymbol{Y}(1)} & 0 & 0 & 0 & 0 & 0 & 0 & R_{\boldsymbol{X}(1,1)\boldsymbol{Z}} \\ & U_{\boldsymbol{X}(2,1)} & R_{\boldsymbol{X}(2,1)\boldsymbol{Y}(1)} & 0 & 0 & 0 & 0 & 0 & 0 & R_{\boldsymbol{X}(2,1)\boldsymbol{Z}} \\ & & U_{\boldsymbol{Y}(1)} & 0 & 0 & 0 & 0 & 0 & 0 & R_{\boldsymbol{Y}(1)\boldsymbol{Z}} \\ & & & U_{\boldsymbol{X}(1,2)} & 0 & R_{\boldsymbol{X}(1,2)\boldsymbol{Y}(2)} & 0 & 0 & 0 & R_{\boldsymbol{X}(1,2)\boldsymbol{Z}} \\ & & & & U_{\boldsymbol{X}(2,2)} & R_{\boldsymbol{X}(2,2)\boldsymbol{Y}(2)} & 0 & 0 & 0 & R_{\boldsymbol{X}(2,2)\boldsymbol{Z}} \\ & & & & & U_{\boldsymbol{Y}(2)} & 0 & 0 & 0 & R_{\boldsymbol{Y}(2)\boldsymbol{Z}} \\ & & & & & & U_{\boldsymbol{X}(1,3)} & 0 & R_{\boldsymbol{X}(1,3)\boldsymbol{Y}(3)} & R_{\boldsymbol{X}(1,3)\boldsymbol{Z}} \\ & & & & & & & U_{\boldsymbol{X}(2,3)} & R_{\boldsymbol{X}(2,3)\boldsymbol{Y}(3)} & R_{\boldsymbol{X}(2,3)\boldsymbol{Z}} \\ & & & & & & & & U_{\boldsymbol{Y}(3)} & R_{\boldsymbol{Y}(3)\boldsymbol{Z}} \\ & & & & & & & & & U_{\boldsymbol{Z}} \end{bmatrix}
\tag{5.139}
$$

这样方程的解为

$$
\hat{Z} = U_{\boldsymbol{Z}}^{-1} B_{\boldsymbol{Z}}
\tag{5.140}
$$

$$
\hat{Y}(j) = U_{\boldsymbol{Y}(j)}^{-1}(B_{\boldsymbol{Y}(j)} - R_{\boldsymbol{Y}(j)\boldsymbol{Z}}\hat{Z})
\tag{5.141}
$$

$$
\hat{X}(i,j) = U_{\boldsymbol{X}(i,j)}^{-1}(B_{\boldsymbol{X}(i,j)} - R_{\boldsymbol{X}(i,j)\boldsymbol{Y}(j)}\hat{Y}(j) - R_{\boldsymbol{X}(i,j)\boldsymbol{Z}}\hat{Z})
\tag{5.142}
$$

在第 1 个子子弧 (5 天资料) 用 G-G 正交变换处理结束后，与 $\boldsymbol{X}(1,1)$ 有关的量 $D_{\boldsymbol{X}(1,1)}^{1/2}$, $U_{\boldsymbol{X}(1,1)}$, $R_{\boldsymbol{X}(1,1)\boldsymbol{Y}(1)}$, $R_{\boldsymbol{X}(1,1)\boldsymbol{z}}$ 和 $B_{\boldsymbol{X}(1,1)}$ 存盘待用，同时在这些量的原位置置零值，因为它们对第 2 个子子弧的处理没有任何影响；此外，将与 $\boldsymbol{Y}(1)$ 有关的信息 $D_{\boldsymbol{Y}(1)}^{1/2}$, $U_{\boldsymbol{Y}(1)}$, $R_{\boldsymbol{Y}(1)\boldsymbol{z}}$ 和 $B_{\boldsymbol{Y}(1)}$，以及与全局量 $\boldsymbol{Z}$ 有关的 $D_{\boldsymbol{Z}}^{1/2}$, $U_{\boldsymbol{Z}}$ 和 $B_{\boldsymbol{Z}}$ 作为第 2 个子子弧处理中一级局部量 $\boldsymbol{Y}(1)$ 和全局量 $\boldsymbol{Z}$ 的先验信息。此时，

$$\hat{X}(1,1) = U_{\boldsymbol{X}(1,1)}^{-1}(B_{\boldsymbol{X}(1,1)} - R_{\boldsymbol{X}(1,1)\boldsymbol{Y}(1)}\hat{Y}(1) - R_{\boldsymbol{X}(1,1)\boldsymbol{z}}\hat{Z}) \tag{5.143}$$

在第 2 个子子弧 (5 天资料) 也就是第 1 个子弧用 G-G 正交变换处理结束后，与 $\boldsymbol{X}(2,1)$ 有关的量 $D_{\boldsymbol{X}(2,1)}^{1/2}$, $U_{\boldsymbol{X}(2,1)}$, $R_{\boldsymbol{X}(2,1)\boldsymbol{Y}(1)}$, $R_{\boldsymbol{X}(2,1)\boldsymbol{z}}$ 和 $B_{\boldsymbol{X}(2,1)}$，以及与 $\boldsymbol{Y}(1)$ 有关的信息 $D_{\boldsymbol{Y}(1)}^{1/2}$, $U_{\boldsymbol{Y}(1)}$, $R_{\boldsymbol{Y}(1)\boldsymbol{z}}$ 和 $B_{\boldsymbol{Y}(1)}$ 存盘待用，同时在这些量的原位置置零值，因为它们对第 3 个子子弧以及第 2 个子弧的处理没有任何影响；此外，将 $D_{\boldsymbol{Z}}^{1/2}$, $U_{\boldsymbol{Z}}$ 和 $B_{\boldsymbol{Z}}$ 作为第 2 个子弧处理中全局量 $\boldsymbol{Z}$ 的先验信息。此时，

$$\hat{X}(2,1) = U_{\boldsymbol{X}(2,1)}^{-1}(B_{\boldsymbol{X}(2,1)} - R_{\boldsymbol{X}(2,1)\boldsymbol{Y}(1)}\hat{Y}(1) - R_{\boldsymbol{X}(2,1)\boldsymbol{z}}\hat{Z}) \tag{5.144}$$

$$\hat{Y}(1) = U_{\boldsymbol{Y}(1)}^{-1}(B_{\boldsymbol{Y}(1)} - R_{\boldsymbol{Y}(1)\boldsymbol{z}}\hat{Z}) \tag{5.145}$$

在第 3 个子子弧 (5 天资料) 也就是第 2 个子弧中的第 1 个子子弧用 G-G 正交变换处理结束后，与 $\boldsymbol{X}(1,2)$ 有关的量 $D_{\boldsymbol{X}(1,2)}^{1/2}$, $U_{\boldsymbol{X}(1,2)}$, $R_{\boldsymbol{X}(1,2)\boldsymbol{Y}(2)}$, $R_{\boldsymbol{X}(1,2)\boldsymbol{z}}$ 和 $B_{\boldsymbol{X}(1,2)}$ 存盘待用，同时在这些量的原位置置零值，因为它们对第 4 个子子弧的处理没有任何影响；此外，将与 $\boldsymbol{Y}(2)$ 有关的信息 $D_{\boldsymbol{Y}(2)}^{1/2}$, $U_{\boldsymbol{Y}(2)}$, $R_{\boldsymbol{Y}(2)\boldsymbol{z}}$ 和 $B_{\boldsymbol{Y}(2)}$ 以及与全局量 $\boldsymbol{Z}$ 有关的量 $D_{\boldsymbol{Z}}^{1/2}$, $U_{\boldsymbol{Z}}$ 和 $B_{\boldsymbol{Z}}$ 作为第 4 个子子弧处理中一级局部量 $\boldsymbol{Y}(2)$ 和全局量 $\boldsymbol{Z}$ 的先验信息。此时，

$$\hat{X}(1,2) = U_{\boldsymbol{X}(1,2)}^{-1}(B_{\boldsymbol{X}(1,2)} - R_{\boldsymbol{X}(1,2)\boldsymbol{Y}(2)}\hat{Y}(2) - R_{\boldsymbol{X}(1,2)\boldsymbol{z}}\hat{Z}) \tag{5.146}$$

在第 4 个子子弧 (5 天资料) 也就是第 2 个子弧中的第 2 个子子弧用 G-G 正交变换处理结束后，与 $\boldsymbol{X}(2,2)$ 有关的量 $D_{\boldsymbol{X}(2,2)}^{1/2}$, $U_{\boldsymbol{X}(2,2)}$, $R_{\boldsymbol{X}(2,2)\boldsymbol{Y}(2)}$, $R_{\boldsymbol{X}(2,2)\boldsymbol{z}}$ 和 $B_{\boldsymbol{X}(2,2)}$，以及与 $\boldsymbol{Y}(2)$ 有关的信息 $D_{\boldsymbol{Y}(2)}^{1/2}$, $U_{\boldsymbol{Y}(2)}$, $R_{\boldsymbol{Y}(2)\boldsymbol{z}}$ 和 $B_{\boldsymbol{Y}(2)}$ 存盘待用，同时在这些量的原位置置零值，因为它们对第 5 个子子弧的处理没有任何影响；此外，将与全局量 $\boldsymbol{Z}$ 有关的量 $D_{\boldsymbol{Z}}^{1/2}$, $U_{\boldsymbol{Z}}$ 和 $B_{\boldsymbol{Z}}$ 作为第 5 个子子弧处理中全局量 $\boldsymbol{Z}$ 的先验信息。此时，

$$\hat{X}(2,2) = U_{\boldsymbol{X}(2,2)}^{-1}(B_{\boldsymbol{X}(2,2)} - R_{\boldsymbol{X}(2,2)\boldsymbol{Y}(2)}\hat{Y}(2) - R_{\boldsymbol{X}(2,2)\boldsymbol{z}}\hat{Z}) \tag{5.147}$$

$$\hat{Y}(2) = U_{\boldsymbol{Y}(2)}^{-1}(B_{\boldsymbol{Y}(2)} - R_{\boldsymbol{Y}(2)\boldsymbol{z}}\hat{Z}) \tag{5.148}$$

第 5 个子子弧 (5 天资料) 也就是第 3 个子弧中的第 1 子子弧与上述第 3 个子子弧类似处理, 此时与 $\boldsymbol{X}(1,3)$ 有关的量 $D_{\boldsymbol{X}(1,3)}^{1/2}, U_{\boldsymbol{X}(1,3)}, R_{\boldsymbol{X}(1,3)\boldsymbol{Y}(3)}, R_{\boldsymbol{X}(1,3)\boldsymbol{Z}}$ 和 $B_{\boldsymbol{X}(1,3)}$ 存盘待用, 同时在这些量的原位置置零值, 因为它们对第 6 个子子弧的处理没有任何影响; 此外, 将与 $\boldsymbol{Y}(3)$ 有关的信息 $D_{\boldsymbol{Y}(3)}^{1/2}, U_{\boldsymbol{Y}(3)}, R_{\boldsymbol{Y}(3)\boldsymbol{Z}}$ 和 $B_{\boldsymbol{Y}(3)}$, 以及与全局量 $\boldsymbol{Z}$ 有关的 $D_{\boldsymbol{Z}}^{1/2}, U_{\boldsymbol{Z}}$ 和 $B_{\boldsymbol{Z}}$ 作为第 6 个子子弧处理中一级局部量 $\boldsymbol{Y}(3)$ 和全局量 $\boldsymbol{Z}$ 的先验信息。此时,

$$\hat{X}(1,3) = U_{\boldsymbol{X}(1,3)}^{-1}(B_{\boldsymbol{X}(1,3)} - R_{\boldsymbol{X}(1,3)\boldsymbol{Y}(3)}\hat{Y}(3) - R_{\boldsymbol{X}(1,3)\boldsymbol{Z}}\hat{Z}) \tag{5.149}$$

而第 6 个子子弧 (5 天资料) 也就是第 3 个子弧中的第 2 个子子弧或整个长弧用 G-G 正交变换处理结束后, 有

$$\hat{X}(2,3) = U_{\boldsymbol{X}(2,3)}^{-1}(B_{\boldsymbol{X}(2,3)} - R_{\boldsymbol{X}(2,3)\boldsymbol{Y}(3)}\hat{Y}(3) - R_{\boldsymbol{X}(2,3)\boldsymbol{Z}}\hat{Z}) \tag{5.150}$$

$$\hat{Y}(3) = U_{\boldsymbol{Y}(3)}^{-1}(B_{\boldsymbol{Y}(3)} - R_{\boldsymbol{Y}(3)\boldsymbol{Z}}\hat{Z}) \tag{5.151}$$

$$\hat{Z} = U_{\boldsymbol{Z}}^{-1}B_{\boldsymbol{Z}} \tag{5.152}$$

利用前面存盘的资料和有关公式可求得各子弧及相应的子子弧参数的最优估计。对它们的协方差阵可以参照后边的公式填上相应的下标值即可。请记住这里的 $\boldsymbol{X}(i,j), \boldsymbol{Y}(j), \boldsymbol{Z}$ 所表示的均是矢量, 含有多个待解参量。

以上是把解参数分为全局量、一级局部量和二级局部量的三级复弧法的解算公式。事实上, 对局部量还可以细分, 而数学原理与上面相同。下面给出多级复弧法的一般介绍。令

$\boldsymbol{X}(i,j)$ 为在第 j 个子弧中的第 i 个子子弧内的二级局部量的状态改正矢量;

$\boldsymbol{Y}(j)$ 为在第 j 个子弧内的一级局部量的状态改正矢量;

$\boldsymbol{Z}$ 为全局量的状态改正矢量。

其中, $i = 1,2,3,\cdots,n_j$; $j = 1,2,3,\cdots,m$; n_j, m 分别为第 j 个子弧内的子子弧的个数和整个长弧内子弧个数。

利用多级复弧法, 整个长弧平差在每个子弧内对观测方程逐个进行一系列的 G-G 正交变换后, 就可以得到如下的法方程:

$$D_{ij}^{1/2}\begin{bmatrix} U_{\boldsymbol{X}(i,j)} & R_{\boldsymbol{X}(i,j)\boldsymbol{Y}(j)} & R_{\boldsymbol{X}(i,j)\boldsymbol{Z}} \\ & U_{\boldsymbol{Y}(j)} & R_{\boldsymbol{Y}(j)\boldsymbol{Z}} \\ & & U_{\boldsymbol{Z}} \end{bmatrix}\begin{bmatrix} \boldsymbol{X}(i,j) \\ \boldsymbol{Y}(j) \\ \boldsymbol{Z} \end{bmatrix} = D_{ij}^{1/2}\begin{bmatrix} B_{\boldsymbol{X}(i,j)} \\ B_{\boldsymbol{Y}(j)} \\ B_{\boldsymbol{Z}} \end{bmatrix} \tag{5.153}$$

$$D_{ij}^{1/2} = \begin{bmatrix} D_{\boldsymbol{X}(i,j)}^{1/2} & & \\ & D_{\boldsymbol{Y}(j)}^{1/2} & \\ & & D_{\boldsymbol{Z}}^{1/2} \end{bmatrix} \tag{5.154}$$

式中, $D_{\boldsymbol{X}(i,j)}^{1/2}, D_{\boldsymbol{Y}(j)}^{1/2}, D_{\boldsymbol{Z}}^{1/2}$ 为非奇异的对角矩阵; $U_{\boldsymbol{X}(i,j)}, U_{\boldsymbol{Y}(j)}, U_{\boldsymbol{Z}}$ 为单位上三角矩阵; $R_{\boldsymbol{X}(i,j)\boldsymbol{Z}}$ 是全局量 $\boldsymbol{Z}$ 与第 i 个子子弧内的二级局部量 $\boldsymbol{X}(i,j)$ 的关系矩阵; $R_{\boldsymbol{Y}(j)\boldsymbol{Z}}$ 是全局量 $\boldsymbol{Z}$ 与第 j 个子弧内的一级局部量 $\boldsymbol{Y}(j)$ 的关系矩阵。

在第 j 个子弧中第 i 个子子弧用 G-G 正交变换处理结束后, 与 $\boldsymbol{X}(i,j)$ 有关的量 $D_{\boldsymbol{X}(i,j)}^{1/2}, U_{\boldsymbol{X}(i,j)}, R_{\boldsymbol{X}(i,j)\boldsymbol{Y}(j)}, R_{\boldsymbol{X}(i,j)\boldsymbol{Z}}$ 和 $B_{\boldsymbol{X}(i,j)}$ 存盘待用, 同时在这些量的原位置置零值, 因为它们对下一个子子弧 (第 j 子弧中第 $i+1$ 个子子弧或第 $j+1$ 子弧) 的处理不起任何影响; 此外, 将与 $\boldsymbol{Y}(j)$ 有关的信息 $D_{\boldsymbol{Y}(j)}^{1/2}, U_{\boldsymbol{Y}(j)}, R_{\boldsymbol{Y}(j)\boldsymbol{Z}}$ 和 $B_{\boldsymbol{Y}(j)}$, 以及与全局量 $\boldsymbol{Z}$ 有关的 $D_{\boldsymbol{Z}}^{1/2}, U_{\boldsymbol{Z}}$ 和 $B_{\boldsymbol{Z}}$ 作为下一个子子弧处理中一级局部量 $\boldsymbol{Y}(j)$ 和全局量 $\boldsymbol{Z}$ 的先验信息。此时,

$$\hat{X}(i,j) = U_{\boldsymbol{X}(i,j)}^{-1}(B_{\boldsymbol{X}(i,j)} - R_{\boldsymbol{X}(i,j)\boldsymbol{Y}(j)}\hat{Y}(j) - R_{\boldsymbol{X}(i,j)\boldsymbol{Z}}\hat{Z}) \tag{5.155}$$

对第 j 个子弧中其他子子弧可类似上述处理, 直到在第 j 个子弧处理结束后, 也就是第 j 个子弧中的第 n_j 个子子弧处理结束后, 与 $\boldsymbol{X}(n_j,j)$ 有关的量 $D_{\boldsymbol{X}(n_j,j)}^{1/2}, U_{\boldsymbol{X}(n_j,j)}, R_{\boldsymbol{X}(n_j,j)\boldsymbol{Y}(j)}, R_{\boldsymbol{X}(n_j,j)\boldsymbol{Z}}$ 和 $B_{\boldsymbol{X}(n_j,j)}$, 以及与 $\boldsymbol{Y}(j)$ 有关的信息 $D_{\boldsymbol{Y}(j)}^{1/2}, U_{\boldsymbol{Y}(j)}, R_{\boldsymbol{Y}(j)\boldsymbol{Z}}$ 和 $B_{\boldsymbol{Y}(j)}$ 存盘待用, 同时在这些量的原位置置零值, 因为它们对第 $j+1$ 个子弧的处理没有任何影响; 此外, 将 $D_{\boldsymbol{Z}}^{1/2}, U_{\boldsymbol{Z}}$ 和 $B_{\boldsymbol{Z}}$ 作为第 $j+1$ 个子弧处理中全局量 $\boldsymbol{Z}$ 的先验信息。此时,

$$\hat{X}(n_j,j) = U_{\boldsymbol{X}(n_j,j)}^{-1}(B_{\boldsymbol{X}(n_j,j)} - R_{\boldsymbol{X}(n_j,j)\boldsymbol{Y}(j)}\hat{Y}(j) - R_{\boldsymbol{X}(n_j,j)\boldsymbol{Z}}\hat{Z}) \tag{5.156}$$

$$\hat{Y}(j) = U_{\boldsymbol{Y}(j)}^{-1}(B_{\boldsymbol{Y}(j)} - R_{\boldsymbol{Y}(j)\boldsymbol{Z}}\hat{Z}) \tag{5.157}$$

这样的处理过程从第一个子弧的第一个子子弧到第 m 个子弧的第 nm 个子子弧逐个顺次处理完整个长弧。最后求得全局量 $\boldsymbol{Z}$ 的最优线性无偏最小方差估计:

$$\hat{Z} = U_{\boldsymbol{Z}}^{-1}B_{\boldsymbol{Z}} \tag{5.158}$$

这样就可求得各子弧的一级局部量的状态估计:

$$\hat{Y}(j) = U_{\boldsymbol{Y}(j)}^{-1}(B_{\boldsymbol{Y}(j)} - R_{\boldsymbol{Y}(j)\boldsymbol{Z}}\hat{Z}), \quad j = 1, 2, 3, \cdots, m \tag{5.159}$$

然后将上式代入式 (5.155), 就可求得各子子弧的二级局部量的状态估计:

$$\hat{X}(i,j) = U_{\boldsymbol{X}(i,j)}^{-1}(B_{\boldsymbol{X}(i,j)} - R_{\boldsymbol{X}(i,j)\boldsymbol{Y}(j)}\hat{Y}(j) - R_{\boldsymbol{X}(i,j)\boldsymbol{Z}}\hat{Z})$$

$$i = 1, 2, 3, \cdots, n_j; j = 1, 2, 3, \cdots, m \tag{5.160}$$

其相应的协方差阵为

$$P_{\boldsymbol{X}(i,j)} = (U_{\boldsymbol{X}(i,j)}^{\mathrm{T}} D_{\boldsymbol{X}(i,j)} U_{\boldsymbol{X}(i,j)})^{-1} \tag{5.161}$$

$$P_{\boldsymbol{Y}(j)} = \left(U_{\boldsymbol{Y}(j)}^{\mathrm{T}} D_{\boldsymbol{Y}(j)} U_{\boldsymbol{Y}(j)} + \sum_{i=1}^{n_j} R_{\boldsymbol{X}(i,j)\boldsymbol{Y}(j)}^{\mathrm{T}} D_{\boldsymbol{X}(i,j)} R_{\boldsymbol{X}(i,j)\boldsymbol{Y}(j)} \right)^{-1} \tag{5.162}$$

$$
\begin{aligned}
P_{\boldsymbol{Z}} = \Bigg(& U_{\boldsymbol{Z}(n_m,m)}^{\mathrm{T}} D_{\boldsymbol{Z}(n_m,m)} U_{\boldsymbol{Z}(n_m,m)} \\
& + \sum_{j=1}^{m} R_{\boldsymbol{Y}(n_j,j)\boldsymbol{Z}(n_j,j)}^{\mathrm{T}} D_{\boldsymbol{Y}(n_j,j)} R_{\boldsymbol{Y}(n_j,j)\boldsymbol{Z}(n_j,j)} \\
& + \sum_{j=1}^{m} \sum_{i=1}^{n_j} R_{\boldsymbol{X}(i,j)\boldsymbol{Z}(i,j)}^{\mathrm{T}} D_{\boldsymbol{X}(i,j)} R_{\boldsymbol{X}(i,j)\boldsymbol{Z}(i,j)} \Bigg)^{-1}
\end{aligned} \tag{5.163}
$$

　　虽然多级复弧法的估算方法在程序编制上较复杂，但它在减少计算误差、提高参数估计精度、节省计算机的机时和内存方面的优点是明显的。此外，可以证明该法的结果与整个长弧整体平差结果是严格等价的。

　　从 20 世纪 80 年代后期，空间技术所得到的资料无论从空间分布或从时间分布上来说，均要求用多级复弧法来分析处理，从而多级复弧法发展得更完善。在解参数上只分全局量和局部量。局部量里不再分级，而是随意分，由弧段的长短决定。表 5.1 是一个处理 60 天资料所用复弧法的示意表，从表可以看出局部量可以分得很细，只要注意：① 观测资料是否足够多；② 解参数之间尽可能不要相关。表中，RTN 是以卫星轨道周期为周期的经验加速度的系数；Eop 是地球定向参数。如果从矩阵分块原理去理解就容易得多了。

表 5.1　复弧法的参数与弧长关系示意表

全局量	轨道参数、测站坐标、与全局有关的动力学参数等									
局部量 1	类阻力系数 Cd-1				类阻力系数 Cd-2				⋯	⋯
局部量 2	太阳光压系数 Cr-1				太阳光压系数 Cr-2				⋯	⋯
局部量 3	RTN-1	RTN-2		RTN-3	RTN-4	RTN-5		RTN-6	⋯	⋯
局部量 4	Eop-1	Eop-2	Eop-3	Eop-4	Eop-5	Eop-6	Eop-7	Eop-8	Eop-9	Eop-10 ⋯ ⋯
局部量 5	Eop 变化率-1	Eop 变化率-2		Eop 变化率分-3	Eop 变化率分-4	Eop 变化率-5				⋯ ⋯
局部量 6	地心位置-1				地心位置-2				⋯	⋯
⋮	⋮	⋮	⋮	⋮	⋮	⋮	⋮	⋮	⋮	⋮ ⋮
每个间隔长	3 天	3 天	3 天	3 天	3 天	3 天	3 天	3 天	3 天	3 天 ⋯ ⋯
全弧长	60 天									

5.6　SLR 数据处理定权策略

在 SLR 数据处理中，过去对测站观测的加权通常是很主观的甚至是武断的，随意给一个 1m 的先验权进行数据处理，这影响了最优化利用有效数据，为此，需要找到一个客观的方式来确定测站数据的权重和剔除标准。Soto 等 (2007) 提出了一种将模糊逻辑 (fuzz-logic) 技术应用于 SLR 数据处理的方法，fuzz-logic 技术在大地测量和地理信息系统 (GIS) 已被证明很有潜力 (Heine, 2001)，它原来是基于 Zadeh(1996) 的思想由 Belman 等 (1966) 和 Ruspini(1969) 的工作发展起来的，Dunn(1973) 构造了 FCM(fuzzy c-means) 算法，以后又由 Bezdek(1987) 进行了推广，大多数分析模糊集技术的方法都是由 Bezdek 的 FCM 方法推导出来的。但是这个方法又不是基于一个完全可靠的标准来的，在某些情况下无法得到可靠的解，因此 Flores-Sintas 等 (2000) 分析了这种可能，重构了 FCM 算法 (Bezdek, 1981; Flores-Sintas et al., 2000)。Soto 等 (2007) 就利用 Flores-Sintas 的改进 FCM 算法根据 ILRS 对测站评价的准则加权 SLR 观测来进行最优 SLR 数据处理，这个准则包括数据数量和质量，以及运行的协议遵守情况三方面，是 1996 年 Pearlman 在上海 SLR 工作组会议提出的高质量 SLR 测站的标准，根据这个 ILRS 准则产生聚类 (clustering) 过程就可以对测站进行分类，给出每个测站的权重，这个过程也推出了相对客观的数据剔除标准从而使得定轨精度有 5%~20% 的提高。我国目前 SLR 处理的权重和剔除标准还是人为给定，即对解算结果进行人工检查，根据检查结果去定权，这影响了数据处理的自动化和结果的及时发送。为此，我们详细研究了以上提到的 Soto 等 (2007) 的理论和实践成果，并且计划了 SLR 数据处理测站观测权重和剔除标准的建立与测试方案：在 SHORDE-Ⅱ SLR 数据处理软件包的基础上引入基于 ILRS 的测站观测准则的 Flores-Sintas 的改进 FCM 算法，修改 SLR 数据处理的权重和剔除标准控制参数，从而进行定轨和残差分析，确定改进的 FCM 算法中考虑变量的多少和有关组合，建立最优的测站观测数据权重和剔除标准算法与软件 (邵瑞等，2019)。

模糊聚类算法是用模糊理论对重要数据进行分析和建模的方法，它可以建立样本类属的不确定性描述，能比较客观地反映现实世界，已经有效地应用在大规模数据分析、数据挖掘、矢量量化、图像分割、模式识别等领域，具有重要的理论与实际应用价值，随着应用的深入发展，模糊聚类算法的研究不断丰富。模糊聚类算法繁多，其中模糊 c-均值聚类算法 (fuzzy c-means algorithm，FCMA 或 FCM) 应用最广泛且较成功 (Hathaway et al., 1988; Zhang et al., 2010)，它通过优化目标函数得到每个样本点对所有类中心的隶属度，从而决定样本点的类属，以达到自动对样本数据分类的目的。模糊聚类定权应用于 SLR 测站定权的具体实现步骤如下所述。

(1) 按照各个测站的多种属性样本 x (涉及测站的数据数量、数据质量和测站运行情况等性质的参数),对测站进行模糊分类,事先给定类别数 c 和一个收敛标准 ε,按照式 (5.164) 中的各种条件,初始化各个测站的隶属度 u (与测站权重有关)。

$$u_{xk} = [0, 1], \quad \sum_{k=1}^{c} u_{xk} = 1, \quad \sum_{x \in X} u_{xk} > 0, \quad k = 1, \cdots, c \tag{5.164}$$

$$u_{xk}^{(0)} = \{0, 1\}, \quad k = 1, \cdots, c \tag{5.165}$$

(2) 根据初始化的 u 以及测站的属性样本集 x,按照下式,计算得到初始的聚类中心 $v_k^{(0)}$:

$$v_k^{(0)} = \frac{\sum_{x \in X} (u_{xk}^{(0)})^2 x}{\sum_{x \in X} (u_{xk}^{(0)})^2}, \quad \forall k \in \{1, \cdots, c\} \tag{5.166}$$

(3) 计算得到 $g_{v_k}^{(0)}$:

$$\Lambda_k = \frac{\sum_{x \in X} (u_{xk}^{(0)})^2 (x - v_k^{(0)})(x - v_k^{(0)})^{\mathrm{T}}}{\sum_{x \in X}^{n} (u_{xk}^{(0)})^2}, \quad \forall k = 1, \cdots, c \tag{5.167}$$

$$g_{v_k}^{(0)} = |\Lambda_k|^{-1}, \quad \forall k \in \{1, \cdots, c\} \tag{5.168}$$

(4) 进行迭代,$t = t + 1$,计算 t 次后的结果如下:

$$d_{xv_k} = \sqrt{(x - v_k)\Lambda_k^{-1}(x - v_k)^{\mathrm{T}}} \tag{5.169}$$

$$\mu_{xv_k}^{(t)} = \frac{1}{1 + d_{xv_k}^2} \tag{5.170}$$

$$u_{xk}^{(t)} = \frac{(\mu_{xv_k}^{(t)})^{3/2} \sqrt{g_{v_k}^{(t-1)}}}{\sum_{j=1}^{c} \mu_{xv_j}^{3/2} \sqrt{g_{v_j}^{(t-1)}}}, \quad v_k^{(t)}, g_k^{(t)} \forall k \in \{1, \cdots, c\} \tag{5.171}$$

$$v_k^{(t)} = \frac{\sum_{x \in X} (u_{xk}^{(t)})^2 x}{\sum_{x \in X} (u_{xk}^{(t)})^2}, \quad \forall k \in \{1, \cdots, c\} \tag{5.172}$$

(5) 当 $|v_k^{(t)} - v_k^{(t-1)}| < \varepsilon, \forall k \in \{1, \cdots, c\}$ 时,收敛停止迭代。否则将隶属度和聚类中心代入第 (3) 步,继续循环,直到收敛。停止迭代后,得到的模糊分类的结果,包括按照事先确定的类别数量 c 将测站样本集分成的 c 个模糊类、可以表征相应类别性质的聚类中心 (c 个) 和每个测站样本分别属于这 c 类的隶属度,

隶属度越接近于 1，则表示该测站越是可能属于该模糊类，越接近于 0 则表示该测站越不可能属于此模糊类。然后赋予所分 c 类不同的权重，那么每一个测站的隶属度最大值对应的类权重即为该测站的权重。至此，利用 SLR 测站观测情况的各类参数，就可以综合评定给出该测站更为可靠客观的观测权重。

在 Flores-Sintas 改进的 FCM 算法确定 SLR 测站权重中，采用了基于当时 SLR 测站评价准则，即数据数量、质量和运行的协议遵守情况进行了权重确定，而目前对测站性能的评估有多个参数，如 ILRS 提供的全球 SLR 测站性能报告中就列出了测站观测 7 个特性参数，包括 Lageos 标准点总数、Lageos 标准点 RMS 值、Lageos 标准点合格率、Lageos 观测圈数、测站长期偏差稳定性、测站短期偏差稳定性和 Lageos 单次测距 RMS 值，是否这些参数都对 SLR 观测权重产生影响，为此，本书利用下列 5 种不同特性参数组合来测试影响测站观测权重的主要因素。表 5.2 中给出了 ILRS 提供的全球 SLR 测站性能月报 (以 2015 年 6 月为例)，并以这 7 项全球 SLR 测站特性指标进行不同组合，给出了 5 种组合方案 (邵瑶等，2019)。

表 5.2　ILRS 提供的全球 SLR 测站性能月报 (2015 年 6 月)

测站信息		SLR 测站特性指标						
测站位置	测站编号	观测圈数	标准点总数	单次测距 RMS/mm	标准点 RMS/mm	短期偏差稳定性/mm	长期偏差稳定性/mm	标准点合格率/%
Simeiz	1873	207	1331	10.4	17.0	27.4	12.4	92.0
Altay	1879	250	1399	29.5	1.7	20.9	17.9	93.8
Baikonur	1887	379	2302	31.2	6.7	20.8	6.5	95.4
Svetloe	1888	531	4523	30.7	6.0	24.7	5.9	95.2
Zelenchukskya	1889	268	2421	29.1	4.9	16.2	9.6	97.7
Badary	1890	323	2064	35.8	6.4	11.9	11.9	95.8
Katzively	1893	211	1256	14.1	12.4	22.8	7.2	91.1
McDonald	7080	304	2522	11.6	2.3	14.3	6.2	96.2
Yarragadee	7090	2687	23174	9.6	1.9	10.5	1.8	92.2
Greenbelt	7105	1043	9916	11.6	2.0	10.4	2.4	91.7
Monument_Peak	7110	878	7758	9.2	1.2	15.0	4.1	92.4
Haleakala	7119	392	4425	12.6	2.3	19.7	4.3	90.7
Papeete	7124	220	1999	9.3	2.7	12.8	15.6	97.4
Beijing	7249	261	1938	18.4	5.0	19.2	10.9	92.8
Hartebeesthoek	7501	857	8425	18.9	2.8	19.8	6.1	90.5
Zimmerwald_532	7810	598	7849	11.4	1.7	13.3	20.0	95.3
Mount_Stromlo_2	7825	1575	15672	8.6	1.8	10.5	2.6	95.4
Simosato	7838	231	3646	14.4	2.8	12.8	4.8	93.7
Graz	7839	554	3507	5.1	0.6	11.9	4.9	97.5
Herstmonceux	7840	830	7691	13.6	0.6	8.8	2.7	97.4
Potsdam_3	7841	290	2941	11.8	2.3	13.0	5.3	95.1
Grasse_MEO	7845	378	4900	16.6	2.5	10.4	4.9	91.5
Matera_MLRO	7941	1418	11488	4.1	1.2	16.1	2.6	96.1
Wettzell	8834	293	1833	14.2	3.2	17.8	5.4	91.0

方案 1：考虑 Lageos 标准点总数、Lageos 标准点 RMS 值和 Lageos 标准点合格率三个因素来定权；

方案 2：考虑 Lageos 观测圈数、Lageos 标准点 RMS 值和 Lageos 标准点合格率三个因素来定权；

方案 3：考虑 Lageos 标准点总数、Lageos 标准点 RMS 值、Lageos 标准点合格率和测站长期偏差稳定性四个因素来定权；

方案 4：考虑 Lageos 标准点总数、Lageos 标准点 RMS 值、Lageos 标准点合格率和测站短期偏差稳定性四个因素来定权；

方案 5：考虑 Lageos 标准点总数、Lageos 标准点 RMS 值、Lageos 标准点合格率、测站长期偏差稳定性、测站短期偏差稳定性和 Lageos 单次测距 RMS 值六个因素来定权。

根据 ILRS 提供的 2015 年 6 月的测站性能月报，按照上述 5 种组合方案分别对测站进行分类定权，分类过程中将涉及的各个质量控制因素都分为好、中、坏三类，然后综合得到各测站对应每一类别的隶属度，以方案 1 为例，图 5.1 给出了各测站所属类别的隶属度分布情况。将好、中、坏三类分别赋予 0.01m、0.5m 和 1.0m 的标准差，将隶属度与对应的标准差相乘并求和，最终得到各个测站所对应的综合标准差，以此来作为 SLR 测站观测的权重。

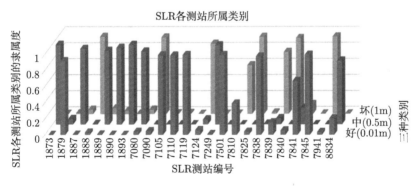

图 5.1 方案 1 确定的 SLR 各测站所属类别隶属度分布情况

为了验证改进的 FCM 算法对 SLR 测站重新定权的效果，这里利用 Lageos-1 卫星 2014 年 1 月 ~ 2016 年 12 月的全球 SLR 观测数据进行短弧精密定轨，表 5.3 给出了 Lageos-1 卫星定轨所采用的测量模型和力学模型，然后分别采用原始的测站经验定权方法和改进的 FCM 定权方法进行精密定轨，图 5.2 给出了原始的定轨精度和采用方案 1~5 的定轨精度比较。从图中可以看出，方案 1 给出的测站定权方法即考虑了 Lageos 标准点总数、Lageos 标准点 RMS 值和 Lageos 标准点合格率这三种测站质量因素得到了最好的定轨结果，定轨残差 RMS 平均为

0.0128m，比老的定权方法定轨残差 RMS 平均提高了 1.6mm，且有 75.76% 的弧段得到了提高；方案 2 在方案 1 的基础上将 Lageos 标准点总数更改为 Lageos 观测圈数，定轨精度提高不明显，说明 Lageos 标准点总数比观测圈数更能反映观测数据的质量特性，对定轨影响更显著；方案 3～5 在方案 1 的基础上分别增加了测站长期偏差稳定性、测站短期偏差稳定性和 Lageos 单次测距 RMS 值，定轨精度没有明显的提高，分析原因可能是各项测站性能指标之间存在着一定相关性，比如，测站长期稳定性、短期稳定性和 Lageos 单次测距精度都与方案 1 所考虑的三个因素有关，当增加这些测站性能指标时，并不能进一步增强这些因素所带来的定权优势，因此认为考虑方案 1 的 Lageos 标准点总数、Lageos 标准点 RMS 值和 Lageos 标准点合格率三个因素已可以刻画测站观测的优劣 (邵璠等，2019)。

表 5.3　卫星精密定轨方案模型和参数

参考架和测量模型	
地球参考架	ITRF2014
岁差模型	IAU2006
章动模型	IAU2006+IERS 章动改正
大气折射改正	Mendes-Pavlis 模型
质心改正/m	依测站而定 (0.245～0.251)
力学模型	
地球重力场/阶	EGM2008(100×100)
固体潮摄动	IERS2010
海潮摄动	FES2004
行星摄动	JPL DE421

以上的结果是基于 2015 年 6 月的全球 SLR 测站性能月报得到的权值对 2014 年到 2016 年的数据进行处理得到的定轨精度。由于月报只给出了测站 2015 年 6 月的性能统计结果，用它所确定出来的测站权值并不适应于处理长时间段的数据，特别是时间与其相差较远的观测弧段。如果能够根据实时发布的测站性能指标实时生成测站权值，这将会进一步提高定轨精度。为此，这里根据 ILRS 发布的全球 SLR 测站性能季报，考虑 Lageos 标准点总数、Lageos 标准点 RMS 值、Lageos 标准点合格率这三项指标，每季度都重新生成一次测站权值，然后进行精密定轨。图 5.3 给出了 Lageos-1 卫星采用原始测站定权方案和模糊聚类算法定权方案定轨精度的比较，从图中可以看出，该方案在方案 1 的基础上进一步提高了定轨精度，观测残差均方差平均提高了 3.7mm，且有 91.46% 的弧段精度得到了提高，并且对于参与计算的各个测站的残差 RMS 都有所下降。表 5.4 给出了部分参与计算的核心站采用改进的 FCM 算法对测站定权和原测站定权方法的观测残差比较的统计信息，可以看出大部分测站的残差 RMS 有所降低，且参与定轨的标准点数也增加了，提高了观测资料的利用率。

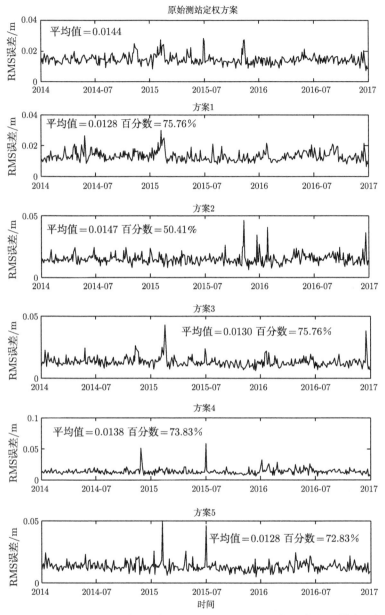

图 5.2 Lageos-1 卫星采用方案 1~5 后对测站重新定权后的定轨精度比较

通过对 3 年的全球 Lageos-1 卫星 SLR 观测数据分析,研究了改进的 FCM 算法对 SLR 测站重新定权后对精密定轨精度的影响。结果表明,与传统的测站定权方法相比较,改进的 FCM 算法对测站定权可以系统性地提高定轨精度和数据利用率。特别是所考虑的 Lageos 标准点总数、Lageos 标准点 RMS 值、Lageos 标准点合格率这三项测站性能指标随观测时间更新时，以 ILRS 全球 SLR 测站性能季报为例，有 91.46％的弧段定轨精度得到提高，平均提高精度 20％多，幅度达 3.7mm，且观测数据的利用率也得到了明显提升。随着 SLR 定轨模型和数据处理技巧的不断精化和提高，SLR 数据的合理定权要求会越来越高，改进的 FCM 算法定权不失为一个很好的方法，其应用会越来越广，特别是未来毫米级的 SLR 数据处理精度和自动化处理要求，使其应用可能常规化，来满足高精度 SLR 应用的需要 (邵瑞等，2019)。

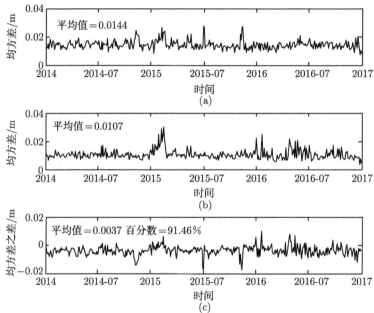

图 5.3　Lageos-1 卫星采用原始测站定权方案的定轨精度 (a)，采用改进的 FCM 算法每季度生成一次测站权值后的定轨精度 (b)，以及二者之差及定轨提高弧段百分比 (c)

表 5.4　SLR 核心站观测残差和参与计算的标准点个数统计

测站编号	原测站定权		改进的 FCM 测站定权	
	观测残差 RMS 值/m	标准点个数	观测残差 RMS 值/m	标准点个数
7080	0.0189	1497	0.0176	1500
7090	0.0176	34835	0.0172	34919
7105	0.0235	14973	0.0158	15116
7110	0.0204	10258	0.0140	9739
7501	0.0195	9066	0.0178	8862
7810	0.0108	14999	0.0090	15016
7825	0.0169	13491	0.0128	13983
7839	0.0125	6466	0.0107	6417
7840	0.0102	12991	0.0098	13067
7941	0.0154	13970	0.0095	14210
8834	0.0208	4227	0.0201	4289

第 6 章　SLR 卫星轨道参数确定

6.1　SLR 常规卫星轨道确定

SLR 应用之前，其观测数据需要进行评估。这个评估是通过 SLR 数据快速定轨和残差分析实现的。该评估包括对全球各台站数据数量、观测精度以及距离和时间偏差的计算等，并标出了距离和时间偏差过大的观测弧段，供 SLR 测站进行系统差重新标定或者改正，以及 SLR 数据应用中观测数据剔除或者降权。图 6.1 和图 6.2 分别给出了 ILRS 上海天文台分析中心 2009 年左右至 2017 年

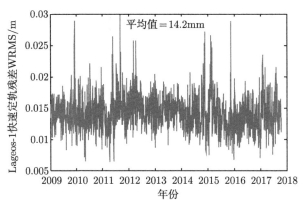

图 6.1　Lageos-1 卫星定轨残差 RMS 序列

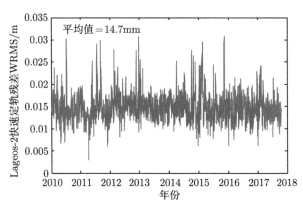

图 6.2　Lageos-2 卫星定轨残差 RMS 序列

10 月的 Lageos-1 和 Lageos-2 卫星每周常规快速定轨的残差 RMS 序列图，从图中可以看到，8 年多的 SLR 定轨精度基本都好于 2cm, Lageos-1 平均 1.42cm, Lageos-2 平均 1.47cm, 与 ILRS 其他分析中心精度相当。其中快速定轨策略采用：ILRS 常规测站坐标不估计，仅估计新站坐标或者误差大的测站坐标，估计 6 个轨道根数、EOP、光压和大气参数，通常也会解算 N 和 T 方向经验力，且其中 EOP 每天或者 3 天解一组参数，光压和大气参数每 3 天解一组参数，具体策略如表 6.1 所示。

表 6.1　卫星精密定轨策略

项目	Lageos-1/2	Etalon-1/2
参考架和测量模型		
地球参考架	SLRF2014	SLRF2014
岁差模型	IAU2006	IAU2006
章动模型	IAU2006+IERS 章动改正	IAU2006+IERS 章动改正
大气折射改正	Mendes-Pavlis 模型	Mendes-Pavlis 模型
质心改正/m	依测站而定 (0.245~0.251)	依测站而定 (0.565~0.610)
力学模型		
地球重力场/阶	EGM2008(100×100)	EGM2008(100×100)
固体潮摄动	IERS2010	IERS2010
海潮摄动	FES2004	FES2004
行星摄动	JPL DE421	JPL DE421
参数估计		
站坐标	常规测站坐标不估计，仅估计新站坐标或者误差大的测站坐标	常规测站坐标不估计，仅估计新站坐标或者误差大的测站坐标
卫星坐标	估计 6 个轨道根数	估计 6 个轨道根数
EOP	每 3 天估计一组	每 7 天估计一组
光压和大气阻力	每 3 天估计一组	每 7 天估计一组
经验力	每 3 天估计一组 N 和 T 方向经验力	每 7 天估计一组 N 和 T 方向经验力

6.2　SLR 中高轨卫星定轨

利用我国所有导航卫星带有的激光反射器阵，可以对其进行 SLR 观测，从而可以利用 SLR 测量对我国导航卫星进行精密定轨，当 SLR 数据越多，观测的测站越多时，定轨精度越高。图 6.3 是对 COMPASS-M1 7 天弧长观测数的统计，平均 61.7 个标准点，不同弧段观测数的差异在 21 个标准点，其观测数远低于对 Lageos-1/2 卫星的观测。图 6.4 显示了定轨后的残差 RMS, 其结果多数在 1~6cm。

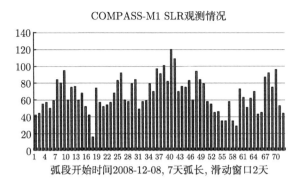

图 6.3 ILRS SLR 网对 COMPASS-M1 每 7 天弧段的观测标准点数情况

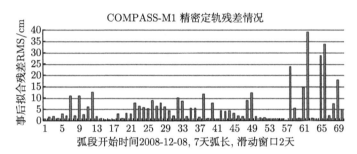

图 6.4 7 天定轨弧段的事后拟合残差 RMS (时间: 2008 年 12 月 8 日 ~ 2009 年 8 月 17 日)

Etalon 卫星属于 SLR 的高轨道卫星, 图 6.5 和图 6.6 给出 Etalon-1/2 卫星的快速定轨残差, 对于 Etalon-1 卫星, 残差均值为 1.37cm, 对于 Etalon-2 卫星为 1.34cm。

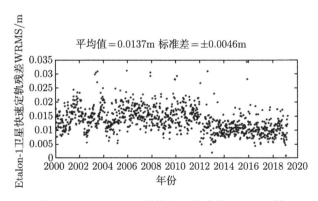

图 6.5 Etalon-1 卫星快速定轨残差 WRMS 图

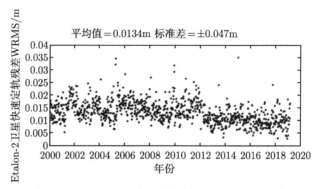

图 6.6　Etalon-2 卫星快速定轨残差 WRMS 图

6.3　其他低轨卫星定轨

目前，搭载了激光反射器的低地球轨道 (LEO) 卫星众多，且 ILRS 对这些卫星也具有较多的观测值，可以单独使用 SLR 数据进行定轨。表 6.2 给出 SLR 低轨卫星 2018 年标准点总圈数统计，从表中可以看到，观测较多的 LEO 卫星如 Ajisai，观测数据可达十几万圈，相对 Lageos 卫星而言较多。

表 6.2　SLR 低轨卫星 2018 年标准点总圈数统计

卫星名称	高度/km	轨道倾角/(°)	发射时间	标准点观测圈数
Ajisai	1485	50	1986-08-13	141299
Beacon-c	927	41	1976-01-02	88612
Cryostat-2	720	92	2010-04-20	71391
Etalon-1	19,105	65	1989-01-26	6979
Etalon-2	19,135	65	1989-07-13	5976
Geo-ik-2	943.5~973.5	99.47	2017-10-18	58626
Grace-fo-1	500	89	2018-05-23	29889
Grace-fo-2	500	89	2018-05-23	29152
Hy-2A	971	99.35	2011-10-02	36679
Hy-2B	971	99.35	2018-11-01	3562
Jason-2	1336	66	2008-06-24	151347
Jason-3	1336	66	2016-01-20	177433
Kompsat-5	550	97.6	2013-09-09	68014
Lageos-1	5850	110	1976-05-10	78935
Lageos-2	5625	53	1992-10-24	68444
LARES	1450	69.5	2012-02-17	82392
Larets	691	98.204	2003-11-04	32130
Paz	514	97.44	2018-02-22	19436
Saral	814	98.55	2013-03-04	63130
Sentinel-3a	814.5	98.65	2016-04-01	51266
Sentinel-3b	814.5	98.65	2018-05-03	30761
Snet-1	600	97.6~97.9	2018-04-27	5762

续表

卫星名称	高度/km	轨道倾角/(°)	发射时间	标准点观测圈数
Snet-2	600	97.6~97.9	2018-04-21	4615
Snet-3	600	97.6~97.9	2018-04-20	2875
Snet-4	600	97.6~97.9	2018-04-12	7166
Starlette	800~1100	50	1976-01-03	94032
Stella	815	99	1993-09-30	44531
Stsat-2c	300~1500	80	2013-03-29	753
Swarm-a	300~1500	80	2013-03-29	35578
Swarm-b	460	88.35	2013-11-27	98019
Swarm-c	530	88.95	2013-11-25	33817
Tandem-x	514	97.44	2010-06-21	44815
Technosat	600	97.6~97.9	2017-07-30	18639
Terrasar-x	514	97.44	2007-06-16	46082
Tiangong-2	350~400	42	2016-09-15	15811

图 6.7 给出 Ajisai 卫星从 2015 年至 2018 年的定轨残差 WRMS 图 (邵璠, 2019)，总的定轨残差 WRMS 序列的均值为 0.0135m，该卫星具有 SLR 球形卫星中最多的观测，是进行卫星自转研究的比较好的目标。

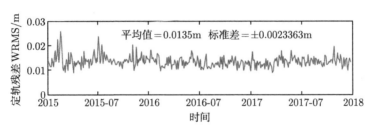

图 6.7　Ajisai 卫星的定轨残差 WRMS 序列

海洋二号卫星 (简记为 HY-2A) 是我国第 1 颗海洋动力环境卫星，于 2011 年 8 月 16 日成功发射，并于 2012 年 3 月 2 日正式交付国家海洋局投入使用。HY-2A 是我国继 HY-1A 和 HY-1B 之后的第 3 颗海洋卫星，设计寿命三年，其任务目标是：监测海洋动力环境，获得包括海面风场、海面高度场、有效波高、海洋重力场、大洋环流和海表温度场等重要海况参数；实现国产行波管放大器在轨寿命飞行验证；完成星地激光通信链路新技术验证。该卫星集主、被动遥感器于一体，星上装载有雷达高度计、微波散射计、扫描微波辐射计、校正微波辐射计等设备，具有全天候、全天时、全球探测能力。国家卫星海洋应用中心已应用其探测成果发布大气水汽含量、海面风场、海面温度、海面高度、有效波高等产品。这里对 HY-2A 卫星利用 SLR 进行定轨，定轨模型如表 6.3 所示。

表 6.3   **HY-2A SLR 精密定轨力学模型与参数解算方法**

摄动力	描述
N 体摄动	JPL DE405
地球重力场	GGM02C 模型，150×150
固体潮摄动	IERS 规范推荐
海潮摄动	CSR4.0 模型，30×30
广义相对论摄动	IERS 规范推荐
太阳辐射压	盒翼模型，零偏航模型
地球反照和红外辐射压	盒翼模型，环元法
大气阻力	盒翼模型，DTM94 模型
周期项 RTN 摄动	经验加速度模型
待估参数	
初始轨道	3D 位置与速度，每 3 天估算一组初轨
太阳辐射压系数	整体估算，每 3 天估算一个系数
大气阻力系数	分段估算，每 0.5 天/1 天估算一个系数
T, N 方向经验加速度系数	整体估算，每 3 天估算一组系数

图 6.8 显示了 HY-2A 卫星 SLR 定轨的残差 RMS，从图中可以看出 RMS 平均值为 2.9cm，其中 76.5% 的弧段 RMS 在 2~4cm。

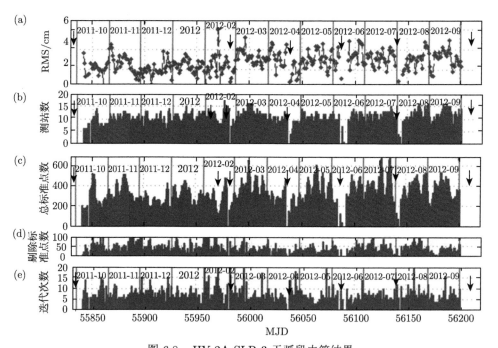

图 6.8   HY-2A SLR 3 天弧段内符结果

(a) 内符精度；(b) 测站数；(c) 总标准点数；(d) 剔除标准点数；(e) 迭代次数

图 6.9 从上至下显示了每日 SLR 精密轨道与 MOE 的三维位置偏差的均方根 (RMS) 及其 R、T、N 三分量, 单位为 cm。数据统计表明, 78.0% 的轨道三维位置偏差 RMS 小于 15cm, 53.8% 的轨道三维位置偏差 RMS 小于 12cm (赵罡等, 2012)。

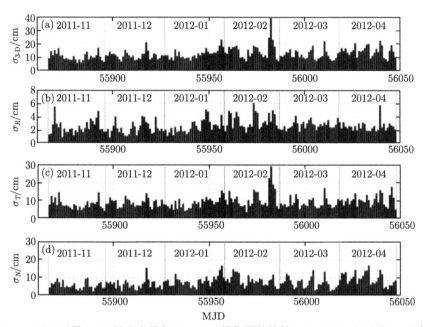

图 6.9 HY-2A 卫星 SLR 精密定轨与 MOE 三维位置的偏差 RMS (a), 以及在 R 方向 (b), T 方向 (c), T 方向的分量 (d)

6.4 基于方差分量估计的 SLR 精密轨道综合及精度分析

SLR 作为一种重要的空间大地测量技术, 在国际地球参考框架 (ITRF) 的建立和维持中发挥着重要的作用, 是确定地球参考架原点的唯一技术和确定尺度因子的重要技术, 其观测资料可用来测定卫星轨道、地心运动、地球自转和地球重力场等 (Gurtner et al., 2005)。ILRS 作为国际大地测量协会 (IAG) 的空间大地服务之一, 负责采集和提供全球的 SLR 观测数据, 同时在大地测量学、地球动力学、地球参考框架的建立和全球板块运动等领域发挥重要作用 (Noll et al., 2019)。ILRS 分析中心会采用 ILRS 提供的观测数据进行科学计算和数据分析, 并定期上传各自的产品, 如地球参考框架与 EOP 产品、卫星精密轨道产品和各种偏差文件等, 其中从 2016 年开始各分析中心定期上传精密轨道, 包括 Lageos-1/2 和 Etalon-1/2 卫星精密轨道, 这四颗卫星是 ILRS 各分析中心的主要研究对象, 其精密轨道弧段长度均为 7 天，其中，Lageos-1/2 每 2 分钟一个位置和速度，Etalon-1/2 每 15 分钟一个位置和速度。这些球形地球动力学卫星精密定轨精度的好坏决定了解算出的精密轨道、地球参考架和 EOP 的质量，因此对精密轨道进行评估是确定分析中心产品精度的一个手段。

由于 ILRS 各个分析中心进行数据处理时采用的软件、策略以及物理模型不尽相同，各个分析中心轨道产品也存在差异，为了便于用户使用和保障高精度，ILRS 会对各分析中心给出的精密轨道采取一定的手段进行综合，这一方面可以提高分析中心轨道产品的精度，另一方面可以对各个分析中心的轨道产品进行评估并及时发现问题 (邵璠, 2019)。目前卫星轨道综合通常由两种方法实现：① 将各分析中心解算的轨道转换为伪观测值，并采用动力学拟合的方法，积分出卫星轨道；② 以几何加权平均为基础，采用 Helmert 方差分量估计的方法，求解各分析中心的权重，获取加权平均轨道 (Griffiths et al., 2009)。对于方法 ①，由于每个分析中心采用的卫星动力学模型不完全相同，在对伪观测值重新进行轨道拟合时，若未能选择最佳的模型则反而会影响轨道综合精度，且该方法较为复杂，计算量较大；对于方法 ②，该方法采用方差分量估计可以对每个输入进行合理定权，并且对需要综合的轨道无需较多的先验信息，可以快速获得综合轨道，是目前进行轨道综合的常用方法。轨道综合目前已有众多研究，谭畅等 (2016) 对 iGMAS 各分析中心的轨道进行综合，并与 IGS 最终轨道对比得到内符精度为毫米级的综合轨道，耿涛等 (2017) 和 Beutler 等 (1995) 对 IGS 各分析中心的精密轨道进行综合，得到了综合轨道并进行了相应精度评估，周旭华等 (2015) 对多种空间大地测量技术确定的低轨卫星轨道进行综合，得到了更高精度的综合轨道。目前，对于 SLR 地球动力学卫星轨道的综合主要由 ILRS 下属的两家混合中心 (Combination Center, CC)ASI 和 JCET 实现，这两家混合中心会定期对各分析中心上传的精密轨道采取一定的手段进行综合，产生 ILRS 综合轨道，其中 ASI 作为主要的混合中心，其生成的综合轨道为 ILRSA 轨道产品；JCET 作为备用混合中心，其生成的综合轨道即为 ILRSB 轨道产品 (邵璠, 2019)。这些综合轨道产品从 2016 年开始定期每周上传，混合中心对 SLR 卫星轨道进行综合，但尚未进行较为深入的不同分析中心轨道的比较评估，以及不同混合中心综合轨道产品的比较和评价。

为此，本书基于 ILRS 7 家分析中心的精密轨道产品，基于方差分量估计进行不同分析中心轨道的确权和轨道综合，利用获得的综合轨道进行各分析中心轨道和 ILRSA/ ILRSB 综合轨道精度的相互评估，为提供更优质的综合轨道奠定基础和提供保障 (杨昊等，2021)。

6.4.1　卫星轨道综合原理

本书轨道综合采用几何加权平均的方法进行，即采用一定的算法对不同分析中心产品的精度进行分析，根据其精度差异分别给予不同分析中心轨道产品合理的权重，然后对所有的轨道加权平均得到轨道综合解。设第 i 个分析中心的轨道为 orb_i，其权重为 P_i，则综合的轨道 $\text{orb}_{\text{combine}}$ 为

$$\text{orb}_{\text{combine}} = \frac{\text{orb}_1 \times P_1 + \text{orb}_2 \times P_2 + \cdots + \text{orb}_n \times P_n}{P_1 + P_2 + \cdots + P_n} \tag{6.1}$$

式中的 P_i 体现了各个分析中心对综合解的贡献程度，由于各个分析中心采用的定轨方法、策略和模型不同，其解算的轨道及精度也存在差异，所以需给不同分析中心以不同的权重 P_i 来体现其对综合轨道解的贡献，这样得到的综合轨道解可以充分吸收高精度分析中心产品的贡献，并降低精度差的产品权重，以获得高精度高稳定性的综合轨道解。

6.4.2　不同分析中心轨道产品定权

权重的选取是进行轨道综合的关键，根据不同分析中心的轨道产品精度给予合理的权重是获得高精度轨道综合解的前提。本书采用 Helmert 方差分量估计方法来进行定权 (李成成等, 2019)，该方法属于验后估计法，能重新合理分配各分析中心的权重，解决验前定权不准确或仅能根据经验进行定权的缺点，充分考虑了进行综合的各个输入轨道解的精度，具体步骤如下所述。

(1) 给每个分析中心的某颗卫星的精密轨道赋予初始权，这个初始权可以根据经验确定，也可以直接假定每个分析中心初始权重 P_1 均为 1，即等权。

(2) 根据公式 (6.1) 进行初次综合，求得该卫星的综合轨道 $\text{orb}_{\text{combine1}}$，根据式 (6.2) 对所有的分析中心轨道做综合轨道的 Helmert 参数转换，求得各中心精密轨道的验后方差：

$$\boldsymbol{X}_{\text{combine}} = \boldsymbol{X}_i + \boldsymbol{A}\boldsymbol{\theta}$$

$$\begin{bmatrix} X \\ Y \\ Z \end{bmatrix}_{\text{combine}} = \begin{bmatrix} X_i \\ Y_i \\ Z_i \end{bmatrix} + \begin{bmatrix} X_i & 0 & Z_i & Y_i \\ Y_i & -Z_i & 0 & X_i \\ Z_i & Y_i & -X_i & 0 \end{bmatrix} \begin{bmatrix} \text{Scale} \\ R_{\boldsymbol{X}} \\ R_{\boldsymbol{Y}} \\ R_{\boldsymbol{Z}} \end{bmatrix} \tag{6.2}$$

式中，$\boldsymbol{X}_{\text{combine}}$ 为综合后的轨道；$\boldsymbol{X}_i$ 为第 i 个分析中心的轨道；$\boldsymbol{\theta}$ 为 Helmert 转换参数；$\boldsymbol{A}$ 为转换参数的系数矩阵。需注意的是，查阅相关文献和参考 ILRSA 的综合方式可知，在求解相对综合解的转换参数时，仅考虑尺度和旋转 4 个参数，如

式 (6.2) 所示，这是因为 SLR 作为确定参考框架原点的唯一技术，不考虑它和原点之间的平移，所以将输入解均看作与原点是重合的，采用 4 参数旋转，并且由于 SLR 是一种无方向的观测技术，定向具有随意性，进行参考框架解算时均采用松弛的约束，从而综合时无须像 GNSS 那样进行地球参考框架的一致性改正。在采用最小二乘法确定各分析中心相对于综合解的转换参数后，根据式 $\hat{\sigma}_{0i} = \sqrt{\dfrac{\hat{v}_i P_p \hat{v}_i}{n_i - 4}}$ 求解各分析中心的验后方差。本书中所采用的方差分量估计公式，在不影响精度的前提下，采用了忽略严格公式中求迹部分的简化公式以进行计算。

(3) 通过求得的方差重新确定该分析中心该颗卫星新的权重：

$$P_i = \frac{\sigma_0^2}{P_{i-1} * \hat{\sigma}_{0i}^2} \tag{6.3}$$

式中，σ_0^2 为单位权方差，可取任意常数；P_{i-1} 为上一次迭代的权重值；$\hat{\sigma}_{0i}^2$ 为步骤 (2) 的验后方差，再根据此新的权重利用式 (6.1) 求得新的综合轨道。

(4) 重复步骤 (2) 和 (3) 的操作，直至各分析中心上一次迭代与本次迭代的权重之差小于设定的阈值，则结束迭代，获得该颗卫星最终的综合轨道。需注意，在迭代计算中，考虑到某些分析中心的卫星轨道具有明显粗差或者系统偏差，应对这些误差项进行剔除后再进行迭代计算 (王志伟等, 2014)。

同时需要注意，目前 SLR 各分析中心进行定轨时所采用的先验坐标框架主要分为 SLRF2008 和 SLRF2014 两种，本书在进行轨道综合以及进行轨道对比时均已将所有轨道的地心坐标规化至 SLRF2008 框架下。

6.4.3　结果分析与讨论

为了验证本书轨道综合的算法，这里收集了 ILRS 7 家分析中心 Lageos-1/2, Etalon-1/2 4 颗卫星在 cddis 上的 SP3 精密轨道进行综合，时间跨度为 2016 年 2 月 ~ 2019 年 9 月。由于某些分析中心产品上传不完整，所以会存在一些遗漏的数据，各个 ILRS 分析中心的轨道产品分布时段如图 6.10 所示，其中每个分析中心的四条直线从上到下分布对应 Lageos-1、Lageos-2、Etalon-1 和 Etalon-2 卫星。通过 6.4.1 节轨道综合算法进行各分析中心轨道综合，产生轨道综合解，以综合解为基础对每个分析中心的权重、转换参数以及卫星位置和速度这几个方面进行评估，同时为了评估本书综合轨道解的精度，这里将本书综合轨道与 ILRSA 和 ILRSB 综合轨道进行了比较，检验本书综合轨道的可靠性。

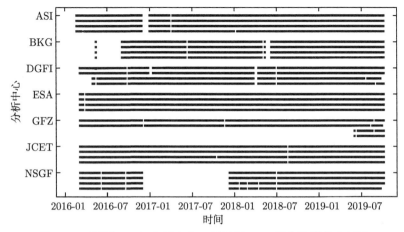

图 6.10　不同 ILRS 分析中心 4 颗卫星 SP3 精密轨道分布时段

1. 权重分析

每个分析中心的权重表明了其在综合解中的贡献程度，也反映了该中心轨道的精度，这里根据方差分量迭代的最终结果统计了 7 个分析中心 4 颗卫星的权重 (假设 ASI 为单位权 1)，如图 6.11 和表 6.4 所示 (杨昊等，2021)。

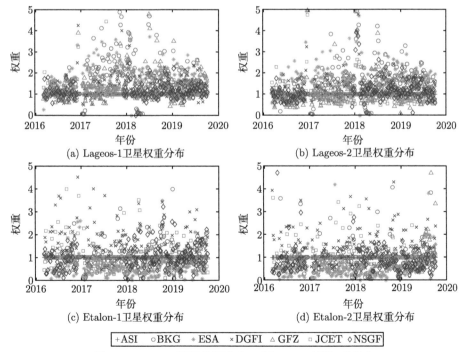

图 6.11　ILRS 不同分析中心 4 颗 SLR 卫星权重分布

表 6.4　ILRS 不同分析中心 4 颗卫星轨道权重统计

	ASI	BKG	DGFI	ESA	GFZ	JCET	NSGF
Etalon-1	1.00	1.21	0.72	1.83	0.78	1.68	1.11
Etalon-2	1.00	1.01	0.56	1.73	1.65	1.16	0.90
Lageos-1	1.00	1.79	1.87	1.72	1.49	1.35	1.17
Lageos-2	1.00	1.71	1.73	1.55	1.23	1.03	1.15
均值	1.00	1.43	1.22	1.71	1.29	1.30	1.08

　　根据统计结果可见，不同分析中心在不同的卫星上具有不同的权重，其中 Lageos-1/2 和 Etalon-1/2 两对卫星具有较为相似的权重分布。对 Etalon-1 卫星来说，DGFI 和 GFZ 轨道权重较低，JCET 和 ESA 权重相对较高；对 Etalon-2 卫星来说，DGFI 和 NSGF 轨道权重较低，ESA 和 GFZ 权重相对较高；对 Lageos-1/2 卫星来说，DGFI 和 BKG 轨道权重相对较高；ASI、NSGF 和 JCET 权重较低。总体平均来说，ESA 和 BKG 的轨道权重最高 (杨昊等，2021)。

　　2. 尺度因子分析

　　在求解各分析中心权重时，这里首先做了各分析中心相对综合解的 Helmert 转换，求解得到了转换参数。表 6.5 给出了各个分析中心 4 颗卫星数年来相对于综合解的尺度因子随时间变化的线性项，从表中可看出，各个分析中心的轨道相对于综合解均存在着一定的线性漂移，其尺度的变化表现出各自轨道相对于综合解的长期变化。各分析中心中，ASI 和 GFZ 的线性项最小，而 DGFI 较大，特别是在 Etalon 卫星上，说明其轨道也更不稳定。为了更详细地了解尺度变化，图 6.12 以 ASI、ESA 和 JCET 三个分析中心为例作出了 Lageos-1 和 Etalon-1 卫星的尺度变化图，两颗卫星虽然线性项的大小相差不大，且分布规律呈现出相似性，但是 Etalon-1 的尺度分布表现出更为离散的状态，这说明 Lageos-1 卫星相对而言定轨的质量更高 (杨昊等，2021)。

表 6.5　4 颗卫星不同分析中心尺度因子线性项　　　　　　(单位：ppb/a)

	ASI	BKG	DGFI	ESA	GFZ	JCET	NSGF
Lageos-1	−0.038	0.019	0.062	0.120	−0.112	0.120	−0.063
Lageos-2	0.038	−0.027	−0.398	−0.044	0.070	−0.134	−0.074
Etalon-1	−0.056	0.106	−0.281	0.135	*	0.002	−0.025
Etalon-2	0.020	0.011	−0.214	0.052	*	0.003	−0.014

注：* 由于数据太少，无法分析。ppb 为 10^{-9}。

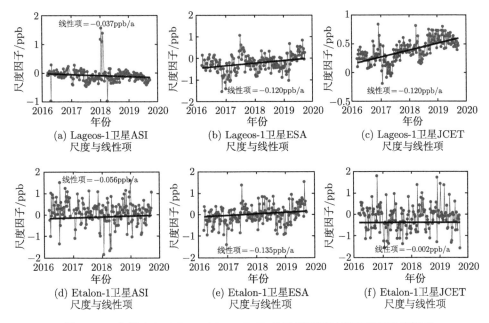

图 6.12　分析中心 ASI、ESA、JCET 的尺度因子时间序列以及线性项

3. 各分析中心卫星位置与速度精度分析

通过分析 ILRS 各个分析中心卫星轨道与综合轨道之间的位置和速度偏差，可以对各分析中心的产品进行评估，并详细说明各个分析中心卫星轨道与综合轨道之间的差异特征。图 6.13 给出各分析中心 Lageos-1 卫星轨道在 12 小时内相对于综合解的 3D RMS，从图中可见每个中心的三维最大互差均在 7cm 以内。同时以 Lageos-1 卫星和 Etalon-1 卫星 2018 年 7 月 ~ 12 月数据为例，作出各个分析中心轨道相对综合轨道的位置和速度的 RMS 变化，如图 6.14 所示，各个分析中心卫星位置和速度都存在一定的差异，与综合解相比，Lageos-1 卫星位置 RMS 均在 1~3cm，速度的 RMS 为 $(1\sim2.5)\times10^{-5}$m/s，其中 NSGF 分析中心卫星速度存在较大偏差，精度很差；Etalon-1 卫星的位置和速度 RMS 相较 Lageos-1 要大，位置 RMS 大多集中在 10cm 以内，但最大的波动可达 30~40cm，其中 DGFI 分析中心的偏差最大，精度最差。总体来说，卫星位置和速度 RMS 趋势与权重分布趋势相吻合，各分析中心轨道总体变化趋势较为平缓，说明同一个分析中心在较长一段时间内其卫星位置和速度确定保持在一个平稳水平，虽然精度有所不同，但都处于一个可接受的精度范围内 (杨昊等，2021)。

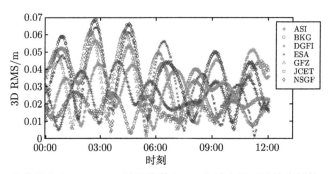

图 6.13　各分析中心 Lageos-1 卫星轨道在 12 小时内相对于综合解的 3D RMS

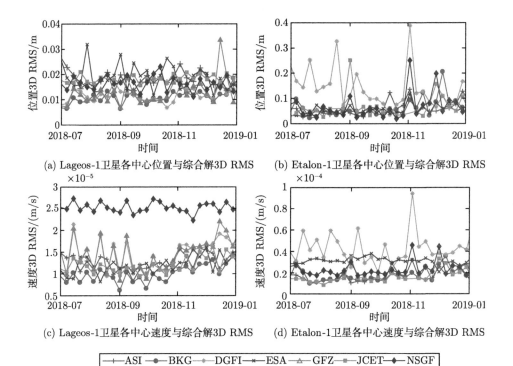

图 6.14　2018 年 7 月 ～ 12 月各个分析中心 Lageos-1 和 Etalon-1 卫星轨道相对于综合轨道的位置和速度 RMS

　　图 6.15 和表 6.6 显示了所有 ILRS 分析中心 4 颗 SLR 卫星 2016 年 2 月 ～ 2019 年 9 月卫星轨道相对于综合轨道的位置和速度 RMS 统计结果，图中结果是通过计算每周卫星位置和速度 RMS，然后将所有数据取平均得到。根据分析结果可以看出，各分析中心的 Lageos-1/2 卫星的位置 RMS 基本上保持在 2cm 以内，各分析中心的精度差别不是很大；而 Etalon-1/2 卫星的位置 RMS 值则相对

较大，且变化范围较大，但总体而言大多在 10cm 以内，但 DGFI 分析中心表现较差，与前文的分析结果一致。各分析中心 Lageos-1/2 卫星的速度 RMS 较为一致，范围在 2×10^{-5} 以内，NSGF 分析中心精度最差；Etalon 卫星的速度 RMS 大多保持在 3×10^{-5} 以内，其中 DGFI 分析中心的速度和位置精度都较差。同时要注意到，Etalon-1/2 卫星的 RMS 值和变化范围均较 Lageos-1/2 卫星大，究其原因可能是 Etalon-1/2 卫星观测相对于 Lageos-1/2 卫星少，近年来的平均年观测数量仅是 Lageos-1/2 卫星的 1/10 左右，虽然 Etalon 卫星定轨时解算的参数也少，但是观测值的稀缺还是造成了其精密定轨解的精度并不是很好，各分析中心所提供的轨道差别也较大 (冯初刚等，1997；杨昊等，2021)。

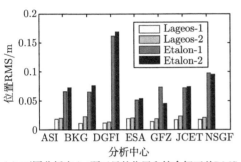 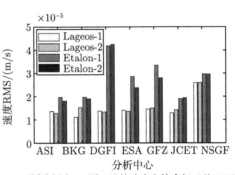

(a) 不同分析中心4颗卫星的位置和综合解互差RMS (b) 不同分析中心4颗卫星的速度和综合解互差RMS

图 6.15 各分析中心的 4 颗卫星相对于综合解的位置和速度互差 RMS

表 6.6 各分析中心的 4 颗卫星相对于综合解的位置和速度互差 RMS (P 代表位置，V 代表速度)

位置/速度	ASI	BKG	DGFI	ESA	GFZ	JCET	NSGF
Lageos-1-P/m	0.0185	0.0112	0.0115	0.0194	0.0140	0.0171	0.0174
Lageos-2-P/m	0.0200	0.0133	0.0135	0.0206	0.0191	0.0237	0.0210
Etalon-1-P/m	0.0665	0.0674	0.1618	0.0513	0.0737	0.0744	0.0816
Etalon-2-P/m	0.0727	0.1022	0.1696	0.0538	0.0452	0.0824	0.0952
Lageos-1-V/(m/s)	1.36×10^{-5}	1.11×10^{-5}	1.38×10^{-5}	1.41×10^{-5}	1.46×10^{-5}	1.29×10^{-5}	2.59×10^{-5}
Lageos-2-V/(m/s)	1.29×10^{-5}	1.12×10^{-5}	1.34×10^{-5}	1.36×10^{-5}	1.50×10^{-5}	1.43×10^{-5}	2.60×10^{-5}
Etalon-1-V/(m/s)	1.98×10^{-5}	2.00×10^{-5}	4.19×10^{-5}	2.86×10^{-5}	3.34×10^{-5}	1.93×10^{-5}	2.70×10^{-5}
Etalon-2-V/(m/s)	1.81×10^{-5}	2.29×10^{-5}	4.25×10^{-5}	2.37×10^{-5}	2.80×10^{-5}	2.07×10^{-5}	2.96×10^{-5}

4. 综合轨道精度评估

为了验证所获得的综合轨道精度，这里将获得的综合轨道与 ILRSA 和 ILRSB 综合轨道进行对比，将本书获得的综合轨道记作 ILRSC，表 6.7 和图 6.16 分别给出了 4 颗卫星 3 个综合轨道位置和速度在 4 年时间内两两互差的 RMS 统计结

果和 RMS 序列图。从统计结果可以看出，对 Lageos-1/2 卫星，ILRSA、ILRSB
和 ILRSC 三种综合轨道两两互差的 RMS 基本在 1cm 以内，ILRSA 和 ILRSC
的符合性更好，在 5mm 内；对 Etalon-1/2 卫星，其位置 RMS 波动较大，最大
可达将近 20cm，同样 ILRSA 和 ILRSC 的符合性更好，在 2~3cm。从图和表也
可以看出，ILRSB 和 ILRSC 速度符合性更好，在 Lageos 卫星和 Etalon 卫星上
分别为 $(3 \sim 4) \times 10^{-6}$m/s 和 $(8 \sim 10) \times 10^{-6}$m/s，但三种综合轨道速度 RMS 分
布大致相同。同样地，Lageos-1/2 卫星较好的定轨精度也导致不同的综合轨道之
间的差异小，各自的符合性也相对较好 (杨昊等，2021)。

表 6.7　ILRSC 综合轨道相对于 ILRSA 和 ILRSB 的位置和速度的 RMS 统计结果 (P
代表位置，V 代表速度)

位置/速度	ILRSA-ILRSB	ILRSA-ILRSC	ILRSB-ILRSC
Lageos-1-P/m	0.0079	0.0040	0.0085
Lageos-2-P/m	0.0088	0.0050	0.0082
Etalon-1-P/m	0.0505	0.0264	0.0523
Etalon-2-P/m	0.0516	0.0324	0.0537
Lageos-1-V/(m/s)	3.6594×10^{-6}	4.3955×10^{-6}	3.2607×10^{-6}
Lageos-2-V/(m/s)	3.4183×10^{-6}	4.3387×10^{-6}	3.5116×10^{-6}
Etalon-1-V/(m/s)	9.5554×10^{-6}	9.9453×10^{-6}	9.1133×10^{-6}
Etalon-2-V/(m/s)	8.6286×10^{-6}	9.8559×10^{-6}	9.1272×10^{-6}

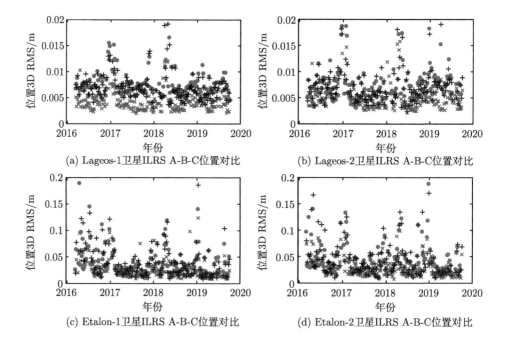

(a) Lageos-1卫星ILRS A-B-C位置对比　　　　　(b) Lageos-2卫星ILRS A-B-C位置对比

(c) Etalon-1卫星ILRS A-B-C位置对比　　　　　(d) Etalon-2卫星ILRS A-B-C位置对比

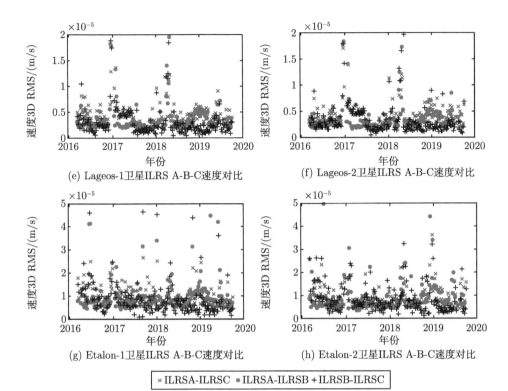

(e) Lageos-1卫星ILRS A-B-C速度对比　　(f) Lageos-2卫星ILRS A-B-C速度对比

(g) Etalon-1卫星ILRS A-B-C速度对比　　(h) Etalon-2卫星ILRS A-B-C速度对比

×ILRSA-ILRSC ● ILRSA-ILRSB + ILRSB-ILRSC

图 6.16　ILRSA，ILRSB 与 ILRSC 综合轨道的位置和速度 RMS 对比

由上分析可见，不同的综合轨道之间具有差异性，但也有一致性，某种程度上反映了较真实的卫星定轨精度。由于轨道综合时所采用的策略和软件不同，ILRSA 和 ILRSB、ILRSC 综合轨道产品也会产生差异，有时还会产生较大差异，这样就需要第三方综合轨道给予检验，如本书的综合轨道。需注意的是，以上 ILRSA、ILRSB、ILRSC 之间的比较是剔除了极端的粗差之后的结果。在本书三种综合轨道对比的过程中发现，ILRSA 和 ILRSB 在某个时间由于综合过程出现错误会产生错误的轨道，表 6.8 以简化儒略日 (MJD) 的形式列出了 ILRSA 和 ILRSB 轨道残差中出现粗差的产品时间。将这些时间内的三种综合轨道进行对比，发现 MJD58684~58705 这段时间，Lageos-2 卫星、Etalon-1/2 卫星出现问题是由于 BKG 分析中心在这段时间内轨道产品格式出现变化，导致 ILRSB 综合轨道错误。Lageos 卫星在 MJD57753 是由 ILRSB 综合错误导致，其余时间粗差均是由 ILRSA 综合轨道在一个弧段的某些时段内位置综合错误导致。这也说明，有必要存在另外一种综合轨道来对当前存在的两种综合轨道进行检核，并及时发现错误 (杨昊等，2021)。

表 6.8　ILRSA-ILRSB 轨道互差中出现粗差的时间 (MJD)

卫星	粗差出现时间
Lageos-1	57753、58656、58670、58677、58684、58698
Lageos-2	57753、58684、58691、58698、58705
Etalon-1	58621、58628、58684、58691、58698、58705
Etalon-2	57480、58621、58628、58684、58691、58698、58705

第 7 章 SLR 对微波轨道精度的评估

SLR 技术的应用中，一个重要的应用是检核微波轨道的精度，这是目前导航卫星轨道精度的唯一外部检核手段 (杨红雷, 2017)。通过计算 SLR 和微波定轨结果反算的站星距之间的残差来评估定轨精度。目前 SLR 的观测精度已迈向毫米级，由于其绝对测量精度高，且各类观测误差便于精确建模，所以 SLR 对于微波轨道，如导航卫星轨道、低轨星载轨道、微波测速轨道的精度评定至关重要。

7.1 SLR 检核微波轨道基本原理

通过观测激光脉冲信号在地面激光发射站与卫星激光反射器间的传播时间，然后乘以光速，从而转换为地面测站至卫星的距离。其单程距离为

$$\rho_0 = c \cdot \frac{\Delta t}{2} \tag{7.1}$$

式中，ρ_0 为星地距离；c 为光速；Δt 为激光脉冲信号传播的双程时间。同时根据计算出的卫星精密轨道和地面测站的精确站坐标可反算测站至卫星距离为

$$\rho_c = \sqrt{(x^s - x_i)^2 + (y^s - y_i)^2 + (z^s - z_i)^2} \tag{7.2}$$

式中，ρ_c 为反算的站星距；(x^s, y^s, z^s) 为卫星的精密坐标；(x_i, y_i, z_i) 为测站精确坐标。利用 SLR 计算检核的原理就是计算两个距离的差 $\Delta\rho$：

$$\Delta\rho = \rho_0 - \rho_c \tag{7.3}$$

SLR 原始观测值并非精确的，需进行各项改正，如卫星质心改正、测站偏心改正、测距的大气延迟改正、广义相对论改正和测站的潮汐位移改正，这部分改正可参考第 4 章 SLR 的观测模型。

在经过上述改正后，地面测站由于系统设备物理性质、观测条件等各种因素，在观测过程中存在时间和距离上的系统误差 (衷路萍等, 2016)，分布记为 T_b 和 R_b，这部分系统误差的内容在 4.6 节作了详细介绍。通常在数据后处理时，可对这两个参数进行参数估计，模型为

$$\Delta\rho = R_b + \dot{\rho} \cdot T_b \tag{7.4}$$

式中，$\dot{\rho}$ 是卫星的视向速度。

7.2   GPS 卫星轨道的 SLR 评估分析

GPS 卫星系统发射较早，大多数的卫星上均没有搭载激光反射器。美国于 1994 年 3 月发射的 GPS36 卫星，是 GPS 卫星中搭载激光反射器的两颗 Block-IIA 卫星之一 (杨红雷, 2017)。在这里以 GPS36 为例，利用 2003~2014 年的观测数据对其进行检核。图 7.1 给出了观测量较多的 15 个测站的每日观测残差 RMS 情况，起始为 2003 年 1 月 1 日。

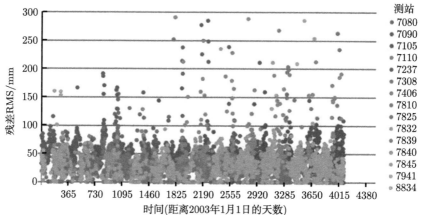

图 7.1   2003~2014 年 GPS36 全球 15 个测站的每日 SLR 检核残差 RMS(彩图扫封底二维码)

表 7.1 给出所有测站的 GPS36 检核结果的均值和 RMS，其中 7090 站观测点数最多，不同测站的检核结果各有差异，RMS 均值在 7cm 以内。

表 7.1   SLR 检核 GPS36 卫星轨道部分测站的残差统计结果

测站	标准点数	均值/mm	RMS/mm
7090	7774	−47.3	52.8
7810	5149	−26.4	28.5
7832	4082	−24.8	27.3
7406	3892	−32.2	44.0
7839	3380	−25.3	26.4
7845	1893	−43.8	44.4
8834	1736	−16.7	24.3
7840	1286	−30.8	31.9
7825	1158	−23.0	31.5
7941	935	−24.6	31.2
7237	790	−58.6	65.3

7.3　GLONASS 卫星轨道的 SLR 评估分析

图 7.2 给出 MGEX 所发布的 GLONASS 卫星 SLR 检核残差，分析中心为
GBM，卫星为 GLO-105、GLO-116、GLO-119、GLO-122 和 GLO-128，从图中
可看出，GLONASS 卫星的检核结果的 RMS 均在 6cm 以内，残差的分布存在一
些周期趋势项，这表明 GLONASS 卫星轨道可能存在未模制的误差。

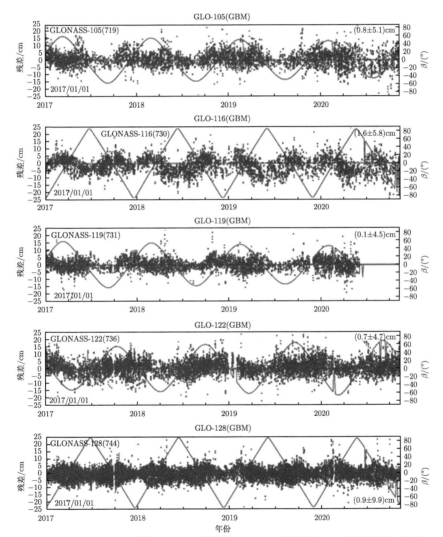

图 7.2　GLONASS 卫星 MGEX 分析中心 GBM 轨道的 SLR 检核结果 (来自：
http://mgex.igs.org/analysis/slrres_GLO.php)

图 7.3 给出 CODE(Sosnica et al., 2014b) 所计算的 GLONASS 不同型号卫星

及角反射器是否含有镀层定轨后轨道评估的 SLR 残差 RMS,从图中看出,1998~2013 年期间所发布的卫星残差 RMS 均在 5.5cm 以内，绝大多数在 4cm 以内。

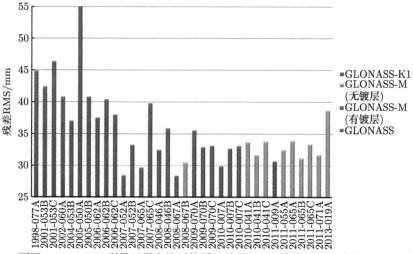

图 7.3   不同 GLONASS 型号卫星定轨后轨道评估的 SLR 残差 RMS 结果 (彩图扫封底二维码)

7.4   Galileo 卫星轨道的 SLR 评估分析

图 7.4 给出 MGEX 所发布的 Galileo 卫星 SLR 检核残差,分析中心为 GBM, 卫星为 GAL-101、GAL-102、GAL-201、GAL-202,从图中可看出, Galileo 卫星 的检核结果的 RMS 均在 4cm 以内,且残差分布不存在明显的系统差,说明其定 轨质量较好。

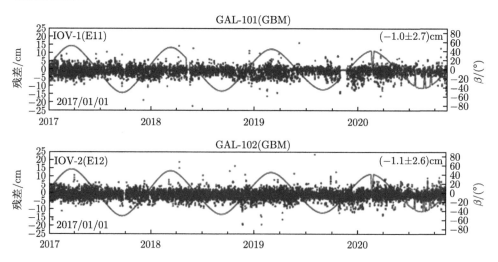

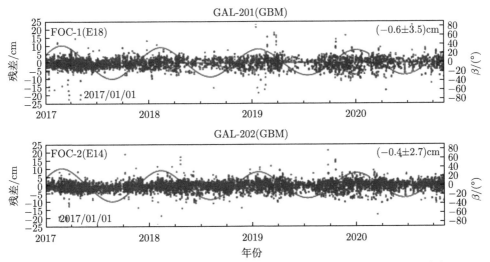

图 7.4 GLONASS 卫星 MGEX 分析中心 GBM 轨道的 SLR 检核结果 (来自:
http://mgex.igs.org/analysis/slrres_GAL.php)

7.5 BDS 卫星轨道的 SLR 评估分析

北斗卫星导航系统 (BDS) 为我国自主研制的卫星导航系统，于 2020 年完成组网，北斗卫星导航系统分为中地球轨道 (MEO)、倾斜地球同步轨道 (IGSO) 和地球静止轨道 (GEO) 三类卫星，分布于不同的轨道高度。

图 7.5 给出 MGEX 分析中心 WHU(武汉大学) 发布的北斗精密星历的 SLR检核结果。北斗二代的 GEO 卫星，属于地球静止卫星，卫星构型较差，因此定轨质量也不好，SLR 检核结果在分米量级。对于 IGSO 卫星和 MEO 卫星，SLR

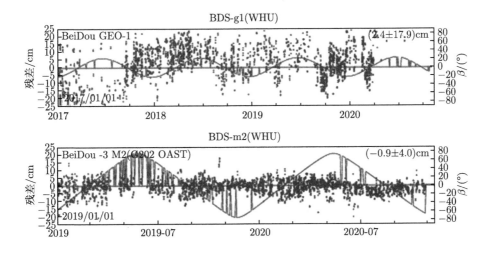

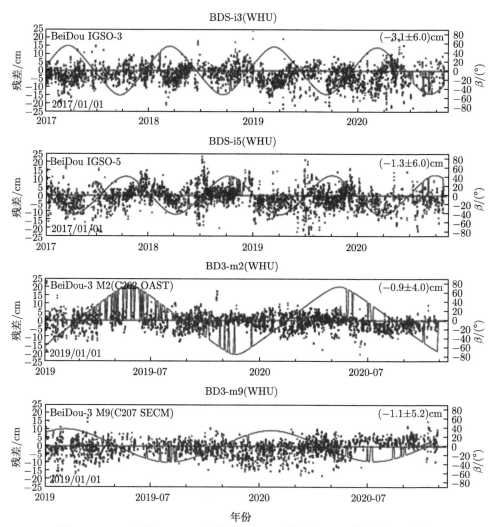

图 7.5　BDS 卫星 MGEX 分析中心 WHU 轨道的 SLR 检核结果 (来自：
http://mgex.igs.org/analysis/slrres_BDS.php)

检核结果均在 4~6cm 以内，相较于 GEO 卫星更好，但是和其他卫星导航系统相比仍有差距，且残差的分布呈现出了一定的变化趋势，说明定轨的模型仍需提高。

杨红雷 (2019) 探究了北斗卫星四种精密星历 (WUM、COM、GBM、ISC)SLR检核结果与太阳高度角 β 和卫星纬度幅角 $\Delta\mu$ 的关系，如图 7.6，可看出，四种轨道的 SLR 残差具有类似的分布情况，主要是因为四种轨道均采用 ECOM 的光压模型。在沿着 $\beta = 0°$ 和 $\Delta\mu = 180°$，残差分布呈现出对称关系，且在 $90° < \Delta\mu < 270°$ 时与其余部分的残差分布具有明显区别，这主要与卫星–太阳–地球的位置构型有关，同时卫星 SLR 残差分布也是进行卫星光压模型研究的重要依据。

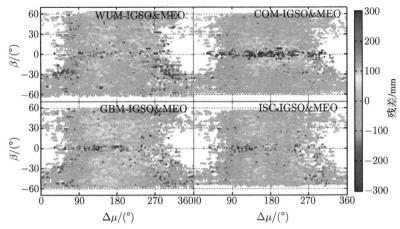

图 7.6 SLR 残差随太阳高度角 β 和卫星纬度幅角 Δμ 的分布 (彩图扫封底二维码)

7.6 LEO 星载轨道的 SLR 评估分析

SLR 技术是目前星载的 LEO 卫星轨道的重要检核手段, 图 7.7 给出了目前 LEO 卫星搭载的激光反射器, 由于 LEO 卫星的轨道通常在几百至几千千米, 地面测站的观测高度角较小, 所以角反射通常不是按照导航卫星在一个平板上平行放置, 而是呈现不同的入射角度。表 7.2 给出一些 LEO 卫星任务信息。

图 7.7 LEO 卫星搭载的激光反射器 (左: CHAPM/GRACE/TerraSAR-X 搭载, GFZ 生产; 中: Sentinel-3 搭载, IPIE/ESA/EUMETSAT 生产; 右: Jason-1/2 搭载, ITE 生产)

表 7.2 搭载激光反射器的 LEO 卫星

任务	任务周期	高度/km	LRA
CHAMP	2000～2010 年	450～180	GFZ
GRACE A/B	2002～2017 年	450～330	GFZ
Jason-1/2	2001～2012 年/2008 年至今	1300	ITE
ICEsat	2003～2010 年	600	ITE
GOCE	2009～2013 年	260～220	IPIE
TerraSAR-X/TanDEM-X	2007 年/2010 年至今	515	GFZ

续表

任务	任务周期	高度/km	LRA
Swarm-A/B/C	2013 年至今	480/530/480	GFZ
Sentinel-3A	2016 年至今	800	IPIE

注：LRA（laser reflection array），中文名激光反射器阵列，这栏表示该卫星上激光反射器阵列研制机构。

以 Jason-2 卫星为例，其在 2016 年全年的 SLR 的轨道检核残差，如图 7.8 所示，全球测站在 2016 年对 Jason-2 共 117872 个观测值，残差 RMS 为 25.3mm，高质量测站观测共 67868 个，RMS 为 12.5mm，并且从图中的正态分布拟合曲线可看到，高质量测量的残差分布更遵循正态分布，没有明显的系统误差表现，而所有测站的分布则表现出有系统误差的趋势 (Arnold et al., 2019)。

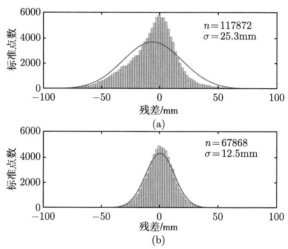

图 7.8　Jason-2 卫星 2016 年全年的 SLR 检核结果

(a) 所有测站结果；(b) 只包含高质量测站结果

图 7.9 给出 GOCE 卫星 2009 年 11 月~2010 年 1 月的精密轨道检核结果，

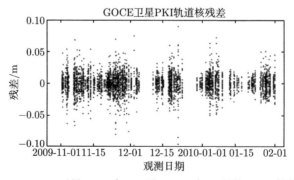

图 7.9　GOCE 卫星 2009 年 11 月~2010 年 1 月的 SLR 检核结果

残差显示绝大多数残差点都在 3cm 以内，且未呈现出明显的系统差。表 7.3 给出了表 7.2 中任务卫星精密轨道的 SLR 检核结果，表 7.3 中最后两列数值表示均值和标准差。

表 7.3　不同 LEO 卫星精密轨道产品的 SLR 检核结果

任务	轨道产品	年份	残差/mm	
			所有站	高质量站
CHAMP	AIUB 简化动力学轨道	2007	$+2.6 \pm 23.0$	$+1.5 \pm 18.2$
	AIUB 运动学轨道	2007	$+0.6 \pm 34.4$	$+0.8 \pm 31.4$
GRACE A/B	JPL GNV1B	2010	$+2.3 \pm 24.4$	$+3.1 \pm 12.3$
Jason-1/2	UT/CRS 2011 重处理轨道	2008	$+2.4 \pm 15.4$	$+2.0 \pm 15.2$
ICEsat	CNES GPS+DORIS GDR-E	2016	-6.1 ± 25.3	$+0.6 \pm 12.5$
GOCE	AIUB PSO 简化动力学轨道	2010	$+2.6 \pm 21.0$	$+2.6 \pm 13.8$
	AIUB PSO 运动学轨道	2010	$+2.7 \pm 23.3$	$+2.9 \pm 17.1$
TerraSAR-X	DLR 简化动力学轨道	2016	$+3.5 \pm 25.4$	$+3.4 \pm 15.3$
Swarm-B	TU Delft PSO 简化动力学轨道	2016	$+0.3 \pm 25.5$	$+0.3 \pm 15.2$
	TU Delft PSO 运动学轨道	2016	$+0.7 \pm 31.2$	$+0.8 \pm 24.3$
Sentinel-3A	CPOD	2016	$+1.8 \pm 27.2$	$+2.6 \pm 15.7$

　　地面测站由于系统设备物理性质、观测条件等各种因素，在观测过程中存在时间和距离上的系统误差，一般如果不剔除这些系统误差，会使得残差的分布表现出系统误差特性。根据系统误差的公式采用最小二乘进行时间偏差和距离偏差的解算，并在残差中扣除这部分影响，图 7.10 给出全球 SLR 测站改正测距偏差前后，各个测站的残差 RMS 分布，从图中看出，在扣除这部分误差后，所有测站精度都有所提升，其中 Brazilia、Riga 和 Arkhyz 三个站提升最大，说明这三个站存在较大的系统误差。图 7.11 给出全球 12 个高质量测站的 TerraSAR-X,Jason-

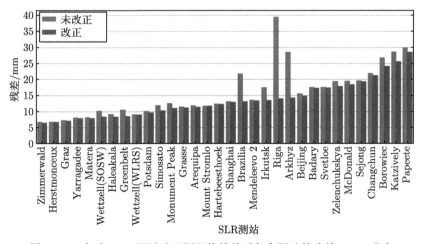

图 7.10　全球 SLR 测站改正测距偏差前后各个测站的残差 RMS 分布

2,Swarm-C,Sentinel-3A 卫星改正测距偏差后的残差分布图,可看出改正后残差均值为 0,不存在系统误差。图 7.12 给出 3 颗卫星改正时间偏差前后的残差分布,改正时间偏差后精度提升了 1.5cm。

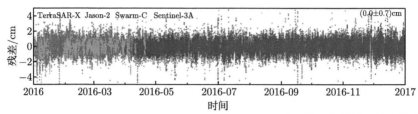

图 7.11   TerraSAR-X,Jason-2,Swarm-C,Sentinel-3A 卫星改正测距偏差前后的残差分布图
(全球 12 个高质量测站)(彩图扫封底二维码)

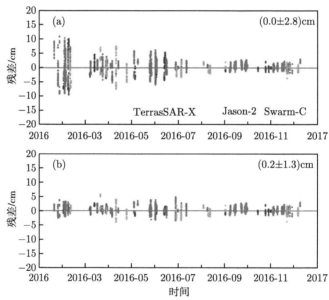

图 7.12   TerraSAR-X, Jason-2, Swarm-C 卫星改正时间偏差前后的残差分布图 (2016~
2017 年)(彩图扫封底二维码)

第 8 章 SLR 在地球参考架和 EOP 上的应用

目前负责组织 SLR 数据处理和应用研究的机构是 ILRS, 其全球 7 个数据分析中心所采用的模型、参数、算法和解算技巧及软件等有所不同, 其结果有些差异, 甚至有些产品很不一致, 造成用户使用不便。为此, 需要建立和完善 SLR 数据处理规范, 同时也需要随着 IERS 规范、国际地球参考架 (ITRF) 和 ILRS 数据处理要求的变更等, 不断完善和优化数据处理规范, 从而提高产品的精度、稳定性、自洽性和可靠性, 更好地为 SLR 天文测地应用服务。

ILRS 作为 IAG 空间大地测量服务中心之一, 不仅提供全球的激光测卫和激光测月观测数据, 还提供了相关的数据处理产品, 用以支持大地测量研究和高精度国际地球参考架的建立和维持 (Pearlman et al., 2002 , 2007)。直至 ILRF2005, ILRS 才开始提供测站坐标和 EOP 周解形式的 SLR 解, 代替原本在某一参考时刻的坐标值和速率形式解, 作为 SLR 技术参与国际地球参考架确定的输入数据类型, 该数据类型被统一为 SINEX 格式解 (Pavlis et al., 2010)。ASI 作为主要的 ILRS 综合中心, 将 ILRS 下属多个分析中心提供的站坐标和 EOP 周解 (1993 年之前为每15 天解算一次) 作为输入, 基于对各分析中心周解的方差–协方差矩阵进行加权因子的迭代解算, 生成了 ILRS 综合周解 ILRSA。除了 ASI 提供的 ILRS 主要综合周解 ILRSA 以外, JCET 作为 ILRS 的备用综合中心, 也提供了备用的综合周解 ILRSB(Bianco et al., 2006)。国内, 中国科学院上海天文台每周提供给 ILRS 包含时间和距离偏差的全球 SLR 数据质量评估报告和我国卫星导航轨道, 但尚未提供与其他分析中心产品进行综合的产品。

本章将研究综合 ILRS 各分析中心产品的方法, 将其综合结果标记为 ILRSC 并与 ILRSA 和 ILRSB 综合产品进行比较和精度评估, 验证基于 ILRSC 综合方法给出的 SLR 综合产品的可靠性和稳定性, 同时综合上海天文台分析中心与 ILRS 其他分析中心的产品, 并评估上海天文台分析中心产品的精度, 从而为上海天文台分析中心成为 ILRS 分析中心和混合数据分析中心奠定基础, 也为我国完全独立进行地球参考架高精度确定提供了可能。

8.1 SLR 单技术测定 EOP 和站坐标

这里采用 SLR 事后解算策略对 Lageos-1/2、Etalon-1/2 卫星 2013 年 1 月~2017 年 12 月解算得到的周解结果进行综合, 得到了多星的定轨结果, 将得到的

站坐标和 EOP 分别与 SLRF2014 和 EOP C04 进行比较。图 8.1 和图 8.2 给出
了比较结果，其中所有站相对于 SLRF2014 的 3D WRMS 值为 15.66mm，核心
站的 3D WRMS 值为 10.86mm，极移 X 分量的精度为 0.21mas，Y 分量的精度
为 0.17mas，LOD 的精度为 0.06ms。

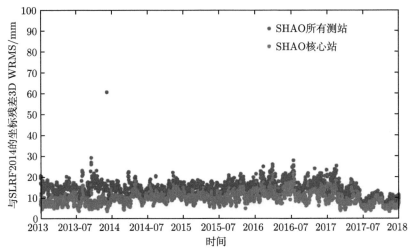

图 8.1　SHAO 解中所有站与核心站相对于 SLRF2014 的 3D WRMS

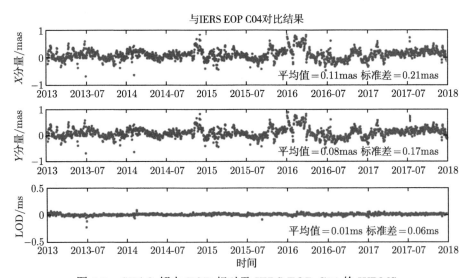

图 8.2　SHAO 解中 EOP 相对于 IERS EOP C04 的 WRMS

8.2 SLR 技术内综合确定地球参考架和 EOP 方法

8.2.1 SLR 技术内综合方法

ILRS 各分析中心提供的 SINEX 解主要包括测站坐标、EOP 和测站距离偏差等参数，这些参数被作为 "直接虚拟观测值" 通过 SINEX 文件所转化的法方程进行叠加，通过引入合理的约束条件进行统一求解 (姚宣斌, 2008; 何冰, 2017)。图 8.3 给出了 SLR 技术内综合的过程。

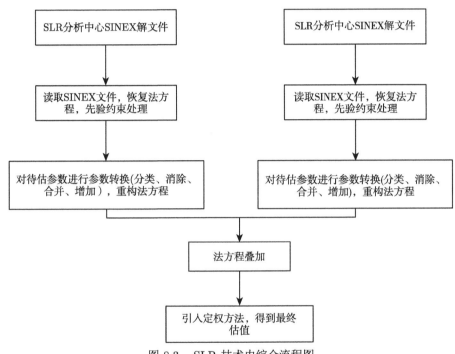

图 8.3   SLR 技术内综合流程图

8.2.2 法方程恢复

对于某个分析中心提供的 SINEX 解，若其包含单位权方差因子 $\hat{\sigma}_i^2$，参数估值 $\hat{X}_i$，以及参数方差协方差矩阵 $C_{X_iX_i}$，则可恢复法方程：

$$N_i \cdot \hat{X}_i = W_i \tag{8.1}$$

式中，法方程矩阵 N_i 和右边项 W_i 可以通过以下两式计算：

$$N_i = \hat{\sigma}_i^2 C_{X_iX_i}^{-1} \tag{8.2}$$

$$W_i = N_i \cdot \hat{X}_i = \hat{\sigma}_i^2 C_{X_iX_i}^{-1} \cdot \hat{X}_i \tag{8.3}$$

注意此时恢复的法方程仍然包含着先验约束影响部分，接下来介绍先验约束的处理方法。

8.2.3　先验约束的处理

对于 EOP 和站坐标的约束，SLR 技术内综合的先验约束处理主要有两种方式。一为直接综合法 (straightforward method)，即对提供的 SINEX 解进行直接综合，由于各分析中心提供的 SINEX 解均为松约束解，所以获得的 SLR 综合周解也是松约束解 (Bianco et al., 2003)；二为最小约束法 (minimal constraint method)，即先对提供的 SINEX 解去除松约束，然后附加最小约束，最终获得的 SLR 综合周解为最小约束解 (Davies et al., 2000)。表 8.1 给出了上述两种方法的优劣比较。去除先验约束的过程是附加先验约束的逆过程，SLR 各分析 SINEX 解中已经以先验参数向量和相应的协方差矩阵的形式提供了关于测站坐标解的先验约束条件，则可通过下式在法方程中去除先验约束：

$$\Sigma_{\overline{X}} = \left(\Sigma_X^{-1} - A\Sigma_Z^{-1}A\right)^{-1} \tag{8.4}$$

$$\overline{X} = \Sigma_{\overline{X}}\left(\Sigma_X^{-1}X - A\Sigma_Z^{-1}A\right) \tag{8.5}$$

式中，$\overline{X}$ 为去除约束后的参数解；$\Sigma_{\overline{X}}$ 为去除松约束后的参数协方差矩阵；Σ_X 为原 SINEX 解中的参数协方差矩阵；矩阵 A 中的元素 a_{ij}，当 X 中第 i 个参数与 Z 中的第 j 个参数一样时，$a_{ij} = 1$，否则等于 0。

表 8.1　先验约束处理的两种方法的比较

方法	优点	缺点
直接综合法	计算便捷；无须掌握先验信息	定向具有随意性，不统一为某参考架
最小约束法	定向统一为某参考架	去除松约束时容易引起法方程秩亏

8.2.4　参数预消除

ILRS 各分析中心提供的 SINEX 解中的参数包含了测站坐标、EOP 和测站距离偏差等参数，在综合解中我们只需提供测站坐标和 EOP 参数，对于其他参数我们应予以严格消除。如果将未知数向量 $\hat{X}$ 分成两部分：需要保留的部分为新的向量 $\hat{X}_1$，剩下的不需要解出其具体数值而应该被预先消去的部分为向量 $\hat{X}_2$，则法方程的系数矩阵和右边项相应地也可以被分成几个部分：

$$\begin{bmatrix} N_{11} & N_{12} \\ N_{21} & N_{22} \end{bmatrix} \cdot \begin{bmatrix} \hat{X}_1 \\ \hat{X}_2 \end{bmatrix} = \begin{bmatrix} W_1 \\ W_2 \end{bmatrix} \tag{8.6}$$

我们关心的是关于 $\hat{X}_1$ 的法方程，那么上式可以改写成新的法方程：

$$\left(N_{11} - N_{12}N_{22}^{-1}N_{21}\right) \cdot \hat{X}_1 = W_1 - N_{12}N_{22}^{-1}W_2 \tag{8.7}$$

新的法方程相当于严格消去了关于 $\hat{X}_2$ 的部分，即 $\hat{X}_2$ 不会被求解出来，且完全不影响对 $\hat{X}_1$ 的求解。最终我们得到了新的法方程系数阵和右边项，用下标 r 来表示：

$$\begin{cases} N_{\mathrm{r}} = N_{11} - N_{12}N_{22}^{-1}N_{21} \\ W_{\mathrm{r}} = W_1 - N_{12}N_{22}^{-1}W_2 \end{cases} \tag{8.8}$$

8.2.5　法方程叠加

待求的 SLR 综合解 $\hat{X}_{\mathrm{c}}$ 与第 i 个分析中心解 $\hat{X}_i$ 之间的关系可以表示为

$$\hat{X}_i = A_i \cdot \hat{X}_{\mathrm{c}} \tag{8.9}$$

式中，待求参数与已知参数之间的关系 (即设计矩阵)A_i 为：当 $\hat{X}_{\mathrm{c}}$ 中第 m 个参数和 $\hat{X}_i$ 中第 j 个参数一样时 (例如 $\hat{X}_{\mathrm{c}}$ 中第 m 个参数是某站的站坐标综合解，$\hat{X}_i$ 中第 j 个参数也是相同测站的分析中心解)，$a_{jm} = 1$，否则等于 0。

利用式 (8.9)，可以把式 (8.1) 中的法方程改写成待估参数为 $\hat{X}_{\mathrm{c}}$ 所对应的法方程，即

$$N_{ic} \cdot \hat{X}_{\mathrm{c}} = W_{ic} \tag{8.10}$$

式中，

$$\begin{cases} N_{ic} = A_i^{\mathrm{T}} N_i A_i \\ W_{ic} = A_i^{\mathrm{T}} W_i \end{cases} \tag{8.11}$$

将式 (8.2) 和式 (8.3) 代入式 (8.11)，随后再代入式 (8.10)，约去等式两边的 $\hat{\sigma}_i^2$，得到了由第 i 个分析中心解重构的关于综合解 $\hat{X}_{\mathrm{c}}$ 的法方程：

$$\left(A_i^{\mathrm{T}} C_{X_i X_i}^{-1} A_i\right) \cdot \hat{X}_{\mathrm{c}} = A_i^{\mathrm{T}} C_{X_i X_i}^{-1} \hat{X}_i \tag{8.12}$$

由于各分析中心解算软件和模型策略等存在差异，其相对权重也是待定的。综合时，对各分析中心赋予一个相对权重因子 ε_i，然后将各分析中心恢复得到的法方程进行叠加，得到最终的综合法方程：

$$\sum_i \left[\left(A_i^{\mathrm{T}} \left(\varepsilon_i C_{X_i X_i}\right)^{-1} A_i\right] \cdot \hat{X}_{\mathrm{c}} = \sum_i \left[\left(A_i^{\mathrm{T}} \left(\varepsilon_i C_{X_i X_i}\right)^{-1} \hat{X}_i\right] \tag{8.13}$$

可得

$$\hat{X}_{\mathrm{c}} = \left\{\sum_i [(A_i^{\mathrm{T}} (\varepsilon_i C_{X_i X_i})^{-1} A_i)]^{-1} \cdot \sum_i \left[\left(A_i^{\mathrm{T}} (\varepsilon_i C_{X_i X_i})^{-1} \hat{X}_i\right]\right. \tag{8.14}$$

8.2.6　权重因子的确定

SLR 技术内综合时对各分析中心采取不同的权重因子会影响最终的 SLR 综合周解精度, 因此权重因子的确定是 SLR 技术内综合方法的关键技术之一。SLR 技术内综合权重因子的确定主要有两种方法。

其一是根据式 (8.15) 和式 (8.16) 两个约束条件进行权重因子的迭代解算 (Bianco et al., 2003)。其原理是先假设最终的综合残差为 $\chi^2 = 1$, 要求每个分析中心对综合残差的贡献相等, 通过不断地迭代得到最后各个分析中心的权重因子, 迭代终止条件为

$$R_1^{\mathrm{T}} \left(\varepsilon_1 \Sigma_1\right)^{-1} R_1 = \cdots = R_i^{\mathrm{T}} \left(\varepsilon_i \Sigma_i\right)^{-1} R_i \tag{8.15}$$

$$\chi^2 = R_1^{\mathrm{T}} \Sigma_1^{-1} R_1 + \cdots + R_i^{\mathrm{T}} \Sigma_i^{-1} R_i = 1 \tag{8.16}$$

式中, R_i 为各分析中心相对于综合周解的残差; ε_i 为各分析中心的相对权重因子; Σ_i 为各分析中心的协方差矩阵。

其二为利用方差分量估计算法进行权重因子的迭代解算 (Davies et al., 2000; 秦显平, 2003; 杨元喜等, 2004)。其原理为首先将各分析中心的权值设为 1, 然后将前一步迭代得到的权重因子以其倒数形式 $1/\varepsilon_i$ 乘以权矩阵作为新一轮迭代的权矩阵。当两次迭代得到的 ε_i 相差 0.001 时, 停止迭代。方差分量估计法的公式如下:

$$\varepsilon_i = \frac{v_i^{\mathrm{T}} P_i v_i}{n_i - \mathrm{tr}\left(N^{-1} A_i^{\mathrm{T}} P_i A_i\right)} \tag{8.17}$$

式中, ε_i 为各分析中心的相对权重因子; v_i 为第 i 个分析中心的解相对于综合解的残差; P_i 为第 i 个分析中心的权阵; n_i 为其观测值个数; N 为综合的法方程矩阵; A_i 为第 i 个分析中心的误差方程中未知数的系数矩阵, 当第 i 个分析中心某个参数与综合求解的某个参数一样时, 系数为 1, 否则为 0。

8.2.7　ILRSC 综合方法

目前 SLR 技术内综合方法主要为 ILRS 主要综合中心 ILRSA 和备用综合中心 ILRSB 所采用的方法, 其差别主要在于先验约束的处理与权重因子的确定两个方面。表 8.2 给出了两家综合中心所采用的综合方法, 本书则结合两家综合中心的 SLR 内综合方法, 提出了由直接综合法和方差分量估计法组成的 ILRSC 综合方法, 对各分析中心 SINEX 解进行 SLR 技术内综合。

表 8.2　各综合中心 SLR 技术内综合方法

综合方法	先验约束的处理	权重因子的确定
ILRSA	直接综合法	约束条件迭代法
ILRSB	最小约束法	方差分量估计法
ILRSC	直接综合法	方差分量估计法

8.3 SLR 技术内综合周解结果与分析

按照上述方法，本书对 1993 年 1 月 1 日～2017 年 12 月 31 日的 8 家 ILRS 分析中心提供的 SINEX 周解进行了综合，并从相对权重因子、站坐标与 EOP 精度、平移参数与尺度因子三大方面同国际上相应产品进行了比较分析。

8.3.1 不同分析中心相对权重因子

综合时使用方差分量估计法进行迭代得到各分析中心的相对权重因子，图 8.4 给出了各分析中心的定权结果。为了易于比较和分析，取各分析中心得到的权重因子平均值，并将分析中心 ASI 的权值定为单位权 (1.000)，同时将 ILRSA 和 ILRSB 得到的权重因子也作此处理，具体结果见表 8.3(ILRSC 为本书综合结果)。经分析得到，ASI 分析中心相对精度最高，其次分别是 ESA、GRGS、BKG、JCET、GFZ、NSGF、DGFI，这与 ILRSA、ILRSB 得到的结果类似，证明本书所给的相对权重因子是合理的，方法是可行的。

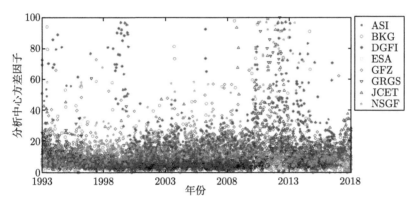

图 8.4 ILRSC 周解各分析中心相对权重因子 (彩图扫封底二维码)

表 8.3 三种综合结果中各分析中心相对权重因子统计 (以 ASI 为单位权重因子)

综合解	ASI	BKG	DGFI	ESA	GFZ	GRGS	JCET	NSGF
ILRSA	1.00	1.51	4.06	1.20	1.45	1.80	2.03	2.44
ILRSB	1.00	1.07	2.06	1.16	1.93	1.22	1.36	2.36
ILRSC	1.00	1.13	3.19	1.05	1.94	1.10	1.61	2.17

8.3.2 综合周解站坐标与 EOP 精度分析

为了评估综合结果的精度，这里将各分析中心提供的周解及我们综合的周解得到的站坐标、EOP 解分别与 ILRS 提供的参考框架 SLRF2008 和 IERS 提供的 EOP C04 进行比较，本书利用 Helmert 七参数转换法 (何冰等, 2018; 何冰, 2017) 将周历元框架转换至 SLRF2008 框架，转换关系如下：

$$
\begin{cases}
X_{\mathrm{r}}^{i}(t_0) = X_{\mathrm{w}}^{i} - (t_j - t_0) \cdot \dot{X}_{\mathrm{r}}^{i} + T_1 + D \cdot X_{\mathrm{w}}^{i} - R_3 Y_{\mathrm{w}}^{i} + R_2 Z_{\mathrm{w}}^{i} \\
Y_{\mathrm{r}}^{i}(t_0) = Y_{\mathrm{w}}^{i} - (t_j - t_0) \cdot \dot{Y}_{\mathrm{r}}^{i} + T_2 + D \cdot Y_{\mathrm{w}}^{i} - R_1 Z_{\mathrm{w}}^{i} + R_3 X_{\mathrm{w}}^{i} \\
Z_{\mathrm{r}}^{i}(t_0) = Z_{\mathrm{w}}^{i} - (t_j - t_0) \cdot \dot{Z}_{\mathrm{r}}^{i} + T_3 + D \cdot Z_{\mathrm{w}}^{i} + R_1 Y_{\mathrm{w}}^{i} - R_2 X_{\mathrm{w}}^{i}
\end{cases}
\tag{8.18}
$$

式中，$X_{\mathrm{r}}^{i}(t_0)$、$Y_{\mathrm{r}}^{i}(t_0)$、$Z_{\mathrm{r}}^{i}(t_0)$ 为公共站 (本书选取 SLR 核心站) 在 SLRF2008 框架下的站坐标；$\dot{X}_{\mathrm{r}}^{i}$、$\dot{Y}_{\mathrm{r}}^{i}$、$\dot{Z}_{\mathrm{r}}^{i}$ 为速度；X_{w}^{i}、Y_{w}^{i}、Z_{w}^{i} 为公共站在周解下的站坐标；t_0 为框架 SLRF2008 的参考历元；t_j 为周解的历元；T_1、T_2、T_3 为三个平移参数；R_1、R_2、R_3 为三个旋转参数；D 为尺度因子。

当得到七参数以后，两个参考架之间的 EOP 存在着如下关系：

$$
\begin{cases}
X_{\mathrm{r}}^{\mathrm{p}} = X_{\mathrm{w}}^{\mathrm{p}} + R_2 \\
Y_{\mathrm{r}}^{\mathrm{p}} = Y_{\mathrm{w}}^{\mathrm{p}} + R_1 \\
\mathrm{LOD}_{\mathrm{r}} = \mathrm{LOD}_{\mathrm{w}}
\end{cases}
\tag{8.19}
$$

按上述方法将各分析中心周解及综合周解进行转换，并将转换后的结果与 SLRF2008 和 EOP C04 的结果作差。

图 8.5 给出了各分析中心周解及综合周解相对于 SLRF2008 的核心站坐标 3D RMS 残差序列图。从图中可以看出，综合周解较各分析中心解精度更高且更稳定；从图 8.6～图 8.8 的各分析中心周解及综合周解相对于 EOP C04 的 EOP 残差 RMS 序列图可以看出，ILRSC 综合 EOP 精度优于各分析中心。

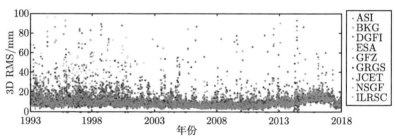

图 8.5　各分析中心周解及综合周解相对于 SLRF2008 的核心站坐标 3D RMS 残差序列图 (彩图扫封底二维码)

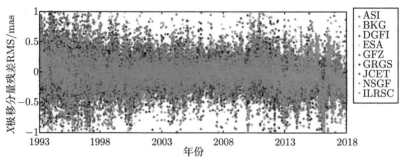

图 8.6　各分析中心周解及综合周解相对于 EOP C04 的 X 极移分量残差 RMS 序列图 (彩图扫封底二维码)

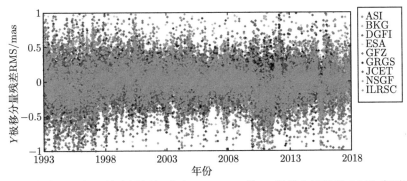

图 8.7 各分析中心周解及综合周解相对于 EOP C04 的 Y 极移分量残差 RMS 序列图 (彩图扫封底二维码)

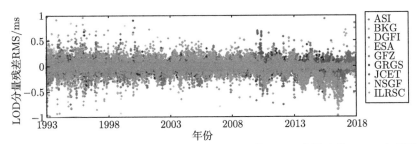

图 8.8 各分析中心周解及综合周解相对于 EOP C04 的 LOD 分量残差 RMS 序列图 (彩图扫封底二维码)

表 8.4 给出了各分析中心周解及综合周解站坐标及 EOP 精度统计 (ILRSB 并未提供 EOP 精度统计), 结果表明综合周解的站坐标 3D 精度为 4.33mm, X 极移精度为 0.1875mas, Y 极移精度为 0.1759mas, LOD 精度为 0.0485ms, 综合周解精度优于各单分析中心周解精度, 且与 ILRSA 综合周解的精度相当, 证明了对各分析中心周解进行加权综合的有效性。

表 8.4 各分析中心周解及综合周解站坐标及 EOP 精度统计

分析中心	3D 测站坐标误差/mm	X 极移 /mas	Y 极移 /mas	LOD/ms
ASI	7.61(±5.29)	−0.034 (±0.243)	−0.011 (±0.229)	−0.006(±0.062)
BKG	10.01(±7.38)	−0.041(±0.254)	0.012(±0.240)	−0.002(±0.071)
DGFI	10.71(±6.89)	0.026(±0.254)	−0.046(±0.247)	0.001(±0.074)
ESA	10.67(±9.28)	−0.014(±0.240)	0.025(±0.217)	−0.009(±0.085)
GFZ	9.42(±6.60)	−0.015(±0.288)	0.008(±0.279)	−0.012(±0.139)
GRGS	7.84(±5.46)	−0.040(±0.236)	0.006(±0.226)	−0.001(±0.062)
JCET	10.18(±9.00)	−0.046 (±0.238)	−0.017(±0.224)	−0.002 (±0.055)

续表

分析中心	3D 测站坐标误差/mm	X 极移 /mas	Y 极移 /mas	LOD/ms
NSGF	9.20(±5.03)	−0.015(±0.303)	0.001(±0.291)	−0.035(±0.189)
ILRSA	5.51(±4.38)	0.0122(±0.2089)	−0.004(±0.202)	−0.002(±0.048)
ILRSB	5.43(±4.73)	—	—	—
ILRSC	5.67(±4.33)	−0.035(±0.187)	0.002(±0.176)	−0.001(±0.048)

8.3.3 平移参数及尺度因子结果分析

8.3.2 节采用 Helmert 七参数转换将综合周解转换至地球参考框架 SLRF2008,
图 8.9 和图 8.10 分别给出了本书得到的综合周解及 ILRSA、ILRSB 得到的综合
周解相对于地球参考架 SLRF2008 的三个平移参数和一个尺度因子的时间序列图。
从图中可以看出,三个综合解都比较一致,但在 1993~2004 年,本书得到的平移和
尺度因子与 ILRSA 更吻合,2005~2017 年,本书得到的平移和尺度参数与 ILRSB
更吻合,原因目前还不清楚,需要其他两个混合分析中心配合一起查找问题,这也
说明了第三家 ILRS 混合分析中心存在的必要性。

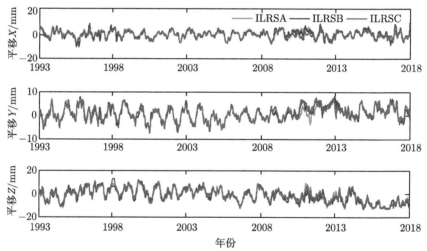

图 8.9　三种综合周解相对于地球参考架 SLRF2008 的平移参数时间序列图 (彩图扫封底二
维码)

表 8.5 给出了三种综合结果相对于地球参考架 SLRF2008 的平移参数和尺度
因子的统计结果。从表中可以看出,本书得到的平移和尺度因子平均值与 ILRSA、
ILRSB 接近,标准差相对于 ILRSA 和 ILRSB 更小,更加稳定。

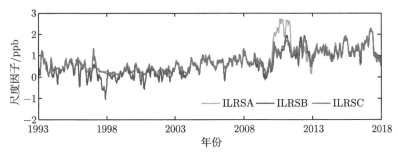

图 8.10 三种综合周解相对于地球参考架 SLRF2008 的尺度因子时间序列图 (彩图扫封底二维码)

表 8.5 三种综合结果相对于地球参考架 SLRF2008 的平移参数和尺度因子的统计

分析中心	平移 X/mm	平移 Y/mm	平移 Z/mm	尺度因子/ppb
ILRSA	0.63(±3.80)	0.82(±3.46)	−1.08(±6.57)	0.85(±0.62)
ILRSB	0.75(±4.38)	0.78(±3.85)	−1.51(±8.63)	0.64(±0.63)
ILRSC	0.43(±3.76)	0.94(±3.55)	−0.99(±6.40)	0.79(±0.62)

8.3.4 地球参考架稳定性探测

SLR 在地球参考架确定的重要作用主要体现在参考架的原点和尺度因子的确定上,为此,本书探测了所获得的 ILRSC 综合周解的平移参数和尺度因子特性。这里对本书得到的平移参数及尺度因子先去除显著周期项再进行线性拟合,得到三个方向平移参数线性变化速率和尺度因子线性变化速率分别为 0.0330mm/a,0.0969mm/a,0.3345mm/a 和 0.0438ppb/a,如图 8.11 所示,这说明 SLR 目前获得的 SLRF2008 的原点还是有线性变化的,其中主要在 Z 轴方向,且尺度因子存在较明显长期项。

以上结果是基于地球参考架 SLRF2008,将得到的 ILRSC 综合周解转换到地球参考架 SLRF2014,并进行比较分析,图 8.12 给出了 ILRSC 综合周解相对于地球参考架 SLRF2008 和 SLRF2014 的平移参数时间序列比较图,从图中可以看出,ILRSC 综合周解相对于 SLRF2014 的平移参数,在 Z 方向上较相对于 SLRF2008 的在 2014 年后有明显幅度变小,整体变化曲线更加平稳。图 8.13 给出了 ILRSC 综合周解相对于地球参考架 SLRF2008 和 SLRF2014 的尺度因子时间序列比较图,从图中可以看出,综合周解相对于地球参考架 SLRF2014 的尺度因子,相对于 SLRF2008 的在 2010 年后有明显的减小,整体曲线趋于平稳。这些也反映了 SLRF2014 较 SLRF2008 更平稳。

图 8.14 给出了对 ILRSC 综合周解相对于地球参考架 SLRF2014 的平移参数和尺度因子的去掉显著周期项后的线性拟合结果,从图中可以看出平移参数的三个方向和尺度因子的线性变化速率分别为 0.0342mm/a,0.0388mm/a,0.0584mm/a

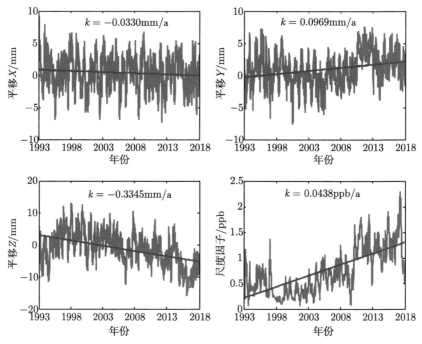

图 8.11   综合周解相对于参考框架 SLRF2008 的平移和尺度因子的线性项

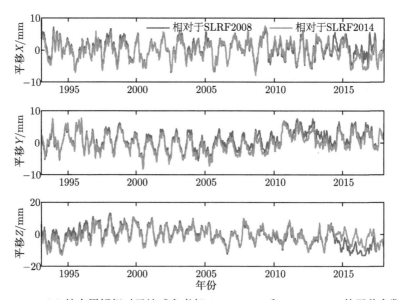

图 8.12   ILRSC 综合周解相对于地球参考架 SLRF2008 和 SLRF2014 的平移参数比较

和 0.0106ppb/a,与相对于 SLRF2008 的平移参数和尺度因子的变化速率相比,平移参数 X 方向稍微有点增大,平移参数 Y、Z 方向和尺度因子的线性变化速率都有明显的减小,更进一步验证了地球参考架 SLRF2014 比 SLRF2008 更加稳定。

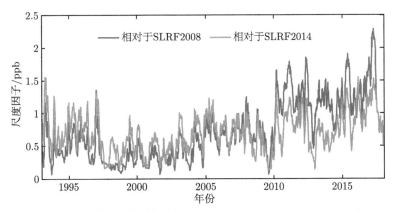

图 8.13 ILRSC 综合周解相对于地球参考架 SLRF2008 和 SLRF2014 的尺度因子比较

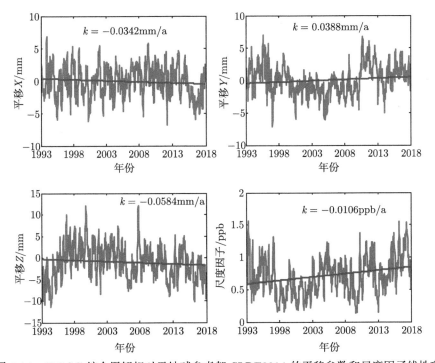

图 8.14 ILRSC 综合周解相对于地球参考架 SLRF2014 的平移参数和尺度因子线性项

8.4　SHAO 与各分析中心初步综合

本书利用上海天文台 SHORD-II 软件处理了 2010 年 1 月~2017 年 12 月的 Lageos-1/2、Etalon-1/2 卫星全球观测数据,处理策略见表 8.6,其中定轨弧长为 7 天,每天一滑动,生成 SINEX 日解。对生成的 SINEX 日解与 ILRS 各分析中心提供的日解按上述 ILRSC 综合方法进行综合,生成综合后的 SINEX 日解。

表 8.6　卫星快速精密定轨方案模型和参数

参考架和测量模型		
	地球参考架	ITRF2014
	岁差模型	IAU2006
	章动模型	IAU2006+IERS 章动改正
	大气折射改正	Mendes-Pavlis 模型
	质心改正	依测站而定
力学模型		
	地球重力场 (阶)	EGM2008(100×100)
	固体潮摄动	IERS2010
	海潮摄动	FES2004
	行星摄动	PL DE421
参数估计		
	测站	每个弧段估计一组弧段中心时刻的值
		先验值:SLRF2014
		先验标准差:1m
	EOP	每天 12:00 估计一组
		初值:IERS 14 C04
		先验标准差:极移 20mas,LOD 2ms
	距离偏差	对部分非核心站进行估计,每个弧段估计一组弧段中心时刻的值
		先验值:IERS 14 C04
		先验标准差:1m

表 8.7 给出了综合时各分析中心的权重因子平均值,从表可以看出 SHAO 内部形式精度与其他各分析中心相当。且从图 8.15 和图 8.16 中可以看出,SHAO 得到的平移和尺度参数与 ILRS 各分析中心结果一致。

表 8.7　各分析中心权重因子

ILRSC	ASI	BKG	DGFI	ESA	GFZ	GRGS	JCET	NSGF	SHAO
均值	8.85	11.43	20.21	11.67	14.97	10.5	11.75	10.45	11.19
标准差	15.37	22.15	23.04	15.66	17.78	15.57	21.77	18.86	18.66

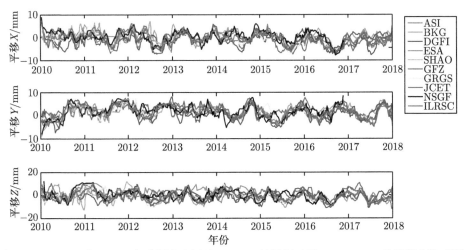

图 8.15　SHAO 与 ILRS 各分析中心以及 ILRSC 日解相对于 SLRF2014 的平移参数 (彩图扫封底二维码)

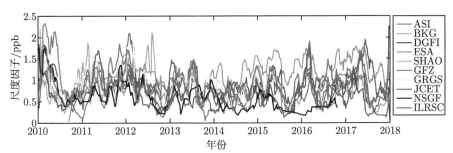

图 8.16　SHAO 与 ILRS 各分析中心以及 ILRSC 日解相对于 SLRF2014 的尺度参数 (彩图扫封底二维码)

8.5　多技术综合 EOP 测定

本书利用 SLR 技术独立解算的 EOP 与 IERS EOP C04 解进行比较, 为了能够稍微看出差别, 极移 X 和 Y 分量 EOP C04 分别加了 5mas。从图 8.17 和表 8.8 可以看到, 极移 X 和 Y 分量与 IERS EOP C04 差别不大, 分别在 0.25mas 和 0.35mas, 但是 LOD 与 IERS EOP C04 相差较大, 经分析主要是由非潮汐模型差别引起的, 其他因素有待进一步研究。

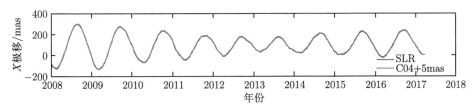

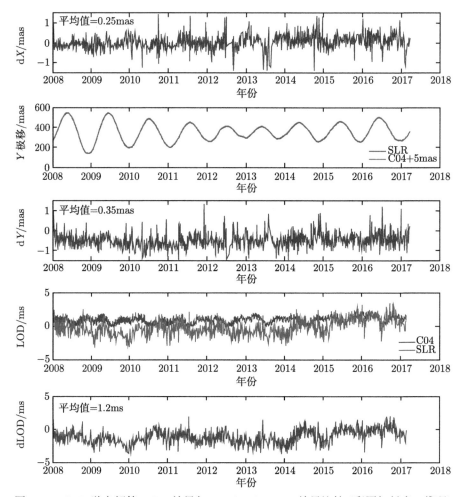

图 8.17　SLR 独立解算 EOP 结果与 IERS EOP C04 结果比较 (彩图扫封底二维码)

表 8.8　SLR 独立解算 EOP 精度统计 (与 IERS EOP C04 比较)

序列	年间隔	X/mas	Y/mas	LOD/ms
SHAO	2008~2017	0.25	0.35	1.2

由于单个技术存在的局限性，每种技术只对部分 EOP 的参数或其组合敏感。另外，每种技术的观测序列长度、EOP 平滑时间、观测间隔和 EOP 测定精度都不尽相同。目前 EOP 是由多种空间大地测量技术，如 SLR、LLR、GPS、VLBI、DORIS，与参考架一起综合确定的。在这些观测技术中，GPS 和 VLBI 观测不受天气条件限制，并且时间分辨率很高，这是 SLR 所不能比拟的。在应用时需要考虑各自具有不同的优缺点，这些手段的相互验证和联合应用保证了 EOP 序列测

定的稳定性、自洽性和可靠性。图 8.18 是 SLR、DORIS、VLBI、GNSS 四种空间技术综合监测 EOP 的结果与 IERS EOP C04 的比较，其精度已经达到国际先进水平。

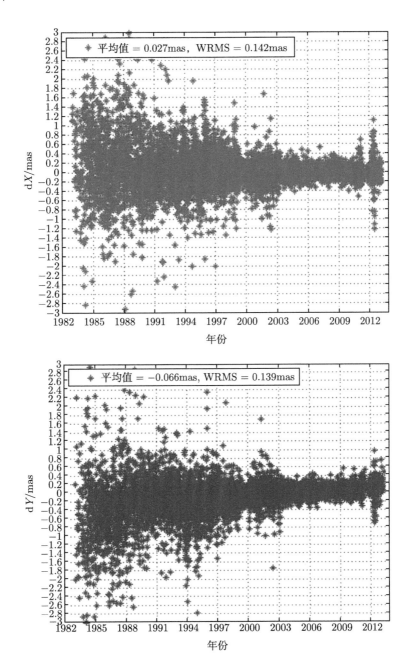

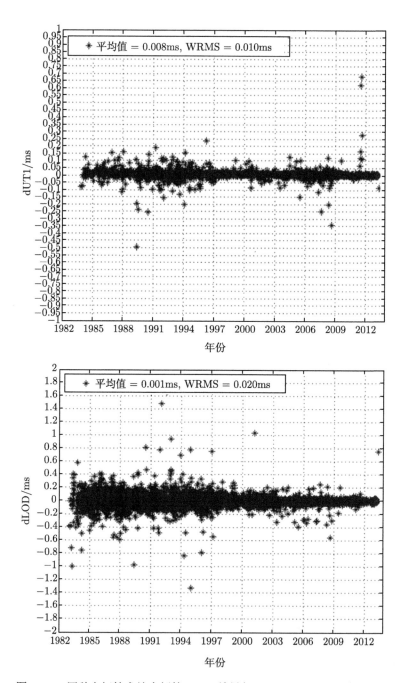

图 8.18　四种空间技术综合解算 EOP 结果与 IERS EOP C04 结果之差

8.6　多技术综合地球参考架

ITRF 是通过某历元的一组空间大地测量观测站的坐标位置和运动速度来实现的。通过解算测站坐标，SLR 能够独立地以厘米级的精度每周解算出一个"地球参考架"，但这种解算结果存在季节性的波动。ITRF 的原点定义在地球质心，是通过长时间序列 SLR 的加权平均来确定的。客观上，SLR 观测站全球分布不均匀，尤其是南北半球分布的不均衡，加上天气条件、观测站运行状况的限制，单一 SLR 技术解算出的地球参考架的稳定性存在很大问题，因此，必须通过多种空间大地测量技术的并置站和联合解算确定 ITRF 的尺度因子和轴向。

ITRF2014 应用了 GPS、VLBI、SLR、DORIS 的联合结果。与以往的 ITRF 序列相比，其尺度因子和轴向以及观测站的位置和速度的精度都有所提高，图 8.19 是利用四种空间技术确定地球参考架后 SLR 相对于综合解的平移参数序列，从图中可以看到，平移参数序列比较稳定，说明 SLR 技术适合用来确定地球参考架

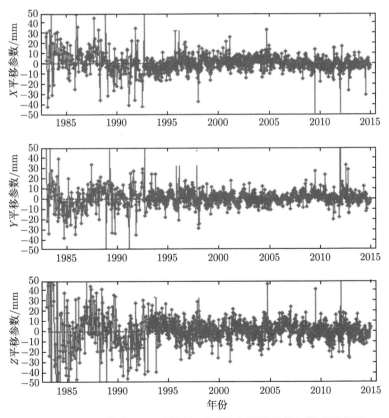

图 8.19　SLR 技术 TRF 周解相对于综合解的平移参数时间序列

原点。图 8.20 是 SLR 和 VLBI 相对于综合解的尺度因子时间序列，从图中可以看出 SLR 和 VLBI 尺度因子也相对稳定。图 8.21 是综合确定地球参考架后 SLR 历元坐标相对于 ITRF2014 的坐标和速度统计结果，从图中可以看出 40 个左右的常规 SLR 测站，其坐标精度可好于 5mm，速度精度可好于 1mm/a。

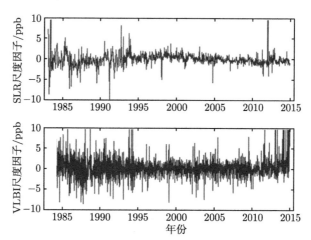

图 8.20   SLR 周解和 VLBI 24 小时观测日解相对于综合解的尺度因子时间序列

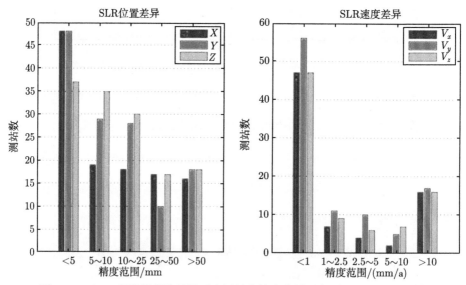

图 8.21   SLR 长期解算结果历元坐标精度综合分析研究 (与 IRF2014 比较)

第 9 章　SLR 测定低阶重力场

9.1　参数估算方法

地球是由大气圈、水圈、固体地球及其内核组成的一个复杂且不断变化的动力学系统，由于陆地的冰雪消融、水循环、板块运动、地幔对流、冰后回弹等现象的存在，地球表面和内部物质的质量变化和重新分布产生了地球重力场变化和地球自转变化，这些变化都可以通过地球低阶重力场系数体现出来。自第一颗人造地球卫星上天以来，卫星重力得到了飞速发展。由于卫星轨道对地球重力场变化敏感，自 Starlette、Lageos-1 和 Laoges-2 等激光卫星发射以来其就被广泛用于地球重力场的研究，如地球重力场的潮汐变化、低阶带谐项系数长期变化等，这些研究结果对卫星大地测量起到了重要作用。2002 年成功发射的 GRACE 卫星使得地球重力场研究有了更重大的进展，但利用 GRACE 等重力卫星数据得到的地球低阶重力场 J_2 项结果不稳定，有较大误差。因此，目前的地球重力场模型的低阶项仍然采用 SLR 测量结果 (曲伟菁等，2012)。

SLR 作为测定低阶重力场的主要技术，主要是由于其观测精度高，有些测站可达毫米级，且卫星轨道高度较低，对低阶重力场敏感，具有全球较均匀分布的 40 多年数据，适宜利用其来研究地球重力场低阶系数变化，郭金运等 (2008)、Yoder 等 (1983)、Nerem 等 (1993)、Gegout 等 (1991)、Dong 等 (1996)、Cheng 等 (1989)、Cox 等 (2002) 多位学者利用多颗激光或者单颗卫星对低阶重力场系数进行了监测和特性分析。SLR 监测地球重力场一般最高可到 10 阶，这主要与能够参加精确计算的卫星数及其高度分布有关，其中对 J_2 及其变化的研究最多。由于 J_2 变化的复杂性，所以，不同时期 J_2 变化的季节和长期特性以及近几年来 J_2 的变化是 SLR 监测低阶地球重力场的热点。

SLR 监测低阶地球重力场通常采用数值积分方法，求出高精度的卫星星历和待求参数对卫星位置的偏导数，然后根据观测量的残差平方和最小原则来估计低阶重力场等有关参数。定义重力场系数 $J_n = -\sqrt{2n+1}\ \overline{C}_{n0}(\overline{C}_{n0}$ 为归一化球谐系数)，J_n 的变化量 ΔJ_n 为 $J_n - J_{n0}$，J_n 为解算值，J_{n0} 为重力场模型 n 阶系数。因为卫星的升交点 Ω 对地球重力场的偶阶带谐项敏感，则偶阶带谐项可以引起 Ω 的进动，动力学方程如下：

$$\frac{\mathrm{d}\delta\Omega}{\mathrm{d}t} = -\frac{3}{2}n\left(\frac{R_\mathrm{E}}{a}\right)^2\frac{\cos i}{(1-e^2)^2} \times (\delta J_2 + \delta J_4 f_4 + \cdots)$$

$$f_4 = \frac{5}{8}\left(\frac{R_\mathrm{E}}{a}\right)^2 \times \left(7\sin^2 i - 4\right) \times \frac{1+\dfrac{3e^2}{2}}{(1-e^2)^4}$$

$$\text{(9.1)}$$

式中，n 为轨道平均运动速度，$n = 2\pi/P$，P 为轨道周期，R_E 为地球半径。对于 Lageos 卫星来说，倾斜因子 $f_4 = 0.37$，该值足够大以至于不能够忽视它在解算 J_2 的整个过程中对 J_2 产生的影响，因此，一般解算重力场低阶系数应至少包括 J_2、J_3 和 J_4 三项。

9.2　数　据　选　取

从式 (9.1) 可以看出，对于单颗激光卫星而言，通常解算得到的地球重力场系数是高低阶系数的组合，其中包含了高阶项对低阶项的影响，因此只有通过采用多颗不同倾角的卫星同时参与求解，才能适当地分离出低阶项。一般，所用卫星数越多，精度越高，能够解算的地球低阶重力场阶数也会越高。以 1984 年 1 月~2010 年 12 月共 27 年的 Lageos-1 以及 1992 年 10 月~2010 年 12 月共 18 年的 Lageos-2 两颗卫星的测距数据综合求解地球低阶重力场系数为例，Lageos-1 和 Lageos-2 两颗卫星的主要参数见表 9.1。

表 9.1　**Lageos-1 和 Lageos-2 两颗卫星的主要参数**

卫星	编号	发射时间	直径	形状	激光反射器个数	轨道	倾角	偏心率	近地点	周期	质量
Lageos-1	7603901	1976 年 5 月 4 日	60cm	球形	426	圆形	109.84°	0.0045	5860km	225min	406.965 kg
Lageos-2	9207002	1992 年 10 月 22 日	60cm	球形	426	圆形	52.64°	0.0135	5620km	223min	405.38 kg

9.3　J_2 季节性变化

图 9.1 给出了利用两颗 Lageos 卫星解算的 J_2 变化时间序列，通过对该时间序列进行频谱分析，可以看出 J_2 变化存在着明显的周年和半周年变化，振幅分别在 1.5×10^{-10} 和 1.2×10^{-10} 左右，如图 9.2 所示。对于 J_2 变化存在的周年和半周年特性，Cheng 等 (1997, 1999)、Nerem 等 (1993) 分析认为 J_2 的季节性变化是与大气、海洋和陆地水的质量变化有关；Chao 等 (1995) 通过分析 Lageos-1 卫星测距资料，指出大气质量分布变化可以解释 J_2 变化的周年特性；Dong 等 (1996) 认为大气和陆地水的质量变化主要影响 J_2 变化的周年项，而海洋变化主要影响半周年项 (曲伟菁等，2012)。

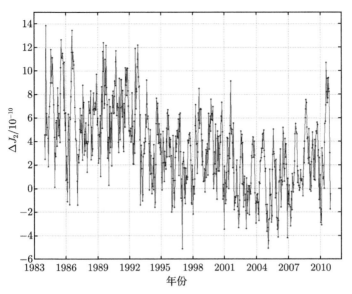

图 9.1 J_2 变化时间序列

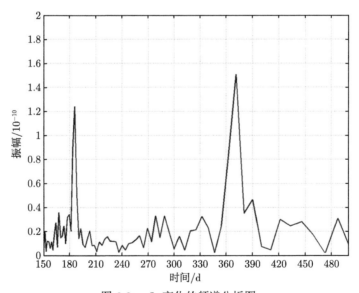

图 9.2 J_2 变化的频谱分析图

鉴于 J_2 变化特性，可根据如下公式拟合周年项、半周年项的振幅和相位值：

$$\Delta J_2 = J_2(t_0) + \dot{J}_2(t-t_0) + A_{\mathrm{sa}}\cos(\omega(t-t_0)+\varphi_{\mathrm{sa}}) + A_{\mathrm{ssa}}\cos(2\omega(t-t_0)+\varphi_{\mathrm{ssa}}) \quad (9.2)$$

式中，$\dot{J}_2$ 为 J_2 长期变化率；A_{sa} 和 φ_{sa} 分别为周年振幅和相位；$A_{\mathrm{ssa}}, \varphi_{\mathrm{ssa}}$ 分别为半周年振幅和相位；t_0 为 1984 年 1 月 1 日。

Gegout 等 (1993)、Dong 等 (1996) 和 Cheng 等 (1999) 分别采用 1985~1989 年、1984~1992 年以及 1993~1996 年三个时间跨度的卫星观测数据得到周年和半周年的振幅、相位，而曲伟菁等 (2012) 也分别采用相同的三个时间跨度数据拟合 J_2 变化的周年和半周年的振幅、相位，结果在表 9.2 中列出。可以看出其与 Gegout 等、Dong 等和 Cheng 等的结果吻合较好，不过相互之间还是存在一定的差异，引起这些差异的原因有很多，比如采用的模型、数据处理方法以及选取 t_0 等的不同。Cheng 等 (1999) 曾经通过分析指出，所采用的 t_0 不同会引起 $10° \sim 15°$ 的相位变化 (曲伟菁等，2012)。

表 9.2 J_2 变化的周年、半周年振幅和相位值

	时间跨度	采用的卫星	周年变化		半周年变化	
			振幅 /10^{-10}	相位 /(°)	振幅 /10^{-10}	相位 /(°)
Cheng 等 (1999)	1993~1996 年	5 颗卫星	2.95	130	0.85	231
Nerm 等 (1993)	1980~1989 年	Lageos-1	2.68	115	2.53	198
Gegout 等 (1993)	1985~1989 年	Lageos-1	3.20	107	1.70	201
Dong 等 (1996)	1984~1992 年	Lageos-1	2.46	119	2.06	205
曲伟菁等 (2012)	1985~1989 年	Lageos-1	2.68	140	0.60	212
曲伟菁等 (2012)	1993~1996 年	Lageos-1、Lageos-2	2.17	121	0.69	239
曲伟菁等 (2012)	1984~1992 年	Lageos-1	2.44	123	1.00	204
曲伟菁等 (2012)	1997~2001 年	Lageos-1、Lageos-2	2.19	136	1.14	198
曲伟菁等 (2012)	2002~2010 年	Lageos-1、Lageos-2	2.64	142	1.10	244
曲伟菁等 (2012)	1984~2010 年	Lageos-1、Lageos-2	2.50	127	0.94	213

曲伟菁等 (2012) 利用 1985~1989 年、1984~1992 年、1993~1996 年、1997~2001 年、2002~2010 年 5 个不同时间段的观测数据拟合 J_2 周年和半周年振幅以及相位，得到的结果差异较小，结果较稳定。周年振幅相差最小为 0.02×10^{-10}，最大为 0.51×10^{-10}，相位相差最小为 2°，最大为 21°；半周年振幅相差最小为 0.04×10^{-10}，最大为 0.54×10^{-10}，相位相差最小为 5°，最大为 46°。利用全部数据段得到的 J_2 周年振幅以及相位分别为 2.5×10^{-10}、127°，半年项振幅和相位分别为 0.94×10^{-10}、213°。可以看出 J_2 变化的周年和半周年特性与采用数据段有关，周年项的振幅和相位相对于半周年振幅和相位来说更稳定，半周年项的各结果相互之间差异相对较大主要是由于观测中的一些不确定因素、其他引起轨道扰动的非模型化的力以及海潮模型中存在的半周年项误差等。

9.4 J_2 长期变化

从图 9.1 中可以看出，J_2 变化时间序列中除了存在明显季节变化之外，还有长期变化。1983 年 Yoder 等 (1983) 首次利用 5 年多的 Lageos-1 卫星数据发现 J_2 的长期变化率 $\dot{J}_2$ 为 $-3.0 \times 10^{-11}\mathrm{a}^{-1}$，并阐述了这可能是由滞弹性地球的冰后回弹导致，随后 Cheng 等 (2004)、Cox 等 (2002) 和 Eanes(1995) 也都利用 SLR 卫星观测数据对 J_2 的长期变化展开分析，认为 J_2 是呈长期递减趋势变化的。

根据式 (9.2)，曲伟菁等 (2012) 利用 1984~1994 年、1984~2000 年、1997~2002 年和 1984~1997 年这四个时期的数据分别拟合 J_2 的长期变化率 $\dot{J}_2$，Nerem 等 (1996)、Caze- nav 等 (1996)、Chapanov 等 (2002)、Cox 等 (2002) 采用的时间跨度分别与上述四个时间跨度相同, 结果在表 9.3 中列出。通过比较结果可以看出, 相同时间内他们的结果吻合较好，相互之间存在的差异, 是由所采用的卫星数量、模型、数据处理方法等众多因素导致的，Eanes(1995) 曾分析得出，$\dot{J}_2$ 的拟合值由于解算过程中采用的模型和常数等的不同而有一定的差异，对 $\dot{J}_2$ 大约产生 $\pm 0.5 \times 10^{-12}\mathrm{a}^{-1}$ 的变化。

表 9.3 J_2 长期变化值

	采用的卫星	时间跨度	$\dot{J}_2/(\times 10^{-11}\mathrm{a}^{-1})$
Yoder 等 (1983)	Lageos-1	1976~1983 年	−3.0
Cheng 等 (2008)	8 颗卫星	1976~2008 年	−2.3
Cox 等 (2002)	10 颗卫星	1979~1996 年	−2.8
Eanes (1995)	Lageos-1	1976~1995 年	−3.0
Nerem 等 (1996)	Lageos-1、Lageos-2、Ajisai、Starlette	1986~1994 年	−2.8
Cazenav 等 (1996)	Lageos-1、Lageos-2	1984~1994 年	−3.0
Chapanov 等 (2002)	Lageos-1、Lageos-2	1984~2000 年	−2.7
Cox 等 (2001)	10 颗卫星	1997~2002 年	2.2
曲伟菁等 (2012)	Lageos-1、Lageos-2	1984~1994 年	−2.5
曲伟菁等 (2012)	Lageos-1、Lageos-2	1984~2000 年	−2.9
曲伟菁等 (2012)	Lageos-1、Lageos-2	1997~2002 年	2.7
曲伟菁等 (2012)	Lageos-1、Lageos-2	1984~1997 年	−3.3
曲伟菁等 (2012)	Lageos-1、Lageos-2	1984~2002 年	−2.5
曲伟菁等 (2012)	Lageos-1、Lageos-2	1984~2010 年	−2.2
曲伟菁等 (2012)	Lageos-1、Lageos-2	1984~2007 年	−2.9
曲伟菁等 (2012)	Lageos-1、Lageos-2	2007~2010 年	3.5

从表 9.3 中可看出, 全部数据段拟合得到的长期变化为 $-2.2 \times 10^{-11}\mathrm{a}^{-1}$，不同数据段得到的结果有所不同，主要是由于受到年际变化的影响。不同数据段 J_2 变化趋势也会不同，例如 1997~2002 年以及 2007~2010 年两个时间段的 $\dot{J}_2$ 是正值，说明 J_2 在此时间内偏离了长期递减趋势，呈现递增趋势，而除这两个特殊时间段外，其他时间段的 $\dot{J}_2$ 都呈递减趋势变化，相差在 $1.1 \times 10^{-12}\mathrm{a}^{-1}$ 以内。

　　根据 1997~2002 年数据得到的 $\dot{J}_2$ 为 $2.7\times10^{-11}a^{-1}$，相同时间内 Cox 得到的 $\dot{J}_2$ 为 $2.2\times10^{-11}a^{-1}$，与 Cox 得到的 $\dot{J}_2$ 数值虽然不同，但是变化趋势是一样的。根据 1984~1997 年数据得到的 $\dot{J}_2$ 为 $-3.3\times10^{-11}a^{-1}$，而根据 1984~2002 年数据得到的 $\dot{J}_2$ 为 $-2.5\times10^{-11}a^{-1}$，以上数值结果说明地球重力场在 1997~2002 年期间发生了重大变化，称之为 "1998 异常"。图 9.3 为通过滑动平均滤掉低于 2 年的短周期项后的 J_2 变化时间序列，从图中也可以看出，从 1997 年中后期开始，J_2 呈递增的趋势，在 2000 年左右达到最大，随后开始恢复递减趋势。"1998 异常" 是 Cox 等 (2002) 首次发现的，随后国际众多学者也发现该异常并开始关注其产生的机制；Dickey 等 (2002) 分析指出，这是由冰雪融化以及太平洋和印度洋的质量变化引起的；Cheng 等 (2008) 认为，该异常变化是由气候变化中 5.8 年的年际变化与 10 年尺度变化的峰峰叠加造成的；Chao 等 (2003) 则发现相同时间海洋在南北太平洋盆地发生的变化与 "1998 异常" 很吻合，从而认为 SLR 监测的 J_2 异常与厄尔尼诺-南方涛动 (ENSO) 有关。

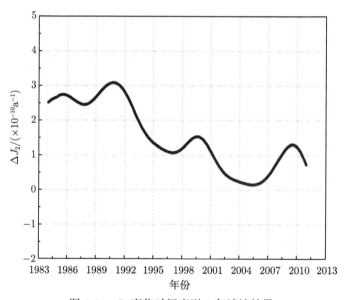

图 9.3　J_2 变化时间序列 2 年滤波结果

　　从图 9.3 中还可以看出，在 2010 年初期 J_2 变化时间序列有一较大的峰值，而根据 1984~2007 年期间的数据拟合 $\dot{J}_2$ 为 $-2.9\times10^{-11}a^{-1}$，1984~2010 年 $\dot{J}_2$ 为 $-2.2\times10^{-11}a^{-1}$，2007~2010 年 $\dot{J}_2$ 值为 $3.5\times10^{-11}a^{-1}$，这些数据表明，2007~2010 年期间可能再一次发生了重大的异常变化，但是目前关于这一异常地球物理的解释尚不清楚，有待进一步的深入分析研究。

第 10 章　SLR 测定地心运动

通常采用的与地球相关的参考架原点有 3 个：包括海洋和大气的整个地球的质量中心 (center of mass, CM)、不包括质量负荷的固体地球的质量中心 (center of earth, CE) 和固体地球外表面的形状中心 (center of figure, CF)。CM 框架通常被空间大地测量所采用，因为卫星动力学是针对 CM 的，理想地球参考架定义要求地球参考架定义在 CM 框架。CE 框架应用于某些地球物理学理论研究，如勒夫数的计算等。CF 框架通常应用于与地面测量相关的学科，这里地面点间的几何形状是唯一可测量的量，所以一般应用于与地面的大地测量和形变测量等有关的研究 (董大南等，2007; Dong et al., 2013)。IERS 发布的国际地球参考架 (ITRF) 是通过 SLR、VLBI、GPS 和 DORIS 四种空间大地测量技术建立和维持的，即由各个技术的全球观测网数据得到技术内综合解，经由技术间再综合得到台站坐标和速度场来实现。其本来目标是要实现理想的地球参考架，但是由于四种空间大地测量技术台站都固定在地壳上，由这些台站坐标和速度场确定的 ITRF 并没有直接反映出地球整体质量分布和地心运动，而是反映了由这些台站构成的多面体中心，即观测站网的中心 (center of network, CN)，其近似于地球形状中心 (CF)(邹蓉，2009)。由于地球上海平面变化、冰川融化、大气环流、地幔对流和液核振荡等原因，地球质量会发生迁移，导致地球质心 (CM) 会相对于地球形状中心发生位移，这个位移称为地心运动 (董大南等，2007)。地心运动必然会影响到卫星精密定轨、地面点的精密定位、地球定向参数的确定、地球低阶引力场的确定以及所有以 ITRF 作为参考框架的空间大地测量结果 (Collilieux et al., 2010; 李九龙，2015)。因此，地心运动的研究十分重要。

10.1　地心运动的计算方法

在四种空间大地测量技术 VLBI、SLR、GPS 和 DORIS 中，VLBI 技术是一种相对测量，其观测目标是遥远的河外射电源，它们的运动并不围绕着地球，且其数据处理使用的是几何方法，所以 VLBI 技术自身无法确定地球参考架的原点。GPS 技术由于轨道模型误差，无法给出精确的地心运动变化，且 GPS 数据处理经常采用的差分方法降低了其对地心变化的敏感性。DORIS 技术由于自身系统误差较严重，不能精确地解算出地球质心的位置 (李九龙，2015)。SLR 技术是目前最精密的地球参考架原点确定技术，其观测的目标大都是面质比小、结构简单的地球动力学卫星，且大部分激光卫星离地不太远，对地心运动很敏感，这为监测地心运动提供了有利条件。

目前，采用 SLR 技术确定地心运动的方法有三种：几何法、动力法和直接法。

10.1.1　几何法

几何法就是先求解测站坐标序列，然后再求解地心运动序列 (秦显平, 2003)。该方法就是利用卫星精密定轨得到测站在地心坐标系下的坐标序列，然后选择某个 ITRF(也可是其他较权威的地球参考架) 为参考基准，由 Helmert 七参数转换到这个 ITRF，即可得测站坐标相对于该 ITRF 的平移量，该平移量即为地心运动时间序列。

假设 X_{w}^i、$Y_{\mathrm{w}}^i(t)$、$Z_{\mathrm{w}}^i(t)$ 为利用卫星精密定轨得到的观测历元 t 时刻的第 i 个测站在地心坐标系下的坐标。$X_{\mathrm{r}}^i(t_0), Y_{\mathrm{r}}^i(t_0)$、$Z_{\mathrm{r}}^i(t_0)$ 为该测站在某个 ITRF(也可是其他较权威的地球参考架) 参考历元 t_0 的坐标，则可获得该测站在该 ITRF 历元 t 时刻的坐标 $X_{\mathrm{r}}^i(t)$、$Y_{\mathrm{r}}^i(t)$、$Z_{\mathrm{r}}^i(t)$ 为

$$\begin{cases} X_{\mathrm{r}}^i(t) = X_{\mathrm{r}}^i(t_0) + (t - t_0) \cdot \dot{X}_{\mathrm{r}}^i \\ Y_{\mathrm{r}}^i(t) = Y_{\mathrm{r}}^i(t_0) + (t - t_0) \cdot \dot{Y}_{\mathrm{r}}^i \\ Z_{\mathrm{r}}^i(t) = Z_{\mathrm{r}}^i(t_0) + (t - t_0) \cdot \dot{Z}_{\mathrm{r}}^i \end{cases} \tag{10.1}$$

式中，t_0 为该 ITRF 参考历元；$\dot{X}_{\mathrm{r}}^i$、$\dot{Y}_{\mathrm{r}}^i$、$\dot{Z}_{\mathrm{r}}^i$ 为该测站在该 ITRF 下的线性速度。

通过 Helmert 七参数进行转换，可得

$$\begin{bmatrix} X_{\mathrm{r}}^i(t) \\ Y_{\mathrm{r}}^i(t) \\ Z_{\mathrm{r}}^i(t) \end{bmatrix} = \begin{bmatrix} X_{\mathrm{w}}^i(t) \\ Y_{\mathrm{w}}^i(t) \\ Z_{\mathrm{w}}^i(t) \end{bmatrix} + \begin{bmatrix} T_1 \\ T_2 \\ T_3 \end{bmatrix} + \begin{pmatrix} D & -R_3 & R_2 \\ R_3 & D & -R_1 \\ -R_2 & R_1 & D \end{pmatrix} \begin{bmatrix} X_{\mathrm{w}}^i(t) \\ Y_{\mathrm{w}}^i(t) \\ Z_{\mathrm{w}}^i(t) \end{bmatrix} \tag{10.2}$$

式中，T_1、T_2、T_3 是三个平移参数，也是我们所求得的地心运动的三个分量；R_1、R_2、R_3 为三个旋转参数；D 为尺度因子。

因为几何法受到网形的影响，为了使计算的地心运动更加真实，应尽可能地均匀选取测站 (Coulot et al., 2010)。本书在文献 (Pavlis et al., 2010; Cheng et al., 2013) 给出的 SLR 核心站基础上，选择性地剔除数据不好的站点 (转换到新的参考架后，与框架结果的差大于 0.3m)，选取了 SLR 核心站，见表 10.1。通过这些核心站进行七参数转换，得到的其中三个平移参数即是地心运动的三个分量。由于该方法与核心站的选取、数目和测站分布有关，所以其可靠性会受这些因素的影响。

表 10.1　SLR 核心站列表

测站名	DOMES 名	核心站起始年份	终止年份	参与周解次数统计 (截止到 2017 年 12 月)
7080	40442M006	1993	—	1061
7090	50107M001	1993	—	1289
7105	40451M105	1993	—	1145
7109	40433M002	1993	1997	178
7110	40497M001	1993	—	1274
7210	40445M001	1994	2004	441
7237	21611S001	2014	—	189
7403	42202M003	1993	2000	305
7501	30302M003	2000	—	667
7810	14001S007	1998	—	839
7825	50119S003	2004	—	662
7832	20101S001	2001	2011	484
7835	10002S001	1993	2005	493
7836	14106S009	1993	2004	481
7837	21605S001	1997	2005	266
7839	11001S002	1993	—	1172
7840	13212S001	1993	—	1266
7841	14106S011	2004	—	487
7849	50119S001	1998	2003	224
7939	12734S001	1993	2000	314
7941	12734S008	2001	—	692
8834	14201S018	1996	2009	565

这里采用几何法来确定地心运动序列，其中站坐标的解算通过 SHAO 周解与 ILRS 各分析中心的周解利用 ILRSC 综合方法进行加权综合得到，然后再对综合后的周解相对于 SLRF2008 和 SLRF2014 分别进行七参数转换求平移参数，就可得到两个地心运动序列，分别命名为几何法 (SLRF2008) 和几何法 (SLRF2014)。

10.1.2　动力法

动力法是通过估计地球引力位一阶系数，然后确定地心运动序列 (Cheng et al., 2013)。地球引力场是在地固坐标系中球谐展开的，如果坐标原点就是地球质心，那么引力位的一阶项系数 C_{11}、S_{11}、C_{10} 将全部为零。但实际上，地球质心是一直在运动的，也就是说 C_{11}、S_{11}、C_{10} 并不为 0，动力法就是在卫星精密定轨过程中，将地球引力位一阶系数作为待估参数，通过解算引力位一阶系数来确定地球的质心运动。地球引力位的球谐系数的级数展开形式一般为

$$V = \frac{GM}{r}\left\{1 + \sum_{n=2}^{\infty}\sum_{m=0}^{n}\left(\frac{R}{r}\right)^n P_{nm}(\sin\phi)\left[C_{nm}\cos(m\lambda) + S_{nm}\sin(m\lambda)\right]\right\}$$

(10.3)

式中, C_{nm} 和 S_{nm} 为位系数, 它们的大小反映了地球内部的物质分布情况, 其定义为

$$C_{nm} = \frac{1}{MR^n} \frac{(2 - \delta_{nm})(n-m)!}{(n+m)!} \cdot \int_M r^n P_{nm}(\sin\phi)\cos(m\lambda)\mathrm{d}M \tag{10.4}$$

$$S_{nm} = \frac{1}{MR^n} \frac{(2 - \delta_{nm})(n-m)!}{(n+m)!} \cdot \int_M r^n P_{nm}(\sin\phi)\sin(m\lambda)\mathrm{d}M \tag{10.5}$$

式中, 当 $m = 0$ 时, $\delta_{nm} = 1$, 否则 $\delta_{nm} = 0$; $\mathrm{d}M$ 表示坐标为 (r, ϕ, λ) 的空间点处的质量元。

在大多数情况下, 大气、海洋、陆地地面水等都近似处理为地球表面质量负荷变化, 这样式 (10.4)、式 (10.5) 的时变部分可以简化为 (李九龙, 2015)

$$C_{nm}(t) = \frac{1}{M} \frac{2(n-m)!}{(n+m)!} \cdot \int_S L(\phi, \lambda, t) P_{nm}(\sin\phi)\cos(m\lambda)\mathrm{d}S \tag{10.6}$$

$$S_{nm}(t) = \frac{1}{M} \frac{2(n-m)!}{(n+m)!} \cdot \int_S L(\phi, \lambda, t) P_{nm}(\sin\phi)\sin(m\lambda)\mathrm{d}S \tag{10.7}$$

式 (10.3) 中没有一次项, 这是假定 CM 在地球参考架原点, 当存在地心运动时, 其定义为

$$\begin{cases} \Delta x = \dfrac{1}{M} \displaystyle\int_M x\mathrm{d}M \\[2mm] \Delta y = \dfrac{1}{M} \displaystyle\int_M y\mathrm{d}M \\[2mm] \Delta z = \dfrac{1}{M} \displaystyle\int_M z\mathrm{d}M \end{cases} \tag{10.8}$$

如只考虑地球表面质量负荷 $L(\phi, \lambda, t)$ 变化引起的地球质心变化, 则上述方程可重写为

$$\begin{cases} \Delta x = \dfrac{R}{M} \displaystyle\int_S L(\phi, \lambda, t)\cos\phi\cos\lambda\mathrm{d}S \\[2mm] \Delta y = \dfrac{R}{M} \displaystyle\int_S L(\phi, \lambda, t)\cos\phi\sin\lambda\mathrm{d}S \\[2mm] \Delta z = \dfrac{R}{M} \displaystyle\int_S L(\phi, \lambda, t)\sin\phi\mathrm{d}S \end{cases} \tag{10.9}$$

比较式 (10.6)、式 (10.7)、式 (10.9) 可得

$$\begin{cases} \Delta x = RC_{11} \\ \Delta y = RS_{11} \\ \Delta z = RC_{10} \end{cases} \tag{10.10}$$

式中，Δx、Δy、Δz 为地球质心运动的三个分量；R 为地球半径；C_{11}、S_{11}、C_{10} 为地球引力位一阶系数。

10.1.3 直接法

直接法就是在卫星精密定轨过程中将地心运动作为待估参数，在测量模型中加入地心运动改正项，通过循环迭代求得地心的位移量 (曹月玲, 2008; Kang et al., 2009)。台站坐标定义在形心坐标系下，卫星轨道定义在质心坐标系下，由于地球质心相对于形状中心存在着地心运动，所以激光测距观测值需加上这一项改正。地心运动的具体改正方程为

$$\Delta\rho_{\mathrm{mc}} = (\rho_x\Delta x + \rho_y\Delta y + \rho_z\Delta z)\,/\rho \tag{10.11}$$

式中，$\Delta\rho_{\mathrm{mc}}$ 为地心运动引起的激光测距改正；$\rho = \sqrt{\rho_x^2 + \rho_y^2 + \rho_z^2}$；$\Delta x$、$\Delta y$、$\Delta z$ 为地心在测站坐标系中的位移量；ρ_x、ρ_y、ρ_z 为卫星在测站坐标系中的坐标。

该方法的一个本质缺陷就是其地心运动估值与 SLR 测量误差中的偏心改正强相关。在 SLR 数据处理中，通常测站偏心改正不估计，从式 (10.11) 和式 (10.10) 可以看出，其公式非常近似，即地心改正实际估计了所有测站的共同偏心改正，测站的偏心改正误差也在其中。

本书采用直接法来确定地心运动序列，分别利用 Lageos-1 和 Lageos-2 卫星数据进行地心运动解算，其解分别命名为直接法 (Lageos-1) 和直接法 (Lageos-2)，地心运动解算时所采用的模型和解算策略如表 10.2 所示 (邵瑶等，2020)。

表 10.2   SLR 估计地心运动所采用的模型和策略

策略	Lageos-1/2 卫星
参考架和测量模型	
地球参考架	SLRF2014
岁差模型	IAU2006
章动模型	IAU2006+IERS 章动改正
大气折射改正	Mendes-Pavlis 模型
质心改正/m	依测站而定 (0.245~0.251)
力学模型	
地球重力场 (阶)	EGM2008(100×100)
固体潮摄动	IERS2010
海潮摄动	FES2004
行星摄动	JPL DE421
参数估计	
卫星坐标	估计 6 个轨道根数
EOP	每 3 天估计一组
光压和大气阻力	每 3 天估计一组
经验力	每 3 天估计一组 N 和 T 方向经验力
地心	每天估计一组
定轨弧长	7 天

10.2 地心运动特征分析

这里对获得的地心序列首先进行了快速傅里叶频谱分析，分析其中所含周期。然后假设地心运动同时具有长期项和周期项，地心运动的时间序列可以表示为

$$\Delta R_j = c + dt_j + \sum_{i=1}^{k} A_i \cdot \sin\left(2\pi f_i t_j + \theta_i\right) \tag{10.12}$$

式中，c 为长期变化中的常数项；d 为长期变化中的系数项；k 为周期函数的个数；A_i 为对应第 i 个周期项的振幅；f_i 为对应的频率；θ_i 为相位。将信号中的周期项展开可得到

$$A_i \cdot \sin\left(2\pi f_i t_j + \theta_i\right) = a_i \cdot \sin\left(2\pi f_i t_j\right) + b_i \cdot \cos\left(2\pi f_i t_j\right) \tag{10.13}$$

式中，

$$A_i = \sqrt{a_i^2 + b_i^2} \tag{10.14}$$

$$\theta_i = \arctan\left(b_i/a_i\right) \tag{10.15}$$

将求解的地心运动 ΔR_j 当作已知观测量，代入式 (10.12) 中，则可列出误差方程：

$$V = BX - L \tag{10.16}$$

式中，V 为地心运动 ΔR_j 的残差向量；X 为未知数向量 (即所求的周期项和长期项系数)；B 为系数矩阵；L 为由 ΔR_j 组成的向量。通过最小二乘估计即可得未知数向量的估值：

$$X = \left(B^{\mathrm{T}}PB\right)^{-1} B^{\mathrm{T}}PL \tag{10.17}$$

式中，P 为地心运动的权矩阵，此处取单位权。当求得参数向量 X 后，可通过式 (10.14) 和式 (10.15) 得到周期项的振幅和相位，这样就可以获得地心运动的长期变化和周期变化特征。

10.3 结 果 分 析

本书利用上海天文台 SHORD-Ⅱ 软件处理了 Lageos-1、Lageos-2、Etalon-1 和 Etalon-2 四颗卫星从 1993 年 1 月~2017 年 12 月的 SLR 数据，将得到的 SHAO 周解与 ILRS 各分析中心 (包括 ASI、BKG、DGFI、ESA、GRGS、JCET、NSGF) 提供的周解进行加权混合，由混合后的解进行七参数转换，分别得到以 SLRF2008 和 SLRF2014 作为参考的两个地心运动序列，并进行了快速傅里叶变换和长期与周期性特征分析，其解见图 10.1~图 10.3。其中图 10.1 显示了几何

法 (SLRF2008) 确定的地心序列快速傅里叶频谱分析图, 发现地心在 X、Y、Z 三个方向上有明显的周年项和半周年项, 周期分别为 0.9996 年和 0.4996 年, 这里只给出了几何法 (SLRF2008) 快速傅里叶频谱分析图, 其他结果类似, 周期也相同。然后对地心序列中的周年项、半周年项的振幅和相位以及长期项按照 10.2 节方法进行最小二乘拟合, 图 10.2、图 10.3 分别给出了几何法 (SLRF2008) 和 (SLRF2014) 确定的地心运动及其特征拟合序列, 从图中可以看出, 周期拟合序列较好地模制了原始的地心运动序列, 但是在振幅上还不是很好, 特别是在 Z 方向 (邵璠等, 2020)。

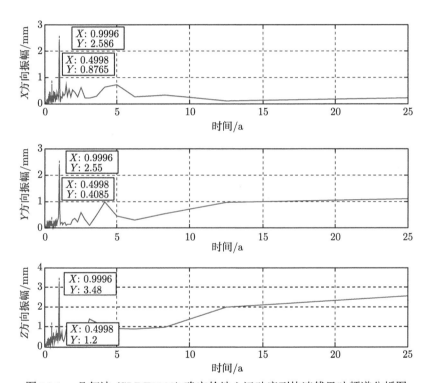

图 10.1 几何法 (SLRF2008) 确定的地心运动序列快速傅里叶频谱分析图

图 10.4、图 10.5 分别给出了直接法 (Lageos-1) 和 (Lageos-2) 确定的地心运动序列, 从图中可以看出两者很接近; 图 10.6 给出了 CSR 利用动力法确定的地心运动序列。图中, 黑色曲线代表最小二乘拟合的线性项和周期项之和。可以发现, 地心运动在 X、Y 方向变化幅度均比较小, 而在 Z 方向变化幅度较大, 且通过直接法求得的地心序列相较于几何法和动力学法变化幅度更大, 更不规则, 特别是 Z 方向。这可能是因为直接法求解的质心运动跟 SLR 测站偏心改正严重相关, 其可靠性相对要低 (邵璠等, 2020)。

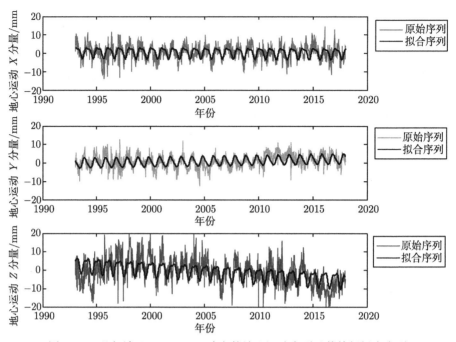

图 10.2   几何法 (SLRF2008) 确定的地心运动序列及其特征拟合序列

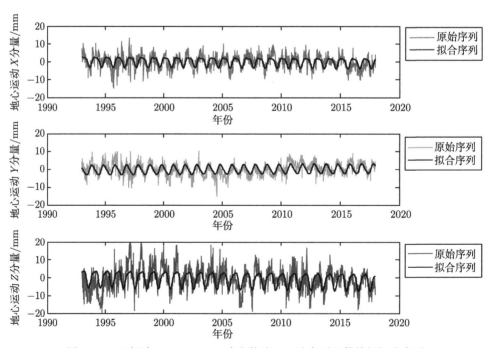

图 10.3   几何法 (SLRF2014) 确定的地心运动序列及其特征拟合序列

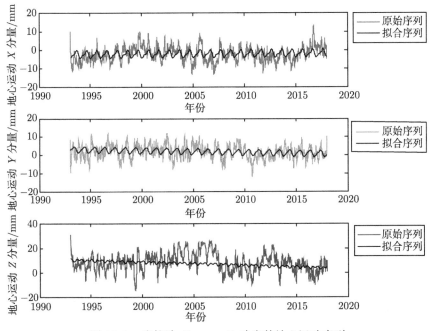

图 10.4   直接法 (Lageos-1) 确定的地心运动序列

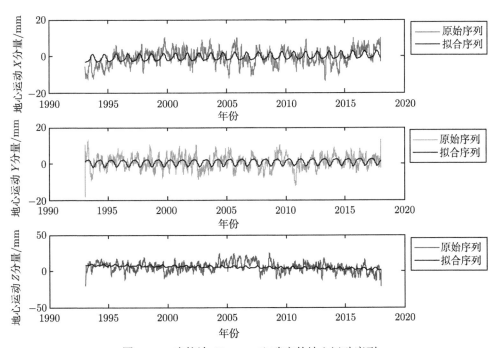

图 10.5   直接法 (Lageos-2) 确定的地心运动序列

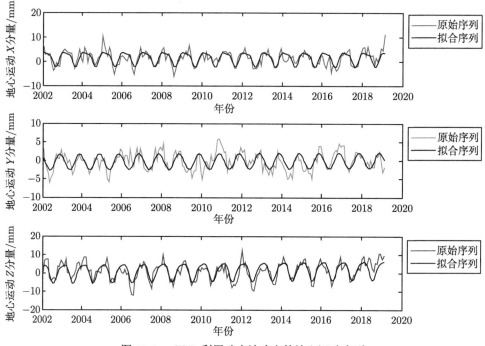

图 10.6   CSR 利用动力法确定的地心运动序列

表 10.3 给出了本书计算的几何法和直接法与 CSR 提供的动力法地心运动序列的平均统计结果, 其中 CSR 的结果来自于 ftp.csr.utexas.edu/pub/slr/geocenter 发布的地心运动序列，其时间跨度为 2002~2017 年，解算频率为每 30 天提供一组解，选择的参考框架原点为 SLRF2014 原点。从表 10.3 中可以看出，利用直接法求得的地心运动平均值较几何法和动力法偏大，几何法求得的地心运动与 CSR 提供的动力法结果较一致 (邵璠等，2020)。

表 10.3   SLR 不同方法监测地心运动的平均统计结果

方法	X/mm	Y/mm	Z/mm
几何法 (SLRF2008)	$0.41(\pm4.05)$	$0.94(\pm3.61)$	$1.03(\pm7.02)$
几何法 (SLRF2014)	$-0.01(\pm3.93)$	$0.03(\pm3.57)$	$0.95(\pm6.49)$
直接法 (Lageos-1)	$-2.12(\pm4.10)$	$1.75(\pm3.64)$	$7.27(\pm7.34)$
直接法 (Lageos-2)	$-0.35(\pm4.21)$	$0.71(\pm3.63)$	$5.23(\pm6.62)$
动力法 (CSR)	$1.25(\pm2.84)$	$-0.28(\pm2.42)$	$1.07(\pm4.69)$

表 10.4 给出了本书和基于 CSR 提供的地心运动序列拟合得到的地心运动长期项。从表中可以看出，利用几何法 (SLRF2014) 确定的地心运动速率较几何法 (SLRF2008) 的结果有明显的减小，特别是 Z 分量，说明地球参考框架 SLRF2014 相对于 SLRF2008 定义的原点更加稳定。从整体结果来看，本书计算的地心运动

速率与 CSR 提供的速率较一致, 都比较小, 说明 SLR 确定的地心还是比较稳定的, 其长期变化并不明显。其中几何法 (相对于 SLRF2014) 参考架原点稳定性好于 0.1mm/a, 其他方法确定的地心稳定性差于 0.1mm/a (邵璠等, 2020)。

表 10.4　地心运动速率比较

方法	$X/(\text{mm/a})$	$Y/(\text{mm/a})$	$Z/(\text{mm/a})$
几何法 (SLRF2008)	−0.03	0.09	−0.36
几何法 (SLRF2014)	−0.03	0.04	−0.07
直接法 (Lageos-1)	0.02	−0.09	−0.27
直接法 (Lageos-2)	0.08	0.02	−0.25
动力法 (CSR)	0.00	0.03	0.13

表 10.5 列出了本书及 CSR 解算的地心运动在 X、Y、Z 三个方向上的周年及半周年项的振幅和相位比较, 其中 CSR 结果来自对其提供的地心运动序列进行类似的周年及半周年项最小二乘拟合。从表中可以看出, 使用直接法 (Lageos-1) 和直接法 (Lageos-2) 确定的地心运动序列, 其半周年项有较好的一致性, 但是周年项相位相差较大, 这一方面可能与该方法参数之间的相关性较强有关, 也可能与单颗卫星解算地心运动时, 观测几何强度不够有关。通过比较还发现, 几何法 (SLRF2014) 和几何法 (SLRF2008) 得到的地心运动较一致, 其中几何法 (SLRF2014) 周年项和半周年项与 CSR 解算得到的结果更一致, 这说明通过对 SHAO 解算的 SLR 周解与 ILRS 各分析中心提供的周解进行技术内加权综合后, 可以得到较可靠的地心运动序列 (邵璠等, 2020)。

表 10.5　地心运动的周年项和半周年项振幅和相位比较

方法	X		Y		Z	
	振幅 /mm	相位 /(°)	振幅 /mm	相位 /(°)	振幅 /mm	相位 /(°)
周年项						
几何法 (SLRF2008)	2.76	340.22	2.63	61.92	3.76	313.45
几何法 (SLRF2014)	2.72	343.16	2.72	62.47	4.47	314.99
直接法 (Lageos-1)	1.84	333.82	1.57	59.66	0.7	73.14
直接法 (Lageos-2)	1.95	354.78	1.83	19.92	1.15	303.35
动力法 (CSR)	2.76	343.92	2.15	68.07	4.89	317.88
半周年项						
几何法 (SLRF2008)	1.02	341.76	0.45	55.38	1.61	70.04
几何法 (SLRF2014)	0.88	339.49	0.39	53.05	1.39	67.93
直接法 (Lageos-1)	0.79	19.8	0.41	39.84	0.82	301.57
直接法 (Lageos-2)	0.41	16.91	0.59	10.87	0.77	282.49
动力法 (CSR)	0.88	345.4	0.09	55.07	1.18	74.61

10.4　SLR 地心运动监测特点

基于 Lageos-1、Lageos-2、Etalon-1 和 Etalon-2 这四颗卫星 1993~2017 年全球 SLR 观测数据，分别通过几何法 (参考 SLRF2008 和 SLRF2014) 和直接法 (针对 Lageos-1 和 Lageos-2) 获得了 SLR 地心运动序列，利用傅里叶变换和最小二乘法分析了两种方法解算的地心运动的长期变化率、周年项和半周年项的振幅和相位，并与 CSR 提供的动力法结果进行了比较分析，发现 SLR 地心运动的监测特点如下：

(1) 地心运动的长期变化比周期性运动小 1 个量级。

(2) 相较于几何法 (SLRF2008)，几何法 (SLRF2014) 得到的地心运动长期项明显减小，特别是在 Z 方向，且其得到的地心运动周年项和半周年项与 CSR 通过动力法得到的结果更一致，说明综合 SHAO 与 ILRS 各分析中心周解来确定地心运动是可行的。

(3) 直接法 (Lageos-1) 和直接法 (Lageos-2) 确定的地心运动序列，其半周年项有较好的一致性，但是周年项相位相差较大，与几何法及 CSR 提供的结果在 Z 方向差异也大，这一方面可能与该方法参数之间的相关性较强有关，也可能与单颗卫星解算地心运动时观测几何强度不够有关，该方法的可靠性有待提高。

第 11 章　SLR 测定卫星自转

11.1　SLR 测卫星自转原理

通常来说，被动式卫星的自转周期的探测有两种手段：光学测定和 SLR 手段。由于被动式卫星通常安装了激光反射器，激光反射器会反射阳光，卫星自转会使得镜面反射的阳光发生闪烁，通过对闪烁的计时可反算出卫星的自转，这种手段就是光学测定卫星自转。不过该方法只能在夜间且卫星被太阳照亮时进行，并且该方法对卫星的自转速度有一定限制 (如对于 Lageos 及类似的卫星，只有自转周期小于 100 s 才能够使用该方法)。第二种方法即采用 SLR 手段，该技术通过kHz 的 SLR 观测，通过卫星角反射器反射测站发射的光子进行探测。随着卫星通过某一测站，表面的角反射器会不断反射光子。通过对观测的距离残差进行频谱分析，根据频谱的峰值可进行卫星自转周期的探测，该方法在白天和黑夜均可进行自转周期的探测，且不用考虑太阳–卫星–测站的位置信息，也不需要任何辅助设备 (Kucharski et al., 2008)。

标准的 10~20Hz 的 SLR 观测系统理论上是无法探测卫星自转轴的朝向的，且仅适合自转较快的卫星自转周期的探测，而不适合自转较慢的卫星自转周期的探测。而高重复率的 SLR 观测系统不仅可以进行卫星自转轴的探测，也可以进行从自转较快的卫星到自转较慢的卫星的自转周期探测。以目前的 2kHz 的亚毫米级 SLR 观测系统为例，其可以进行如下卫星的自转周期探测 (Kucharski et al., 2011)：

(1) 自转较慢的卫星，如 Lageos-1，Lageos-2。

(2) HEO(high earth orbit) 卫星，如 Etalon。

(3) 快速旋转的卫星，如 Ajisai。

(4) 搭载小型角反射器的卫星，如 Active Gravity Probe-B。

(5) 构型独特的卫星如 BLITS，这种卫星只能采用 SLR 手段进行自转周期探测。

表 11.1 给出奥地利 Graz 测站 SLR 观测系统进行 kHz 升级前后的关键参数 (Kucharski et al., 2008)。

表 11.1　奥地利 Graz 测站激光系统关键参数

Graz 测站激光系统	波长	重复率	能量/脉冲	脉冲宽度
10Hz 激光 (2003-10-9 之前)	532nm	10Hz	30mJ	30ps
2kHz 激光 (2003-10-9 之后)	532nm	2kHz	400μJ	10ps

11.2　Lageos-1/2 卫星自转探测

自 Lageos-1/2 卫星自转周期探测工作开始后，许多测站开始向 ILRS 提交 full rate 格式观测数据，该格式观测数据为 SLR 原始观测数据，没有进行任何降频或降噪处理。在这里分析了所有可用的数据，并只选择可见信号峰功率大于 10 的谱进行进一步分析。通过这些数据可以进行 Lageos-1 卫星 1983 年 9 月 6 日之后和 Lageos-2 卫星 1992 年 10 月 23 日之后的卫星自转周期探测。Lageos-1/2 卫星的信息如表 11.2 所示。这两颗卫星每颗均搭载 426 个激光反射器，在卫星表面环绕成 20 个环。其中 Lageos-2 卫星见图 11.1。通过 Lomb 谱分析法进行快速傅里叶变换 (FFT)，结果显示在不同的频率上会产生不同的功率波峰，这些峰值的个数与卫星每个环上的角反射数量对应，并在其中暗含着卫星自转速度信息，除此之外会有一些额外的波峰，这些额外的峰值可能是由两个相邻环产生的信号叠加而成的 (Kucharski et al., 2008)。

表 11.2　Lageos-1/2 卫星参数

参数	Lageos-1	Lageos-2
COSPAR 编号	7603901	9207002
发射日期	1976 年 5 月 4 日	1992 年 10 月 22 日
倾角	109.84°	52.64°
轨道离心率	0.0045	0.0135
近地点高度	5860km	5620km
质量	406.965kg	405.38kg

图 11.1　Lageos-2 卫星

11.2.1 卫星自转周期探测

图 11.2 给出 Lageos-2 卫星 Graz 测站 kHz 的 SLR 观测系统在 2004 年 3 月 15 日的观测残差频谱分析结果。卫星的自转周期的反算公式为: 自转周期 = N/频率，其中 N 是一个乘法因子。为了获取卫星自转周期，在这里变换了 N 从 3 到 32(不同的环的角反射器数量范围)，利用不同 N 的计算结果和 LOSSAM(Lageos spin axis model，用来描述和预报 Lageos-1 和 Lageos-2 的自转参数的模型) 预报做了对比。从图 11.2 可看出，最强的功率波峰为 D 波峰，其频率为 0.2249Hz，同时通过和 LOSSAM 的预报结果对比得出 D 峰是由搭载了 32 个角反射器的环所产生，因此，此时的卫星周期为 142.3s=32/0.2249Hz，即通过频谱分析中最强的功率峰的频率和产生该频率的环中包含的角反射器数量可以反算卫星的自转周期。

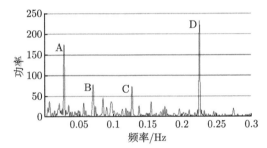

图 11.2   Lageos-2 卫星 2004 年 3 月 15 日的 kHz 观测残差频谱分析结果

图 11.3 给出 Lageos-1 卫星 (1983 年 9 月 6 日~1993 年 7 月 25 日，共 10426 个点) 和 Lageos-2 卫星 (1992 年 10 月 23 日~2007 年 8 月 15 日，共 15580 个点) 的 full rate 数据推导出的速度变化。Lageos-1 的观测数据起始时间为 1983 的后半年，之前的数据由于观测质量较差，不予考虑。需注意的是，当卫星的自转周期接近 180s 时，后面的 pass(SLR 观测数量通常用圈数即 pass 来计数，pass 代表

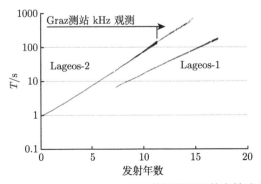

图 11.3   从 SLR Lageos-1/2 卫星数据推导出的自转速度变化

观测弧段) 均不进行处理，自转周期大于 180s 的 pass 的频谱分析的功率波峰太小，导致所计算的卫星自转周期过大，不符合实际情况 (Kucharski et al., 2008)。

图 11.4 将所有的自转速度数据点进行线性拟合，并计算实际自转速度点和线性拟合点的残差，以 0.25 年为一个窗口长度，计算每个 0.25 年内残差的 RMS，从图中可看出，自转速度在扣除了线性项后，其变化趋势呈现出了明显的类似指数的变化，说明卫星的自转速度随着时间并非均匀变慢，而是按照指数形式变慢。

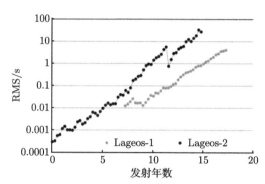

图 11.4　Lageos-1/2 卫星自转速度变化的 RMS

11.2.2　初始自转周期探测

长时间的自转速度数据序列允许我们对卫星的初始自转周期进行探测，对于 Lageos-1 卫星,所有的自转周期数据近似为一个指数函数:$T = 0.61002\mathrm{e}^{0.33004Y}$ (s)，这里 Y 为卫星发射的年数，因此该卫星的初始发射自转周期约为 0.61s。需注意的是，在进行函数拟合时，Lageos-1 最初的 7 年的数据由于质量较差而未纳入计算，因此这个初始的自转周期并非精确的数值。对于 Lageos-2 卫星，使用发射 30 天内的 137 个自转周期数据进行线性拟合，得到线性函数为 $T = 0.00089012Y + 0.90604\mathrm{s}$，因此该卫星的初始自转周期为 0.906s。由于使用了真实的自转数据进行线性拟合，所以该计算结果相较于 Lageos-1 可信度更高 (Kucharski et al., 2008)。

11.3　Etalon 卫星自转探测

Etalon 卫星为两颗完全相同的被动式卫星，Etalon-1 于 1989 年 1 月 10 日发射，Etalon-2 于 1989 年 5 月 31 日发射。这两颗卫星在高度 19120km 的近圆轨道上飞行，倾角为 65°。每颗卫星半径为 1.294m，质量为 1415kg，且上面配备了 2140 个熔融石英和 6 个锗立方角反射器，每个角反射器的尺寸均相同。图 11.5 给出卫星的形状，图 11.6 给出角反射器的分布情况 (Kucharski et al., 2007)。

图 11.5 Etalon 卫星

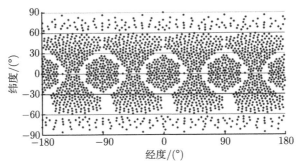

图 11.6 Etalon 卫星角反射器分布

11.3.1 kHz SLR 数据频谱分析

这里利用 3 年的 SLR Graz 测站 kHz 观测数据,对于 Etalon 进行 Lomb 频谱分析,这些观测满足每个 pass 至少持续 30min,包含至少 30000 个 full rate 反射点 (Etalon-1 共 56 个,Etalon-2 共 76 个)。图 11.7 给出 Etalon-2 2004 年 9 月 9 日的观测残差 (图 11.7(a)) 和频谱分析结果 (图 11.7(b))(Kucharski et al., 2007)。

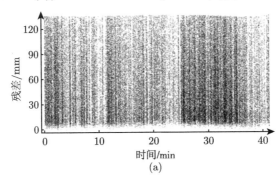

(a)

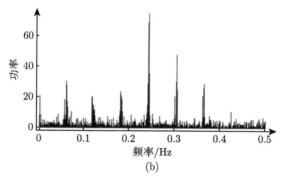

图 11.7 Etalon-2 2004 年 9 月 9 日的观测残差 (a) 和频谱分析结果 (b)

需注意的是 Etalon 卫星的角反射器分布不是类似于 Lageos 卫星的均匀分布，无法直接通过频谱分析结果进行自转周期的探测。

11.3.2 Etalon 卫星的仿真模型

由于无法通过分析计算得出 Etalon 卫星的自转周期，在这里利用仿真模拟的方式，如图 11.8 所示，图 11.8(a) 为一个真实的 Etalon-2 卫星观测 pass 的残差频谱分析图，图 11.8(b)~(d) 分别利用 30s 自转周期、66s 自转周期和 100s 自转周期构建仿真模型，其他的仿真模型均保持和实际观测一致，仅改变卫星的自转周期，通过图 11.8(b)~(d) 的结果可看出，当仿真的周期为 66s 时，与实际符合最好。在此基础上，选择自转周期 61~71s 继续进行仿真测试，步长为 0.01s，通过测试，最佳符合的自转周期为 66.73s(Kucharski et al., 2007)。

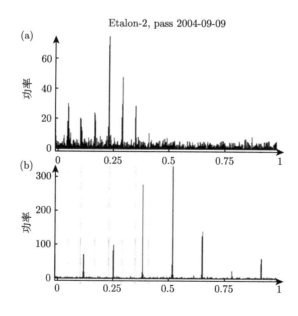

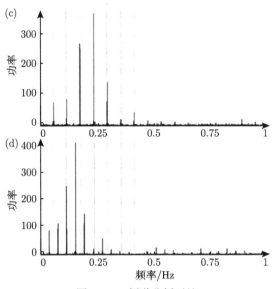

图 11.8 频谱分析对比

(a) 实际观测；(b)30s 周期仿真；(c)66s 周期仿真；(d)100s 周期仿真

11.3.3 卫星自转周期探测

仿照 11.3.2 节的方法，这里利用了至少 3 年的 Etalon 卫星观测数据，选择 Etalon-1 卫星的 56 个 pass 和 Etalon-2 卫星的 76 个 pass 进行计算，所有的 pass 均大于 30min，采用与之前相同的仿真做法，获取了所有的卫星自转数据，如图 11.9 所示。

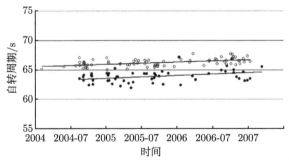

图 11.9 Etalon-1/2 卫星自转周期分布图

对于 Etalon-1 卫星，平均自转周期为 63.9s, 对于 Etalon-2 卫星，自转周期为 66.2s, 从图 11.9 可看出，两颗卫星 3 年的自转周期变化近似于线性变化，对

其进行线性拟合，得出其时变卫星速度变化为

$$T_{\text{ET1}} = 0.0013253t_{\text{MJD}} - 7.20857$$

$$T_{\text{ET2}} = 0.0010994t_{\text{MJD}} + 7.22863$$

式中，t_{MJD} 为简化儒略日。

11.4　Ajisai 卫星自转探测

11.4.1　表观旋转效应和改正

在卫星经过一个测站的期间，测站激光的入射角度在时刻变化，这种变化会影响观测到的频谱信号，因此通常采用 SLR 频谱分析获得的是表观的卫星自转周期。由于每个 pass 入射角度的变化并非一个常数，其取决于真实的地理位置 (测站-卫星相互指向)(Kucharski et al., 2009)。

1. 表观经度 (apperent longitude, AL) 影响

随着卫星通过一个测站，高度和激光入射角度均在不断变化。入射角度在经度上的变化会使得角反射器的频谱分析结果变大或者变小，这个量取决于卫星在该 pass 和测站的地理几何构型。在该 pass 内的偏移量为 $\mathrm{d}f_{\text{AL}} = \mathrm{d}L/(360° \cdot t)[\text{Hz}]$，其中 $\mathrm{d}L$ 是入射光束的经度总偏移量；t 是该 pass 持续时间；$\mathrm{d}f_{\text{AL}}$ 的值通常小于 1mHz。

2. 表观相位 (apperent phase, AP) 影响

在卫星飞行期间，由于纬度的不断变化，不同的角反射器环之间会产生相位偏移，这也会导致最终的频谱分析中包含相应的误差。

因为 $\mathrm{d}f_{\text{AP}}$ 取决于角反射器环之间的相对相位，其数值可正可负，而 $\mathrm{d}f_{\text{AL}}$ 仅取决于测站的卫星在该 pass 内的几何构型，$\mathrm{d}f_{\text{AP}}$ 同时还取决于卫星角反射器的技术特性，$\mathrm{d}f_{\text{AP}}$ 的值通常在 $\pm 2\text{mHz}$ 以内。

3. 表观效应改正

通过 SLR 计算距离残差获得的自转频谱 f_{apparent} 通过两个表观效应的改正可以获得改正后的频谱 $f_{\text{correct}} = f_{\text{apparent}} - \mathrm{d}f_{\text{AL}} - \mathrm{d}f_{\text{AP}}$。为了获取这两项改正，通常采用仿真的方法进行操作。首先假定卫星在某一预先设定的 $f_{\text{sim\_app}}$ 频谱下进行旋转，然后让卫星按照沿经度的方向逐渐变化以获得仿真的观测值，通过对获取的仿真观测值进行频谱分析获得频谱 $f_{\text{sim\_sat}}$，两者相减即可获得 $\mathrm{d}f_{\text{AL}} = f_{\text{sim\_app}} - f_{\text{sim\_sat}}$，同样，在改变纬度的条件下进行仿真可获得 $\mathrm{d}f_{\text{AP}}$(Kucharski et al., 2009)。

11.4.2 卫星自转周期探测

图 11.10 给出光学探测获取的卫星自转周期数据 (黑色点) 和 SLR 技术获取的卫星自转周期数据 (灰色点)，可见，从上到下，未经任何改正的 SLR 获取的卫星自转周期和光学观测结果有明显的偏移，而两项均改正的 SLR 数据和光学数据符合性比较好。

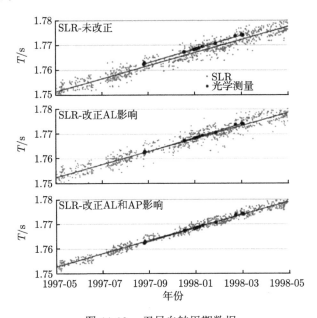

图 11.10 卫星自转周期数据

图 11.11 给出 Ajisai 卫星 1986 年 8 月 14 日~2008 年 11 月 30 日所探测到的卫星自转周期数据点。这些数据点包含着指数的趋势，函数表达为 $T = 1.488586 \cdot \exp(0.0149802 \cdot Y)[\mathrm{s}]$，其中 Y 为发射的年份。

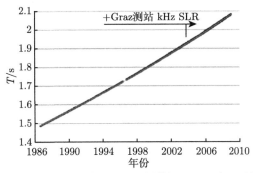

图 11.11 Graz 测站 kHz 的 Ajisai 卫星 SLR 观测数据 (1986 年 8 月 14 日~2008 年 11 月 30 日) 获取的卫星自转周期数据

11.4.3   初始自转周期探测

Ajisai 卫星可获取自发射以来所有历史数据，这有助于获取卫星的初始自转周期以帮助对卫星的摄动力更好地进行建模。Ajisai 卫星的自转周期的增加并非标准的指数模型，若将其拟合为指数模型，会和实测数据产生一些偏差，通常在拟合的开端与结尾处误差是最大的。因此，在这里选择卫星发射第一年的数据进行处理，这组数据近似表达为二阶多项式，所获得的初始自转周期为 $T_0 = 1.4855\text{s}$，该数值比通过指数模型计算的值小了 3ms(Kucharski et al., 2009)。

第 12 章 SLR 广义相对论验证

随着测量技术的不断发展和观测精度的提高，原有的以牛顿力学为基础的天体力学理论已不能满足需要，需考虑广义相对论效应。根据相对论理论，卫星在地球质心为原点的局部惯性坐标系中的运动方程将不同于仅考虑牛顿引力场时的运动方程，这种差异相当于卫星受到一个额外的摄动力——广义相对论效应。SLR 技术以其高精度的观测，目前已经成为验证广义相对论效应的有效手段。

12.1 广义相对论摄动加速度

卫星在以地球质心为原点的局部惯性坐标系中所受到的广义相对论摄动加速度为

$$
\begin{aligned}
\boldsymbol{a} &= \boldsymbol{a}_{\mathrm{RL1}} + \boldsymbol{a}_{\mathrm{RL2}} + \boldsymbol{a}_{\mathrm{RL3}} \\
&= \frac{GM_{\mathrm{E}}}{c^2 r^3}\left\{ [2(\beta+\gamma)\frac{GM_{\mathrm{E}}}{r} - \gamma V^2]\boldsymbol{r} + 2(1+\gamma)\cdot(\boldsymbol{r}\cdot\boldsymbol{V})\boldsymbol{V}\right. \\
&\left. + 2(\boldsymbol{\Omega}\times\boldsymbol{V})\right\} + \frac{GM_{\mathrm{E}}}{c^2 r^3}(1+\gamma)\left[\frac{3}{r^2}(\boldsymbol{r}\times\boldsymbol{V})(\boldsymbol{r}\cdot\boldsymbol{J}) + (\boldsymbol{V}\cdot\boldsymbol{J})\right]
\end{aligned}
\tag{12.1}
$$

式中，$\boldsymbol{a}_{\mathrm{RL1}}$ 为 Schwarzschild 项；$\boldsymbol{a}_{\mathrm{RL2}}$ 为测地岁差项；$\boldsymbol{a}_{\mathrm{RL3}}$ 为 Lense-Thirring 岁差项；$\boldsymbol{r}$ 和 $\boldsymbol{V}$ 分别为卫星在地心坐标系的位置和速度矢量；$\boldsymbol{J}$ 是地球单位质量的角动量，$J = 9.8\times10^8 \mathrm{m}^2/\mathrm{s}$；$\beta$ 和 γ 分别是相对论效应的第一、第二参数，取值均为 1，也可被当作待估量；c 为光速；M_{E} 为地球质量。

$$
\boldsymbol{\Omega} \approx \frac{3}{2}(\boldsymbol{V}_{\mathrm{E}} - \boldsymbol{V}_{\mathrm{S}})\times\left[-\frac{GM_{\mathrm{S}}}{c^2 r_{\mathrm{ES}}^3}\boldsymbol{\Delta}_{\mathrm{ES}}\right]
\tag{12.2}
$$

其中，$\boldsymbol{V}_{\mathrm{E}}$ 和 $\boldsymbol{V}_{\mathrm{S}}$ 分别为地球和太阳在太阳系质心中的速度矢量；$\boldsymbol{\Delta}_{\mathrm{ES}}$ 和 r_{ES} 分别为地球到太阳的矢量和距离。

在上述三项中，第一项是相对论效应的主项，对于 Lageos 卫星，该项可使得轨道近地点幅角 ω 产生 9mas/d 的摄动。测地岁差项和 Lense-Thirring 岁差项对卫星轨道摄动很小，比第一项小两个量级，对目前定轨精度可忽略不计。因而我们只考虑"一体问题"，即只考虑卫星在球对称的非旋转的中心体——地球周围运动所产生的附加摄动。

12.2 广义相对论效应的验证

使用天体力学方法, 对卫星的轨道根数进行分析是验证广义相对论效应的有效方法。在实际中, 近地点角距是验证 Schwarzschild 项和 Lense-Thirring 项的长期进动效应的一种有效方法, 升交点赤经是验证 Lense-Thirring 项和 de Sitter 项长期进动的有效方法。对于 Lageos-1/2 两颗卫星, 广义相对论理论给出 Lense-Thirring 效应引起的轨道升交点赤经变化率分别约为 31mas/a 和 31.5mas/a, 近地点幅角的变化率分别约为 32mas/a 和 57mas/a。从观测上证实这一效应的最大困难在于如何有效扣除地球引力场偶阶带谐项 (尤其是 J_2 项) 对轨道根数的摄动, Ciufolini 等 (1998, 2004) 通过计算两颗卫星升交点赤经或升交点赤经和近地点幅角的线性组合, 消除了 J_2 项的影响, 在 10% 的精度水平上验证了 Lense-Thirring 效应, 并提出联合更多卫星如 Lares、Grace 重力卫星等可以进一步消除 J_4 项的影响, 加之地球重力场模型精度的不断提高, 可以在更高精度水平验证广义相对论 (Ciufolini et al., 2009)。表 12.1 给出 14 天内 Lageos-1/2 卫星的不同广义相对论长期进动项的速率和轨道漂移。

表 12.1   14 天内 Lageos-1/2 卫星的不同广义相对论长期进动项的速率和轨道漂移

	进动	速率/(mas/a)	漂移/m
	$\Delta\dot{\omega}^{\mathrm{Schw}}$	3278.77	7.44
Lageos-1	$\Delta\dot{\omega}^{\mathrm{LT}}$	32.00	0.72×10^{-1}
	总和	3310.77	7.51
	$\Delta\dot{\omega}^{\mathrm{Schw}}$	3351.95	7.61
Lageos-2	$\Delta\dot{\omega}^{\mathrm{LT}}$	57.00	-1.29×10^{-1}
	总和	3294.95	7.48

12.3 卫星精密定轨

目前的卫星观测手段中, SLR 技术的观测精度最高, 同时对于研究较多的 Lageos 卫星, 结构均匀简单, 利于精确的轨道确定和后续分析。表 12.2 给出 Lageos 卫星主要摄动力的量级, 其中广义相对论摄动在 $10^{-10}\mathrm{m/s^2}$, 这个量级对于卫星轨道确定是不可忽略的。

为了通过对卫星轨道根数进行分析以验证广义相对论效应, 则高精度的卫星轨道是必需的, 表 12.3 给出验证试验中所用到的卫星动力学模型。

使用 13 年的 ILRS 的 Lageos-1/2 卫星观测数据进行解算, 由于各种环境与气候原因, SLR 观测并不均匀, 而是各弧段均有变化。图 12.1 给出 Lageos-2 卫星每个弧段的观测数量, 平均每弧段 2420 个标准点, 最小为 420, 最大为 4746。

表 12.2 Lageos 卫星主要摄动量级

摄动	量级/(m/s^2)
地球二体引力	2.69
地球扁率	-1.1×10^{-3}
低阶重力场	5.4×10^{-3}
高阶重力场	1.4×10^{-12}
月球摄动	2.2×10^{-12}
太阳摄动	9.6×10^{-12}
广义相对论	9.8×10^{-10}
大气阻力	3.4×10^{-12}
太阳辐射	3.2×10^{-9}
地球反照辐射	3.5×10^{-10}
热辐射	2.8×10^{-11}

表 12.3 卫星精密定轨的力学模型

模型	类型
重力场	EIGEN-GRACE02S,EGM96
重力场 (时变，潮汐)	Ray GOT99.2
重力场 (时变，非潮汐)	IERS 规范
三体摄动	JPL DE-403
相对论改正	参数化后牛顿
太阳辐射压	球模型
地球反照辐射	Knocke-Rubincam
测站坐标	ITRF-2000
海潮	Schemek 和 GOT99.2
地球自转参数	IERS EOP 04

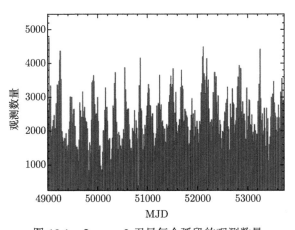

图 12.1 Lageos-2 卫星每个弧段的观测数量

在进行数据解算时,所估计的参数个数应尽可能少,在这里不估计卫星的光压参数和地球定向参数,为了避免和卫星自转模型相关的摄动,不考虑 Yarkovsky-

Schach 效应，根据之前的经验，不再加入经验力摄动。因此所估计的参数除了卫星的初始轨道外，仅估计测距偏差，弧长选择为 14 天。在这里，主要关注 Lageos-2 卫星，图 12.2 给出 Lageos-2 卫星 13 年每个弧段的观测残差 RMS 和平均值，起点日期为 MJD 49004，即 1993 年 1 月 17 日。图 12.3 给出测距残差不同数值的个数分布，从图中看出残差均值的分布呈现出正态分布，测距残差的均值和标准差为几毫米，说明定轨精度较高，质量较好。

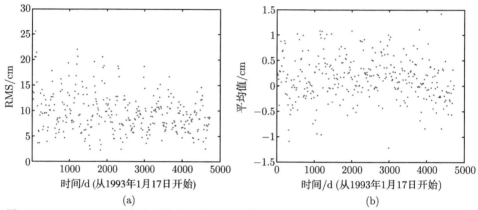

(a)   (b)

图 12.2   Lageos-2 卫星每个弧段的残差 RMS(数据平均值为 9.67cm, 标准差为 3.88cm)(a)
和均值 (数据均值为 1.62mm，标准差为 4.23mm)(b)

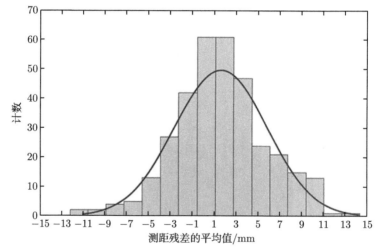

图 12.3   测距残差不同数值的个数分布

均值为 1.62mm, 标准差 4.23mm

第 13 章 激光测月

除了利用激光对人造卫星测距外,也可以对自然卫星如月亮进行测距,由于月亮相对地球卫星来说,距离较远,对激光测距仪的要求就比较高。激光测月 (lunar laser ranging, LLR)(图 13.1) 技术始于 20 世纪的 1969 年,利用由美国和苏联宇航员所安装的激光反射器,激光测距可以获得地球–月球的高精度测距值。LLR 的观测精度在过去几十年间,从最初的几分米提升到现在的毫米级,相对观测精度为 $10^{-9} \sim 10^{-11}$,目前 LLR 单次测距精度为 1~2cm,标准点精度最高可达 2~3mm。LLR 在所有空间观测技术中,历史最为悠久,观测时间序列最长,利用这些观测,可以确定大量地月系统参数 (如月球轨道、地月系统质量、行星历表等),开展月球物理学研究、参考框架建立和广义相对论验证等。

图 13.1 Apache Point 测站对月球 Apollo 角反射器进行激光测月 (Apache Point 激光站位于美国新墨西哥州南部)

13.1 LLR 发展历史

从较早期开始,月球就已经是人们比较感兴趣的科学研究对象。最早期对月球所采用的视差观测的误差可达到数千米,但这个精度对于当时的技术而言已经算是比较好的。后来随着技术发展,从地面站到月球表面激光反射器测距精度可达毫米量级,从地面站到月球质心的距离精度好于 1m。

阿波罗 (Apollo) 飞船成功登陆月球使得 LLR 技术成为可能,1969 年 8 月 1 日,仅在月球表面放置激光反射器的第 11 天后,美国 Lick 天文台就成功获取到了第一条观测信号。随后,在位于卡特里娜山的美国海军剑桥研究实验室 (AFCRL) (1969)、美国 McDonald 天文台、法国 Pic du Midi 天文台、日本 (Kozai, 1972)、夏威夷和澳大利亚都成功进行了观测。后来，其他的一些激光反射器被相继放置在月球，第二块反射器于 1970 年通过 Luna 17 任务被放置，另外的两块是随着 Apollo 14 和 15 任务于 1971 年被放置，最后一块是 1971 年随着 Luna 21 任务被放置。5 个激光反射器在月球的位置如图 13.2 所示。

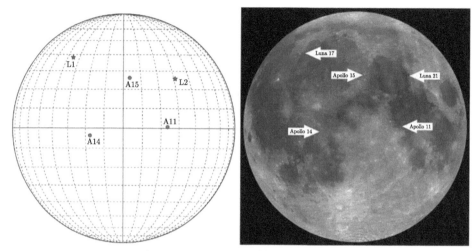

图 13.2　5 个放置在月球的激光反射器

最初执行 Apollo 月球测距试验 (lunar ranging experiment, LURE) 的地点被选择在夏威夷的毛伊岛 Haleakala 山顶，但是由于各种问题未能在 1969 年 8 月完成既定计划，而当时 NASA 为了行星观测出资在 McDonald 天文台建设的 2.7m 口径天文望远镜刚刚建成，当时的指导专家 H. J. Smith 建议在 McDonald 天文台就地执行 LURE 计划，尽管整个计划从 1969 年春才开始准备，但是还是顺利完成了任务。在整个 20 世纪 80 年代，这套 2.7m 系统都是进行 LLR 观测的核心测站 (Silverberg, 1974)，McDonald 天文台也成了世界上第一个日常进行 LLR 的天文台。

现在的 McDonald 激光测距站 (McDonald laser ranging station，MLRS) 是由一台最初用于观测地质构造运动的移动测月观测站改造而来，口径为 0.76m，替代了原先的 2.7m 观测系统，1983 年正式开始运行。除了月球测距，该测站还进行卫星激光测距 (Shelus, 1985)。为了改善大气视宁度，该测站 1988 年早期进行过一次搬迁，2013 年下半年，由于仪器设备老化并且未找到较好的替代，该测站已经不具备激光测月的能力，但仍进行卫星激光测距。

与此同时，法国也开展了测月活动。Pic du Midi 天文台的技术指导——Jolimont 天文台的 Jean Rosch，建议利用 1.1m 的望远镜开展研究。在这之后在 Pic du Midi 天文台组建了红宝石激光器，该望远镜可同时发射和接收激光，并于 1970

年 1 月成功进行了激光测月 (Orszag et al., 1972)。之后由于技术原因,Pic du Midi 天文台的激光设备无法继续进行观测,在该天文台和 Nice 天文台进行合并之后,在 CERGA 中心重新建立了用于地球动力学和天文研究的 1.54m 测月设备 (Veillet et al., 1993),在之后经过各种更新 (2004~2008 年),这个测站被重新命名为 MeO(metrology and optics),最新的观测设备不仅可以进行激光测距 (激光测月、低/高轨卫星观测),同时也用于授时研究 (Samain et al., 2008)。法国的 Grasse 测月站于 1990 年建成后投入使用,目前是观测比较活跃的测站。除此之外,意大利在 21 世纪初也在 Matera 建立了测月站,并成功实现激光测月。

2005 年底,美国的 Apache Point 天文台提出了 APOLLO(Apache Point Observatory Lunar Laser-Ranging Opertaion) 计划,利用 3.5m 口径望远镜进行激光测月观测,目前已经获得了较多观测,且该测站的观测质量较高,在有激光测月能力的台站中,APOLLO 台站是测距精度最高且唯一实现毫米级测距的测站 (张明月等, 2019)。

在我国激光测月领域,最令人惊喜的是,经过几十年的不断尝试,2018 年 1 月 22 日晚,中国科学院云南天文台利用 1.2m 口径望远镜激光测距系统成功探测到由月面反射器 Apollo15 返回的激光脉冲信号,填补了我国在激光测月领域的空白。

13.2　LLR 技术介绍

13.2.1　LLR 观测站

目前,国际上有能力进行激光测月的测站全球分布如图 13.3 所示,这些测站中部分属于有能力进行观测但未进行日常观测并提交数据,部分测站目前已经由于各种原因关闭。图 13.4 给出 LLR 测站的标准点分布。在 2005 年前的 35 年间,LLR 的观测主要来自于 3 个测站:McDonald、Grasse 和 Haleakala,但是目前位于夏威夷的 Haleakala(7119) 测站已经不再进行激光测月观测,McDonald(7080) 测站由于技术原因于 2013 年后仅做 SLR 观测。2005 年后,APOLLO(Apache Point 天文台,美国新墨西哥州,7045) 成为主要的观测站,Matera 测月站 (意大利) 也贡献了部分观测。就近期而言 (2020 年),正常进行激光测月的台站仅有 3 个:美国的 APOLLO(7045),法国的 Grasse(7845) 和意大利的 Matera(7941)。德国的 Wettzell(8834) 由于资金问题尚未开始,Hartebeesthoek(南非) 及 Mt.Stromlo(澳大利亚) 将在未来加入测月。除此之外,我国 (上海、昆明) 以及俄罗斯等均已着手开始测月研究。

表 13.1 给出部分 LLR 测站的技术参数信息。

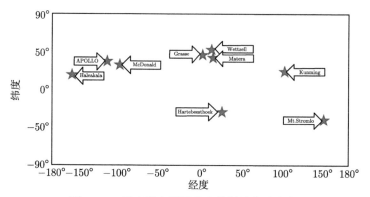

图 13.3   具有激光测月能力的测站全球分布

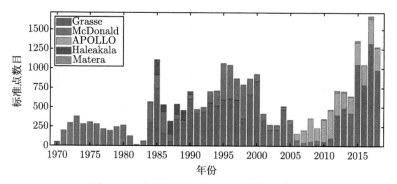

图 13.4   主要观测站的 LLR 标准点分布

表 13.1   激光测月站技术参数

天文台	测站编号	纬度/(°)	经度/(°)	海拔/m	国家	口径/m
McDonald	7080	30.6820N	104.0152W	2006.22	美国	0.76
Grasse	7845	43.7546N	6.9216E	1323.10	法国	1.5
APOLLO	7045	32.7803N	105.8204W	2788	美国	3.5
Haleakala	7119	20.7065N	156.2659W	3056.27	美国	2
Wettzell	8834	49.1444N	12.8780E	665	德国	0.75
Matera	7941	40.6486N	16.7046E	536.9	意大利	1.5
Kunming	7819	25.0299N	102.7967E	1993.6	中国	1.2

在 13.1 节中已经提到，APOLLO 测站测距精度最高且是唯一一个实现毫米级测距精度的激光测月台站。首先该站的望远镜口径为 3.5m，是所有测月站里口径最大的，光子接收面积是 McDonald 测站的 20 倍，是 Grasse 测站的 5 倍，实际工作中，APOLLO 系统的回波光子率明显好于其他测站。除此之外，该站海拔近 2800m，视宁度为 1.05″，各种地理观测条件极好 (华阳等，2012)。APOLLO 站也专门布设了用于时间校准和测站形变的监测设备，2009 年该站安装了超导重力仪

用于约束台站形变，2016 年，APOLLO 测站使用了绝对时间校准系统 (ACS) 来达到实时校准、系统误差扣除等目的。Adelberger 等 (2017) 和 Battat 等 (2017) 的研究表明，目前高精度的 ACS 得到的 APOLLO 测站观测精度已经达到 2～3mm 量级。得益于优越的条件和系统其他方面的改进，APOLLO 测量在白天和满月条件下也可进行观测，而其他测站目前还没有实现。

13.2.2　LLR 激光反射器

　　LLR 依赖于布设在月球表面的激光反射器，Apollo 激光反射器分布由 Apollo 11、Apollo 14、Apollo 15 任务放置，分别包含直径 3.8cm 的角反射器 100 个、100 个和 300 个。苏联的 Luna17 和 Luna21 任务放置了两颗完全相同的由法国设计的激光反射器，分别为 Lunakhod-1 和 Lunakhod-2，反射器由 14 个三角形边长为 11cm 的角反射器组成，背面由银镀层，两种反射器外形如图 13.5 所示。

图 13.5　Apollo 和 Luna 任务所安装的激光反射器

　　表 13.2 给出了目前月球激光反射器的主要参数。

表 13.2　月球激光反射器主要参数

名称	放置日期	质量/kg	反射器有效反射面积/cm²	代表月心距/km	月面经度/(°)	月面纬度/(°)
Apollo 11	1969-07-21	20	1134	1735.4725	23.47293	0.67337
Lunakhod-1	1970-11-10	3.5	734	1735.4716	−36.99490	38.32507
Apollo 14	1971-02-05	20	1134	1736.3358	−17.47880	3.64421
Apollo 15	1971-02-05	20	3402	1735.4811	3.60703	26.15504
Lunakhod-2	1973-01-15	3.5	734	1734.6381	30.90937	25.85099

注: "月面经度" 一列，负值代表西经，正值代表东经。

　　由于 5 个激光反射器面积及其在月球表面的位置不大相同，因此地面测站在进行观测时，对每个激光反射器的瞄准度也不同，导致每个测站收到不同反射器的回波个数差异较大。Apollo 15 反射器位置较为特殊，位于月球本初子午线附近，可轻易被地面测站瞄准，而且该反射器的面积最大、角反射器数量最多、最容易观测，从而是所有反射器中观测最多的。图 13.6 给出了各个测月台站和 5 个激光反射器的观测数量统计。从图可看出，Grasse 测站观测占比近 60%，是观测数量最多的测月台站；Apollo 15 的观测数量占比将近 70%，不过近年来随着观测技术的逐渐提高，其他反射器的观测数量逐渐增多，使得 Apollo 15 的观测占比也在逐渐下降。

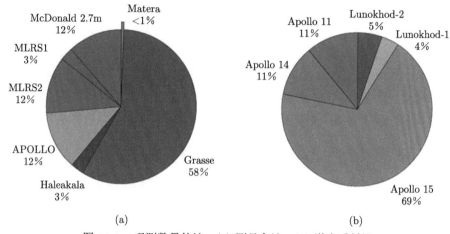

图 13.6　观测数量统计：(a) 测月台站；(b) 激光反射器

月面的激光反射器在运行多年后，仪器本身的问题也逐渐暴露出来，近年的测月数据显示，月面反射器由于受到月球环境的影响，反射能力有所下降。Murphy 等 (2010) 研究结果表明，3 个 Apollo 反射器的反射强度是原先的 1/10，在满月时仅有原先的 1/20，Lunakhod-2 反射器的反射强度更是只有 Apollo 的 1/10，目前认为反射器表面的灰尘堆积是造成这个现象的主要原因，尚未有较好的解决办法。另一个问题是由自身构造引起，每个激光反射器都是由多个角反射器构成，由于月球天平动，反射器不再是垂直对准地球，而是存在倾斜，这使得每个 CCR 相对于地球的距离都不同，近年来，地面测站的测距能力得到大幅提升，使得反射器的这一问题成为影响激光测月精度的主要因素，目前，针对这个问题的解决方案是在月球上放置单棱镜反射器。

13.2.3　LLR 技术特点

LLR 技术和 SLR 有很多共同之处：通过发射脉冲激光至目标反射器，然后激光返回至测站，以观测到高精度的来回时延。但是由于地月距离过远，返回地面的信号损失非常严重，从月球激光反射器返回的信号仅有从 Lageos 卫星返回信号强度的 $1/10^7$。因此目前也仅有数个测站可以收到极其微弱的信号，同时观测也非常依赖于环境 (需要测站低纬度、高海拔、可视度好、无雾霾)。

月球轨道的长半轴为 384402km，地月平均距离为 385000.6km，月地距离的变化范围为 356500∼406700km，主要是因为月球轨道存在幅度为 21000km 的轨道振荡 (周期 27.55 天)，除此之外，由于太阳摄动的影响而存在 3700km(周期 31.8 天) 和 2955km(周期 14.76 天) 的变化。地心和月心距离的变化率约为 75m/s，地球自转是最主要的距离变化率影响因素，在赤道最大达到 465m/s。

LLR 的观测流程如图 13.7 所示。在 LLR 观测中，最大的挑战在于能否充分地照亮位于月球的激光反射器，即使是 1 角秒的激光束在经过大气扰动后，其到达月球表面时已被拓宽至 1.9km，即在 2500 万个光子中仅有一个可以寻找到阿波罗激光反射器。返回程则更为困难，由于角反射器的衍射效应和速度视差，由地面发射的 2500 万个光子经阿波罗反射器反射后，平均地球上 1m 半径的圆内仅能接收到 1 个反射光子，由于地面测站和月球的相对运动会导致 4∼6μrad 的速度视差，这会导致返回至地面的光束约有 2km 的偏移，返回的光子仅有之前的 0.6∼0.8 倍。实际中，Apache Point 测站的最好表现为每次收到 5 个返回光子，MLRS 为 0.2 个光子。

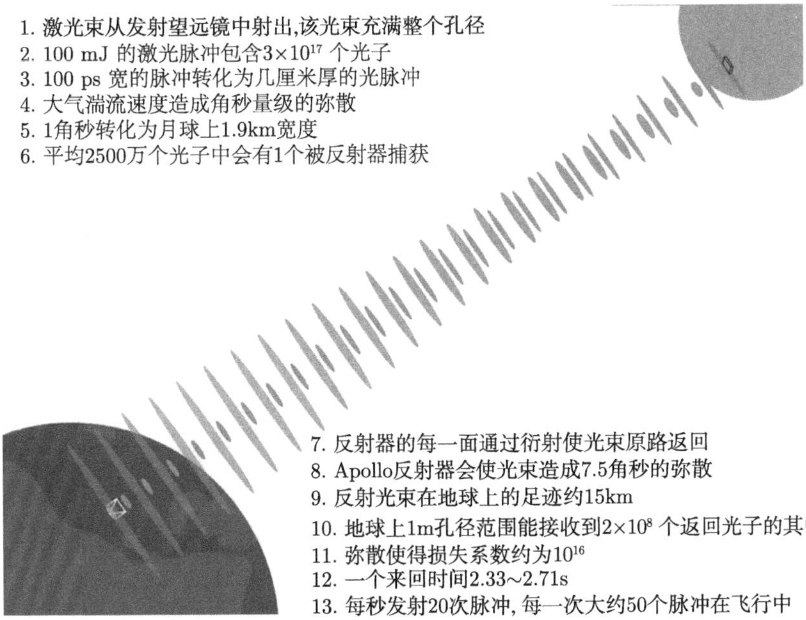

1. 激光束从发射望远镜中射出,该光束充满整个孔径
2. 100 mJ 的激光脉冲包含3×10^{17} 个光子
3. 100 ps 宽的脉冲转化为几厘米厚的光脉冲
4. 大气湍流速度造成角秒量级的弥散
5. 1角秒转化为月球上1.9km宽度
6. 平均2500万个光子中会有1个被反射器捕获

7. 反射器的每一面通过衍射使光束原路返回
8. Apollo反射器会使光束造成7.5角秒的弥散
9. 反射光束在地球上的足迹约15km
10. 地球上1m孔径范围能接收到2×10^{8} 个返回光子的其中1个
11. 弥散使得损失系数约为10^{16}
12. 一个来回时间2.33∼2.71s
13. 每秒发射20次脉冲,每一次大约50个脉冲在飞行中

图 13.7   LLR 观测流程

2006 年之前，LLR 的观测主要集中在 Apollo 15 反射器，基本可以占到总观测数量的 70% 以上，不过目前，其他反射器的观测逐渐增多，Apollo 15 的观测数量比例已经低于 50% 了。

13.2.4 LLR 红外观测

在多年以来，LLR 的观测使用的都是绿光，这种波长在长时间以来都有着在时间和空间上的不均匀性，而 Grasse 的 LLR 测站所使用的红外 (infrared red, IR) 探测技术可改善这种状况 (Courde et al., 2017)。LLR 红外探测技术为产品精度的提升创造了机会。如图 13.8 所示，红外观测测站在新月和满月期间，观测效率提升了 8 倍，并使得在一个月亮周期内，观测的均匀性大大提升。

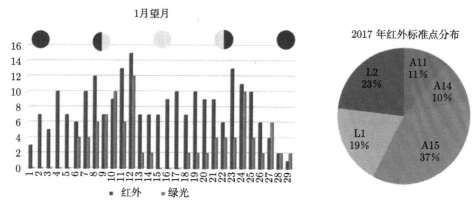

图 13.8　红外和绿光的观测对比以及利用红外波长观测的反射器比例

13.3 LLR 数据处理模型

这里以地球测量研究所 (Institut für Erdmessung, IfE) 在进行 LLR 数据分析时采用的模型为例，进行 LLR 分析和参数估计的介绍。其他 ILRS 的 LLR 分析中心所采用的模型与其类似 (Williams et al., 2009)。LLR 数据的分析在德国起始于 20 世纪 80~90 年代的慕尼黑工业大学 (Müller, 1991)，并在近年有了进一步发展。

IfE 的模型是完全基于一阶后牛顿的相对论模型。在构建地球测站至月球激光反射器之间距离的模型精度可达 1~2cm。LLR 分析软件包分为两个主要模块：①计算太阳系内天体的星历；②进行全局参数估计，并获得未知参数的改正值和误差。

在计算光行时 τ 时，将其分为两部分：上行时间 τ_{12} 和下行时间 τ_{23}，即 $\tau = \tau_{12} + \tau_{23}$，三个时间点 t_1, t_2, t_3 分别对应发射、反射和接收三个时间点：

$$\tau_{12} = \frac{1}{c} \left| \boldsymbol{r}_{\mathrm{M}}(t_2) + \boldsymbol{r}_{\mathrm{ref}}(t_2) - \boldsymbol{r}_{\mathrm{E}}(t_1) + \boldsymbol{r}_{\mathrm{obs}}(t_1) \right| + \Delta\tau_{12}$$

$$\tau_{23} = \frac{1}{c} \left| \boldsymbol{r}_{\mathrm{E}}(t_3) + \boldsymbol{r}_{\mathrm{obs}}(t_3) - \boldsymbol{r}_{\mathrm{M}}(t_2) + \boldsymbol{r}_{\mathrm{ref}}(t_2) \right| + \Delta\tau_{23}$$

$$(13.1)$$

式中，c 为光速；r_E 和 r_M 是在日心坐标系下的地心和月心位置矢量；r_{obs} 为地球质心坐标系下的测站位置矢量；r_{ref} 为月心坐标系下的月球激光反射器位置矢量；$\Delta\tau_{12}, \Delta\tau_{23}$ 为需要进行的延迟改正，包括大气折射和相对论效应以及测站的系统差。式中所有的矢量均需在同一个惯性系中，矢量 r_{obs}, r_{ref} 需将其从地心坐标系和月心坐标系转换至日心坐标系中。地球参考架和惯性系之间的转换矩阵需通过地球自转参数进行计算。为了计算地球参考架和惯性系之间的转换矩阵，需要知道月球的自转信息，这些信息需要通过积分欧拉–刘维尔方程 (Thorne et al., 1985; Rba et al., 1985)，根据 DE430 历表，IfE 就构建一个弹性、各向同性、耗散且具有液核的月球天平动模型。

地月系统中的参数估计采用加权最小二乘法。传统的 LLR 标准解算中的参数包含牛顿参数 (非相对论)，在解算这个参数时，首先要把其他一些参数固定，这些固定的值取自当前能获取的最好的数据值，直至获取稳定的解。这些需要解的参数为：LLR 观测站和激光反射器的坐标与速度，月球轨道和自转的初始值，$GM_{Earth+Moon}$，长周期章动系数，一些月球多极距 (C_{22} 和 $\beta, C_{32}, C_{33}, C_{32}$，但是也可以选择不同组合)，月球勒夫数 k_2 和 h_2，与月球内部耗散效应相关的参数和地球固体潮时延，在等待定轨收敛之后，即可获得所需解算参数值。

13.4 LLR 应用

目前激光测月资料累计已经超过 50 年，从而为月球本身、地月系、地球动力学、日地系统的相关研究提供了丰富的资料。

13.4.1 等效原理

爱因斯坦等效原理 (equivalence principle, EP) 最简单的预测——"自由落体的普遍性"，已经在物理学中被精确地验证了，但是这个实验目前还有进一步拓展并把精度推向更高层次的需求。等效原理主要有两种形式：强等效原理 (strong EP, SEP) 和弱等效原理 (weak EP, WEP)。弱等效原理适用于除重力本身以外的所有重力特性，强等效原理解释了重力本身。目前，除了双星脉冲星，Nordtvedt 在 1968 年指出，地月系统是验证 SEP 的最佳选择。从等效原理的验证的有利点来说，首先地球和月球的质量足够大；其次地球具有庞大的铁–镍核心，而月球主要成分为硅酸盐，这与地幔成分类似，从而导致 LLR 对于 WEP 扰动较为敏感。实验室的 WEP 验证通常是选择类地物体和类月物体，模拟它们自由落入太阳的过程，在这个过程中来区分 SEP 和 WEP 扰动。

LLR 验证 SEP 的方法是观测地球和月球朝向太阳时的加速度差异，在存在差分加速度的情况下，从地球的角度观察月球，会发现月球会在朝着太阳或远

离太阳的方向上发生移动或极化现象，即分析地月间距离沿太阳方向上的振幅信号变化

$$\Delta r = 13.1\eta \cos D \tag{13.2}$$

式中，D 是地月间距离矢量相对于地日连线的夹角，振幅由 Nordtvedt 理论计算，取值为 13.1m；考虑现有的测月数据，$\eta = (2.1 \pm 5.3) \times 10^{-4}$，再考虑月核影响，$\eta = (-0.6 \pm 5.2) \times 10^{-4}$。

13.4.2　万有引力常数变化测定

万有引力常数 G 的长期变化会导致月地平均距离和轨道周期的长期变化 (开普勒第三定律)，同时影响地球环绕太阳的角速度。万有引力常数 G 随时间是不断变化的，可近似描述为线性方程：

$$G = G_0 \left(1 + \frac{\dot{G}}{G} \Delta t \right) \tag{13.3}$$

式中，Δt 为当前时刻距离 J2000 的时间间隔；$\dot{G}/G$ 是万有引力的线性变化。Müller 利用 2008 年以前的 LLR 数据得出 $\dot{G}/G_0 = (-0.9 \pm 4.0) \times 10^{-13} \mathrm{a}^{-1}$，Hofmann 利用 1970~2009 的数据，在分析模型中考虑月核影响得出 $\dot{G}/G_0 = (-0.7 \pm 3.8) \times 10^{-13} \mathrm{a}^{-1}$。

13.4.3　台站坐标和 EOP 测定

通过 LLR 观测资料的解算可以获取地面观测台站的地心坐标和台站之间的基线长度，以及月球表面反射器在月球上的坐标。目前地球板块运动的年速度在毫米至厘米量级，而 LLR 测定台站坐标精度也在厘米量级，通过台站的变化可以分析地球板块运动情况。但是由于 LLR 全球测站数量太少，且分布很不均匀，所以，在参考框架和地球板块运动的测定中其贡献程度明显比不上 GPS、VLBI、SLR、DORIS 等技术，通常不采用 LLR 技术进行实现。

EOP 参数包括极移、日长变化、岁差和章动，它们是进行天球参考架和地球参考架相互转换的重要参数。对于 SLR 和 GPS 技术而言，无法进行 UT0 和 UT1 解算，但是 LLR 技术可以进行这些参数解算，在 20 世纪 80 年代发挥了重要作用。LLR 技术解算 UT1 精度在 0.1~0.2ms，极移精度在 2~3mas。

地球的自转轴在空间中的变化主要表现为岁差和章动，它们通常用一组振幅随时间变化的周期运动叠加来描述。对于章动而言，对章动角贡献最大的周期项为 18.6 年，这一项主要是由月球白道升交点变化引起的，因此 LLR 技术对它是敏感的，相比于经典的光学观测，LLR 的测量精度更高，目前对于岁差和章动 18.6 年周期项的测定还是主要依靠 LLR 技术。

13.4.4 高精度月球历表

20 世纪中期, 随着计算机技术的发展, 采用数值方法进行行星轨道确定成为一种较好的方法, 在此基础上推出了几种数值月历表, 如 DE/LE 历表 (美国 JPL)、EPM-ERA 历表 (俄罗斯)、INPOP 历表 (法国), 即

$$x_{n+1} = -\sum_{j=1}^{k} a_{k-j} x_{n-j+1} + h^2 \sum_{j=1}^{k} \beta_{k-j} f_{n-j+1} \tag{13.4}$$

式中, x_n 表示在步长为 n 时, 月球位置直角坐标分量; $h = t_{n+1} - t_n$ 为固定步长的大小; f_n 为步长为 n 时, 相应的速度分量。解算该式的方法有以下几种。①$k = 13$ 的 Störmer 方法。此法中 $\alpha_{k-1} = -2, \alpha_{k-2} = 1$ 和 $\alpha_{k-3} = \cdots = \alpha_0 = 0$, 这个方法积分一个 14 阶的多项式。② $k = 12$ 的对称方法。式中 $\alpha_j = \alpha_{k-j}, \beta_j = \beta_{k-j}$ 和 $\alpha_0 = 1, \beta_0 = 0$, 这个方法积分一个 13 阶的多项式。③混合辛积分器方法, 这是一个 N 体积分软件包 MERCURY, 可通过 Armagh 天文台网站得到。除此之外还有多步长积分法, 如 Adams-Bashforth; 自启动方法, 如 Bulirsch-Stoer 或龙格–库塔积分器, 可以根据需要自行选择。

月球历表的精度主要取决于两个方面: ①物理模型精度, 它保证运动方程的精度, 采用与段间距进行数值积分的方法, 从而得到轨道根数 (a、k、h、p、q) 比较, 特别是旋转轴积分精度采用有黄赤交角和极指向比较; ②数值积分精度, 内部精度取决于三种误差, 即累计误差、截断误差和舍入误差。历表的外部精度取决于: ①与观测相比较, 观测值减计算值 ($o - c$) 的残差显示了精度; ②与类似的其他历书 (如 DE 和 INPOP) 进行比较。高精度历表的时间跨度为几个世纪, 而时间跨度可长至几万年、几十万年至几百万年的中等精度历表目前仅有法国 IMCCE 在继续编制。

采用数值方法进行行星历表的确定通常采用的观测手段有: 光学观测、地面雷达测距、行星飞船测距和激光测距 (金文敬, 2015), 但是对于月球轨道而言, 只能通过激光测月数据获得。例如: EPM-ERA2010 历表采用了 1970 年 3 月~2010 年 4 月的 LLR 观测资料, 共 17131 个各测站的标准点数据; INPOP10a 采用了 1969~2010 年的 4 个 LLR 测站的资料, 而 JPL 的 DE/LE 历表也采用了类似的 LLR 观测数据。JPL 提供的星历表目前在国际上最常用, 也是精度最高的, 目前月球历表的精度在亚米级。随着未来更多测站加入激光测月, 历表参数的精度会进一步提高, 而中国科学院云南天文台也具备了测月能力, 它的加入对月球轨道研究也会产生积极的影响。

13.4.5　月球总惯量矩研究

月球的指向、轨道和潮汐形变受到其内部质量结构与施加在其上的扭矩和力相互作用的影响，LLR 资料可以帮助揭示一些月球内部信息，而这些信息是利用其他手段不可获取的。

由于月球被地球潮汐锁定，其赤道部分在地月连线上由于引力作用而被拉长，导致惯性矩的分布为 $A < B < C$。地球、太阳或者其他行星对月球施加的扭矩，造成月球物理平动或者振荡，在经度和纬度方向的量级都约为 ±120 角秒。这种物理平动现象在月球表面会表现为幅度 1000m 的振荡，这对于厘米精度的 LLR 而言，可以将其观测到 10^{-5} 精度。LLR 对月球物理平动的敏感性也使我们有能力去研究月球的总惯量矩，$\beta = (C-A)/B$ 和 $\gamma = (B-A)/C$(分别约为 6.310×10^{-4} 和 2.277×10^{-4}) (Murphy, 2013)。另外月球 J_2 系数也主要来自于 LLR 数据的拟合。

13.4.6　月球潮汐研究

与地球的固体潮类似，月球在潮汐作用下的弹性形变也可以用勒夫数描述，潮汐位移由二阶勒夫数 h_2 和 l_2 表征，月球的转动与表征潮汐引力位的二阶勒夫数 k_2 直接相关，月球固体潮与月球内部结构的物质弹性性质相关 (华阳等,2012)。通过 LLR 技术求解月球表面的潮汐形变和二阶勒夫数 h_2, k_2, l_2，可以帮助加深对月球潮汐的理解。Williams 等 (2003) 利用 1970~2003 年的激光测月数据，先固定 $l_2 = 0.011$，解算出 $k_2 = 0.0227 \pm 0.0025, h_2 = 0.039 \pm 0.010$，若考虑月球的 350km 半径的液核且适应 $k_2 = 0.0227$，需对月球的质量分布进行较小的调整，调整之后的计算值为 $h_2 = 0.0397, l_2 = 0.0106$。

13.4.7　天平动和月球内部结构

月球是距离地球最近的自然天体，与地球有着非常多的类似之处，也存在着许多不同。现在的月球表面仍保留着许多太阳系系统的撞击历史，从而是研究太阳系和地球生成与演化的理想天然实验室。对于地球而言，确定内部分层结构的技术主要是地震学，确定其内部各层物理参数主要来自自由振荡观测、自转观测(岁差、章动、极移、日长变化等)、重力场测量、实验室高温高压模拟以及动力学模型。对于月球而言，尽管目前的状态已经接近 "死寂"，但仍有一些局部较小的震动和陨星或流星雨撞击。相比于地球表面数量较多、分布广泛的各类地震仪器，目前描述月球内部结构的模型基本上是基于美国阿波罗计划期间在月球 A11 和 A12 两个地点安装的月震仪所提供的不完整的资料，这些资料支离破碎，甚至自相矛盾，因此得出的结论也是非常有限和模糊的。

月球本身存在自转本振模，受到内部和外部各种力的调制，并存在耗散。LLR 资料已经确定了两个较大的自由天平动，意味着目前的激发仍然活跃，它们分别是 2.9 年的经度天平动 (11m 幅度) 和 74.6 年的绕极大椭圆摆动，类似于地球的钱德勒摆动，振幅 28m×69m，一般认为这个摆动是由月球核幔边界所受潮汐激发导致。LLR 可以从月极摆动轨迹资料中揭示核幔边界的物理和动力学过程。月幔第三个模即约 81 年的自由岁差和液核自由核章动的幅度较弱，在 1m 以下，随着 LLR 观测数据的累计和测距精度的大大提升，前者可能会被检测出来，这也可以帮助研究月球内部物理结构。

参 考 文 献

曹月玲. 2008. 应用 SLR 对 Lageos 卫星精密定轨及测定地心运动 [D]. 上海: 同济大学.

陈国平, 何冰, 张志斌, 等. 2010. CPF 星历精度分析 [J]. 中国科学院上海天文台年刊: 1: 35-44.

董大南, Yunck T, Heflin M, et al. 2007. 国际地球参考框架的原点 [J]. 世界地震译丛: 1: 53-65.

董晓军, 黄珹. 1996. Jacchia77 大气模式的完备公式 [J]. 中国科学院上海天文台年刊: 17: 176-183.

冯初刚, 谭德同, 朱元兰, 等. 1997. 对 ETALON 卫星的精密定轨研究 [J]. 测绘学报, 26(2): 17-24.

耿涛, 徐夏炎. 2017. IGS 分析中心轨道综合算法实现及精度分析 [J]. 大地测量与地球动力学, 37: 369-374.

桂维振, 张小强, 盛传贞. 2017. 基于卫星激光测距的 Jason-2 卫星定轨光压参数对轨道精度的影响 [J]. 激光与光电子学进展, 54(11): 9.

郭金运, 韩延本. 2008. 由 SLR 观测的日长和极移季节性和年际变化 (1993 2006 年). 科学通报, 53: 2562-2568 7.

何冰, 王小亚, 王家松. 2018. 多种空间大地测量技术内综合方法研究及精度分析 [J]. 天文学进展, 36(2):16.

何冰. 2017. 综合多种空间大地测量技术确定高精度的地球参考架和地球定向参数研究 [D]. 北京: 中国科学院大学.

华阳, 黄乘利. 2012. 月球激光测距观测与研究进展 [J]. 天文学进展, 3: 378-393.

黄珹. 1985. 利用 Lageos 激光测距资料精密确定地球自转参数 [D]. 上海: 中国科学院上海天文台.

黄珹, 冯初刚. 2003. SLR 数据处理及其软件实现. 中国科学院上海天文台内部资料.

蒋虎, 黄珹. 1999. DTM94 大气模型及其应用 [J]. 云南天文台台刊: 4: 30-37.

蒋虎. 1997. Starlete 卫星精密定轨中大气模型效度的比较 [J]. 天文研究与技术, (4):36-41.

金文敬. 2015. 太阳系行星和月球历表的发展 [J]. 天文学进展, 33: 103-121.

李成成, 田林亚, 潘恺. 2019. 基于 Helmert 方差分量估计的 GPS/BDS 组合系统定权方法研究. 勘察科学技术 [J]. 3: 11-15.

李济生. 1995. 人造卫星精密轨道确定 [M]. 北京：解放军出版社：117-124.

李九龙. 2015. 基于 SLR 的地心运动解算及其时变研究 [D]. 青岛: 山东科技大学.

李洋洋, 刘智敏, 郭金运, 等. 2017. 电离层高阶项延迟对 2015-06 磁暴期间 PPP 的影响 [J]. 大地测量与地球动力学, 37: 845-848.

李桢, Ziebart M, Ziebart M, 等 2017. 北斗 IGSO 卫星地球反照辐射光压建模 [C]. 第八届中国卫星导航学术年会, 上海.

卢明, 李智, 陈冒银. 2010. NRLMSISE-00 大气模型的分析和验证 [J]. 装备指挥技术学院学报, 21: 57-61.

秦显平. 2003. 基于 SLR 技术的卫星精密定轨 [D]. 郑州: 中国人民解放军信息工程大学.

曲伟菁, 吴斌. 2012. 不同时期地球低阶重力场系数 J_2 变化的特性分析 [J]. 科学通报, 57(8): 600-605.

邵璠. 2019. 高精度 SLR 天文测地应用研究 [D]. 上海: 中国科学院上海天文台.

邵璠, 王小亚. 2020. SLR 不同方法确定地心运动研究及其特征分析 [J]. 天文学进展, 38(1): 106-119.

邵璠, 王小亚, 何冰, 等. 2019. 模糊聚类定权法对 SLR 定轨精度的影响 [J]. 测绘学报, 48(10): 1236-1243.

谭畅, 陈国, 魏娜, 等. 2016. iGMAS 轨道产品综合及精度初步分析 [J]. 武汉大学学报: 信息科学版, 41: 1469-1475.

汪宏波, 赵长印. 2009. 不同太阳辐射指数对大气模型精度的影响分析 [J]. 中国科学: G 辑: 物理学 力学 天文学, 39(3): 467-475.

王小亚, 胡小工, 蒋虎, 等. 导航卫星精密定轨技术 [M] 北京: 科学出版社, 2017.

王琰, 郭睿, 张传定, 等. 2018. Bernese ECOM 光压模型在 BDS 卫星精密定轨中的应用 [J]. 武汉大学学报: 信息科学版, 43(2):7.

王志伟, 陈时军, 曲国庆. 2014. 基于抗差方差分量估计多源观测数据融合权比的确定 [J]. 工程勘察 7: 69-72.

韦春博, 谷德峰, 邵凯, 等. 2018. 不同大气密度和阻力计算模型对低轨卫星轨道预报精度的影响 [C]. 第九届中国卫星导航学术年会论文集——S04 卫星轨道与钟差, 2018.

翁利斌. 2019. 热层大气密度变化特性及建模研究 [D]. 北京: 中国科学技术大学.

吴必军. 1994. 大气指数模型与探空资料分析的比较 [J]. 时间频率学报, 17: 16-19.

徐克红, 王赫. 2015. 基于 SLR 的 GRACE 卫星定轨中大气密度模型对轨道精度的影响 [J]. 北京测绘, 2: 38-43.

杨昊. 2021. SLR 动力学模型改进与轨道综合研究 [D]. 上海: 中国科学院上海天文台.

杨昊, 王小亚. 2021. 方差分量估计的 SLR 精密轨道综合及精度分析 [J]. 测绘科学, 46(10): 37-45.

杨红雷. 2017. 基于 SLR 数据的 GNSS/LEO 卫星精密轨道检核 [D]. 西安: 长安大学.

杨元喜, 高为广. 2004. 基于方差分量估计的自适应融合导航 [J]. 测绘学报, 33: 22-26.

姚宣斌. 2008. GPS 精密定位定轨后处理 [M]. 北京: 测绘出版社.

叶叔华, 黄珹. 2000. 天文地球动力学 [M]. 济南: 山东科技出版社.

尹萍, 李博, 任丹丹. 2019. 基于多分辨率 GPS 层析技术的电离层暴时 LSTID 特征研究 [J]. 电波科学学报, 34: 643-654.

张明月, 钟敏. 2019. 2010~2017 年激光测月研究进展 [J]. 大地测量与地球动力学, 39: 382-386.

赵罡, 王小亚, 吴斌. 2012. 不同测站卫星质心不同改正对卫星激光测距定轨精度的影响分析 [J]. 测绘学报, 002: 165-170.

赵群河, 王小亚, 何冰, 等. 2015. 卫星激光反射器质心改正的概率密度模型 [J]. 测绘学报, 44(4): 370-376.

赵群河, 王小亚, 胡小工, 等. 2018. 北斗卫星地球辐射压摄动建模研究 [J]. 天文学进展, 36: 68-80.

赵群河. 2017. 北斗卫星导航系统高精度太阳辐射压模型确定研究 [D]. 上海: 中国科学院上海天文台.

衷路萍, 邹贤才, 吴林冲, 等. 2016. 利用 SLR 检核 GOCE 卫星精密轨道 [J]. 大地测量与地球动力学, 36(8): 719-722.

周旭华, 王晓慧, 赵罡, 等. 2015. HY2A 卫星的 GPS/DORIS/SLR 数据精密定轨 [J]. 武汉大学学报 (信息科学版), 40: 1000-1005.

朱元兰, 冯初刚, 张飞鹏. 2006. 用中国卫星激光测距资料解算地球定向参数 [J]. 天文学报, 47: 441-449.

朱元兰, 冯初刚. 2005. 用 Lageos 卫星 SLR 资料解算地球定向参数及监测地球质心的运动 [J]. 测绘学报, 34(1):19-23.

邹蓉. 2009. 地球参考框架建立和维持的关键技术研究 [D]. 武汉: 武汉大学.

Adelberger E G, Battat J B R, Birkmeier K J, et al. 2017. An absolute calibration system for millimeter-accuracy APOLLO measurements[J]. Class Quantum Grav, 34(24):245008.

Adelberger K, Weber W D, Radovanovic A, et al. 2017. Electrical load management[P].

Appleby G M. 1993. Satellite signatures in SLR observations[C]. 8th International Workshop on Laser Ranging Instrumentation, Annapolis, USA.

Appleby G M. 2009. Impact of SLR Tracking on COMPASS/Beidou[C]. International Technical Laser Workshop on SLR Tracking of GNSS Constellations, Metsovo, Greece.

Arnold D, Montenbruck O, Hackel S, et al. 2019. Satellite laser ranging to low earth orbiters: orbit and network validation[J]. Journal of Geodesy, 93(11): 2315-2334.

Battat J, Huang L R, Schlerman E, et al. 2017. Timing calibration of the APOLLO experiment. [P]. 10.48550/arXiv.1707.00204.

Behrend D, Cucurull L, Vil J. 2000. An inter-comparison study to estimate zenith wet delays using VLBI, GPS, and NWP models[J]. Earth Planets & Space, 52: 691-694.

Belman R, Kalaba R, Zadeh L. 1966. Abstraction and pattern classification[J]. Journal of Mathematical Analysis & Applications, 13: 1-7.

Beutler G, Kouba J, Springer T. 1995. Combining the orbits of the IGS Analysis Centers[J]. Bulletin Géodésique, 69: 200-222.

Bezdek J C. 1981. Pattern Recognition With Fuzzy Objective Function Algorithms[M].New York: Plenum.

Bezdek J C. 1987. Pattern recognition with fuzzy objective function algorithms [J]. Advanced Applications in Pattern Recognition, 22(1171):203-239.

Bianco G, Devoti R, Fermi M, et al. 1998. Estimation of low degree geopotential coefficients using SLR data[J]. Planetary and Space Science, 46(11-12):1633-1638.

Bianco G, Devoti R, Luceri V. 2003. Combination of loosely constrained solutions[J]. IERS Technical Note, 30: 107-109.

Bianco G, Luceri V, Sciarretta C. 2006. The ILRS Standard Products: A Quality Assessment[C]. Proceeding of the 15th International Workshop on Laser Ranging, Canberra.

Boehm J, Niell A, Tregoning P, et al. 2006. Global mapping function (GMF): A new empirical mapping function based on numerical weather model data[J]. Geophysical Research Letters, 33: 25.

Cazenave A, Gegout P, Ferhat G, et al. 1996. Temporal variations of the gravity field from Lageos1 and Lageos2 observations[C]. Proceedings of IAG Symposium 116: 141-151.

Chao B F, Au A Y, Boy J P, et al. 2003. Time-variable gravity signal of an anomalous redistribution of water mass in the extratropic Pacific during 1998-2002[J]. Geochem Geophys Geosyst, 4.

Chao B F, Eanes R J. 1995. Global gravitational changes due to atmospheric mass redistribution as observed by the Lageos nodal residual[J]. Geophys J Int, 122: 755-764.

Chapanov Y, Georgiev I. 2002. Secular drifts of the low degree zonal coefficients obtained from satellite laser ranging to the geodynamic satellites Lageos1 and Lageos2[J]. Bulg Phys J, 28: 58-68.

Chen G, Herring T A. 1997. Effects of atmospheric azimuthal asymmetry on the analysis of space geodetic data[J]. Journal of Geophysical Research: Solid Earth, 102: 20489-20502.

Cheng M K, Eanes R J, Shum C K, et al. 1989. Temporal variations in low degree zonal harmonics from starlette orbit analysis[J]. Geophys Res Lett, 16: 393-396.

Cheng M K, Ries J C, Tapley B D. 2013. Geocenter Variations from Analysis of SLR Data[M]. Berlin, Heidelberg: Springer.

Cheng M K, Shum C K, Tapley B D. 1997. Determination of long-term changes in the earth's gravity field from satellite laser ranging observations[J]. J Geophys Res, 102: 6216-6236.

Cheng M K, Taplay B D. 2008. A 33 year time history of the J_2 changes from SLR[C]. Proceedings of the 16th International Workshop on Laser Ranging.

Cheng M K, Tapley B D. 1999. Seasonal variations in low degree zonal harmonics of the earth's gravity field from satellite laser ranging observations[J]. J Geophys Res, 104: 2667-2681.

Cheng M K, Tapley B D. 2004. Variations in the earth's oblateness during the past 28 years[J]. J Geophys Res, 109(B9).

Ciufolini I, Paolozzi A, Pavlis E, et al.,2009. Towards a one percent measurement of frame dragging by spin with Satellite Laser Ranging to Lageos-1, Lageos-2 and Lares and Grace Gravity models[J]. Space Sci Rev, 148:71-104.

Ciufolini I, Pavlis E, Chieppa F, et al. 1998. Test of general relativity and measurement of the Lense-Thirring effect with two earth satellites[J]. Science, 279: 2100-2103.

Ciufolini I, Pavlis E. 2004. A confirmation of the general relativistic prediction of the Lense-Thirring effect[J]. Nature, 431: 958-960.

Collilieux X, Altamimi Z, Coulot D, et al. 2010. Impact of loading effects on determination of the International Terrestrial Reference Frame[J]. Advances in Space Research, 45: 144-154.

Coulot D, Pollet A, Collilieux X, et al. 2010. Global optimization of core station networks for space geodesy: application to the referencing of the SLR EOP with respect to ITRF[J]. Journal of Geodesy, 84: 31-50.

Courde C, Torre J M, Samain E, et al. 2017. Lunar laser ranging in infrared at the Grasse laser station[J]. Astronomy and Astrophysics, 602.

Cox C M, Chao B F. 2002. Detection of a large-scale mass redistribution in the Terrestrial system since 1998[J]. Science, 297: 831-833.

Cox C M, Klosko S M, Chao B F. 2001. Changes in Ice-Mass Balances Inferred from Time Variations of the Geopotential Observed through SLR and DORIS Tracking[M]. Berlin, Heidelberg:Springer.

Davies P, Blewitt G. 2000. Methodology for global geodetic time series estimation: A new tool for geodynamics[J]. Journal of Geophysical Research Solid Earth, 105.

Dickey J O, Marcus S L, Viron O D, et al. 2002. Recent earth oblateness variations: Unraveling climate and postglacial rebound effects[J]. Science, 298: 1975-1977.

Dong D, Dickey J O, Chao Y, et al. 2013. Geocenter variations caused by atmosphere, ocean and surface ground water[J]. Geophysical Research Letters, 24: 1867-1870.

Dong D, Grins R S, Dickey J O. 1996. Seasonal variations of the earth's gravitational field: An analysis of atmospheric and ocean tidal excitation[J]. Geophys Res Lett, 23: 725-728.

Dunn J C. 1973. A fuzzy relative of the ISODATA process and its use in detecting compact well-separated clusters [J]. Journal of Cybernetics, 3(3):32-57.

Eanes R J, Ries J C. 2000. Monthly and constant velocity station positions from Lageos and TOPEX/Poseidon[C]. ITRF2000 Workshop, Paris, France.

Eanes R J. 1995. A study of temporal variations in earth's gravitational field using Lageos-1 laser ranging observations[J]. Doctoral Dissertation. Austin: the University of Texas.

Fliegel H F, Gallini T E, Swift E R. 1992. Global positioning system radiation force model for geodetic applications[J]. Journal of Geophysical Research-Solid Earth, 97: 559-568.

Flores-Sintas A, Cadenas J M, Martin F. 2000. Partition avlidity and defuzzification[J]. Fuzzy Sets & Systems, 112: 433-447.

Gegout P, Cazenave A. 1991. Geodynamic parameters derived from 7 years of laser data on lageos[J]. Geophys Res Lett, 18: 1739-1742.

Gegout P, Cazenave A. 1993. Temporal variations of the earth gravity field for 1985-1989 derived from Lageos[J]. Geophys J Int, 114: 347-359.

Griffiths J, Ray J R. 2009. On the precision and accuracy of igs orbits[J]. Journal of Geodesy, 83.

Gurtner W, Noomen R, Pearlman M R. 2005. The International Laser Ranging Service: current status and future developments[J]. Advances in Space Research, 36: 327-332.

Hathaway R J, Bezdek J C. 1988. Recent convergence results for the fuzzy c-means clustering algorithms[J]. Journal of Classification, 5: 237-247.

Heine K. 2001. Potential application of fuzzy methods in geodetic fields. [C]. Proceedings, First International Symposium on Robust Statistics and Fuzzy Technigues in Geodesy and GIS, Zürich: IGP.

Heinkelmann R, Böhm J, Schuh H. 2007. Long-term trends of water vapour from VLBI observations[C]. Proceedings of the 18th European VLBI for Geodesy and Astrometry Work Meeting: 88-92.

Heinkelmann R, Willis P, Deng Z, et al. 2016. Multi-technique comparison of atmospheric parameters at the DORIS co-location sites during CONT14[J]. Advances in Space Research: 2758-2773.

Hulley G C, Pavlis E C. 2007. A ray-tracing technique for improving Satellite Laser Ranging atmospheric delay corrections, including the effects of horizontal refractivity gradients[J]. Journal of Geophysical Research, 112(B6).

Kang Z, Tapley B, Chen J, et al. 2009. Geocenter variations derived from GPS tracking of the GRACE satellites[J]. Journal of Geodesy, 83: 895-901.

Kozai Y. 1972. Lunar laser ranging experiments in Japan[M]//Bowhill S A, Jaffe L D, Rycroft M J. Space Research Conference, Space Research Conference. vol 1. Berlin: Akademie-Verlag: 211-217.

Krogh F T. 1971. Variable order integrators for the numerical solution of ordinary differential equations[R]. NASA TECH BRIEF, NASA, Code KT, Washington, D.C. 20546.

Kucharski D, Kirchner G, Cristea E. 2008. ETALON spin period determination from kHz SLR data[J]. Advances in Space Research-Oxford, 42: 1424-1428.

Kucharski D, Kirchner G, Koidl F. 2011. Spin parameters of nanosatellite BLITS determined from Graz 2 kHz SLR data[J]. Advances in Space Research, 48: 343-348.

Kucharski D, Kirchner G, Otsubo T, et al. 2009. 22 years of AJISAI spin period determination from standard SLR and kHz SLR data[J]. Advances in Space Research, 44: 621-626.

Kucharski D, Kirchner G, Schillak S, et al. 2007. Spin determination of Lageos-1 from kHz laser observations[J]. Advances in Space Research, 39: 1576-1581.

Lundberg J B. 1981. Multistep Integration Formulas for the Numerical Integration of the Satellite Problem[R]. IASOM, TR 81-1.

MacMillan D S. 1995. Atmospheric gradients from very long baseline interferometry observations[J]. Geophysical Research Letters, 22: 1041-1044.

Marini J W. 1972. Correction of satellite tracking data for an arbitrary tropospheric profile[J]. Radio Science, 7: 223-231.

Marini J W. 1975. Correction of laser range tracking data for atmospheric refraction at elevations above 10 degrees[J]. Laser & Infrared.

Mccarthy D . 1996. IERS Conventions (1996) [J]. IERS Technical Note, 21:1-95.

Mendes V B, Prates G, Pavlis E C, et al. 2002. Improved mapping functions for atmospheric refraction correction in SLR[J]. Geophysical Research Letters, 29: 1414.

Mendes, V. B, Pavlis E C. 2004. High-accuracy zenith delay prediction at optical wavelengths[J]. Geophysical Research Letters, 31: 189-207.

Minott P O, Zagwodzki T W, Varghese T, et al. 1993. Prelaunch optical characterization of the Laser Geodynamic Satellite (LAGEOS 2)[R]. NASA sti/recon technical report.

Moussas X , Polygiannakis J M , Preka-Papadema P , et al. 2005. Solar cycles: A tutorial[J]. Advances in Space Research, 35(5):725-738.

Müller J. 1991. Analyse von lasermessungen zum mond im rahmen einer post-Newton'schen theorie[J]. Deutsche Geodaetische Kommission Bayer.Akad.Wiss.

Murphy T W, Adelberger E G, Battat J B R, et al. 2010. Longterm degradation of optical devices on the moon[J]. Icarus, 208:31-35.

Murphy T W. 2013. Lunar laser ranging: the millimeter challenge[J]. Rep Prog Phys, 76(7): 076901.

Nerem R S, Chao B F, Au A Y, et al. 1993. Temporal variations of the earth's gravitational field from satellite laser ranging to Lageos[J]. Geophys Res Lett, 20: 595-598.

Nerem R S, Klosko S M. 1996. Secular variations of the zonal harmonics and polar motion as geophysical constraints[C]. Proceedings of IAG Symposium 116: 152-163.

Noll C, Michael P. 2019. The Crustal Dynamics Data Information System: NASA's Active Archive of Geodetic Observations Supporting Research in Understanding our Dynamic Earth (poster)[M]. 27th IUGG General Assembly.

Orszag A, Roesch J, Calame O. 1972. La station de télémétrie laser de l' observatoire du Pic-du-Midi et l' acquisition des cataphotes français de Luna 17[M].//Bowhill S A, Jaffe L D, Rycroft M J. Space Research Conference, Space Research Conference. vol 1. Berlin: Akademie-Verlag: 205-209.

Otsubo T, Appleby G M. 2003. System-dependent center-of-mass correction for spherical geodetic satellites[J]. Journal of Geophysical Research Solid Earth, 108.

Pavlis E C, Luceri V, Sciarretta C, et al. 2010. The ILRS contribution to ITRF2008 [M]EGU General Assembly: 6564.

Pearlman M R, Degnan J J, Bosworth J M. 2002. The International Laser Ranging Service[J]. Advance in Space Research, 30: 135-143.

Pearlman M, Arnold D, Davis M, et al. 2019. Laser geodetic satellites: A high-accuracy scientific tool[J]. Journal of Geodesy, 93: 2181-2194.

Pearlman M, Noll C E, Gurtner W, et al. 2005. The International Laser Ranging Service and its support for GGOS[J]. Journal of Geodynamics, 40: 741-748.

Pearlman M, Noll C, Gurtner W, et al. 2007. The International Laser Ranging Service and Its Support for GGOS[M]. Berlin Heidelberg: Springer.

Picone J M, Hedin A E, Drob D P, et al. 2002. NRLMSISE-00 Empirical Model of the Atmosphere: Statistical Comparisons and Scientific Issues[M]. Facet Publishing.

Rba B, Rfc D. 1985. Semiclassical two-dimensional gravity and Liouville equation[J]. Physics Letters B, 151(5):401-404.

Rim H J. 1992. Topex orbit determination using GPS tracking system [D]. Austin: The University of Texas at Austin.

Roberts C E. 1971. An analytic model for upper atmosphere densities based upon Jacchia's 1970 models[J]. Celestial Mechanics, 4: 368-377.

Rodriguez-Solano C J, Hugentobler U, Steigenberger P, et al. 2012. Impact of earth radiation pressure on GPS position estimates[J]. Journal of Geodesy, 86(5): 309-317.

Rodriguez-Solano C J, Hugentobler U, Steigenberger P. 2012. Impact of albedo radiation on GPS satellites[C]. Proceedings of the 2009 IAG Symposium, Buenos Aires.

Rodriguez-Solano C J. 2009. Impact of albedo modelling on GPS orbits[D]. München: Technische Universität München.

Ruspini E H. 1969. A new approach to clustering[J]. Information and Control, 15: 22-32.

Samain O, Kergoat L, Hiernaux P, et al. 2008. Analysis of the in situ and MODIS albedo variability at multiple timescales in the Sahel[J]. Journal of Geophysical Research.

Sawabe M, Kashimoto M. 1999. ADEOS-II precise orbit determinations with GPS and SLR[J]. Advances in Space Research, 23: 763-766.

Scharroo R, Wakker K F, Overgaauw B, et al. 1991. Some aspects of the ERS-1 radar altimeter calibration[C]. Montreal International Astronautical Federation Congress.

Schillak S, Wnuk E. 2003. The SLR stations coordinates determined from monthly arcs of Lageos-1 and Lageos-2 laser ranging in 1999-2001[J]. Advances in Space Research, 31: 1935-1940.

Schwiderski, E. W. 1980. On charting global ocean tides[J]. Rev. Geophys. Space Phys., 18(1): 243-268.

Seitz M, Heinkelmann R, Bloßfeld M. 2010. Combination of VLBI and GPS in order to improve TRF and EOP solutions[C]. Workshop VLBI and GNSS: New Zealand and Australian perspectives.

Sengoku A, Cheng M K, Schutz B E, et al. 1996. Earth-heating effect on Ajisai[J]. Journal of the Geodetic Society of Japan, 42(1): 15-27.

Shelus P J. 1985. MLRS: A lunar/artificial satellite laser ranging facility at the McDonald Observatory[J]. IEEE Transactions on Geoscience and Remote Sensing, GE-23: 385-390.

Silverberg E C. 1974. Operation and performance of a lunar laser ranging station[J]. Applied Optics, 13: 565.

Sosnica K, Jaggi A, Thaller D, et al. 2014a. Contribution of Starlette, Stella, and AJISAI to the SLR-derived global reference frame[J]. Journal of Geodesy, 88(8): 789-804.

Sosnica K J, Dach R, A Jäggi, et al. 2014b. GNSS orbit validation using SLR at CODE[C]. International GNSS Service Workshop, Pasadena, USA.

Soto J, Aguiar M, Flores-Sintas A 2007. A fuzzy clustering application to precise orbit determination[J]. Journal of Computational and Applied Mathematics, 204: 137-143.

Thorne K S, Hartle J B. 1985. Laws of motion and precession for black holes and other bodies[J]. Physical Review D, 31: 1815-1837.

Veillet C, Mangin J F, Chabaubie J E, et al. 1993. Lunar laser ranging at CERGA for the ruby period (1981-1986)[J]. American Geophysical Union, Washington: 189-193.

Wahr J M. 1981. Body tides on an elliptical rotating elastic and oceanless earth[J]. Geophys J R Astron Soc, (64):677-703.

Wang X, Wu B, Hu X, et al. 2009. Impact of SLR tracking on COMPASS/Beidou[C]. International Technical Laser Workshop on SLR Tracking of GNSS Constellations, Shanghai.

Williams J G, Turyshev S G, Boggs D H. 2009. Lunar laser ranging tests of the equivalence principle with the earth and moon[J]. International Journal of Modern Physics D: Gravitation, Astrophysics & Cosmology. 18(7): 1129-1175.

Williams J G, Turyshev S G, Murphy T M Jr. 2003. Improving LLR tests of gravitational theory[J]. Int. J. Mod. Phys. D, 13: 567-582.

Yoder C F, Williams J G, Dickey J O, et al. 1983. Secular variation of earth's gravitational harmonic J_2 coefficient from Lageos and nontidal acceleration of Earth rotation[J]. Nature, 303: 757-762.

Yoder C F, Williams J G, Parke M E, et al. 1981. Short period tidal variations of earth rotation[C]. Annales de Geophysique, 37: 213-217.

Zadeh L A. 1996. Fuzzy sets[C].Fuzzy Sets, Fuzzy Logic, & Fuzzy Systems. World Scientific Publishing Co. Inc. : 394-432.

Zhang H Z, Chen H, Bao L X. 2010. An improved fuzzy C means clustering algorithm and its application in traffic condition recognition[C]. Seventh International Conference on Fuzzy Systems and Knowledge Discovery, Yantai, Shandong, China.

附　　录

附录表 1　周期在 35 天以内潮波项系数

幅角 (ξ_i)						周期/d	UT1−UT1R	$\Delta - \Delta R$	$\tilde{\omega} - \tilde{\omega}_R$
N	l	l'	F	D	Ω		A_i	A_i'	A_i''
1	1	0	2	2	2	5.64	−0.024	0.26	−0.22
2	2	0	2	0	1	6.85	−0.04	0.37	−0.31
3	2	0	2	0	2	6.86	−0.099	0.9	−0.76
4	0	0	2	2	1	7.09	−0.051	0.45	−0.38
5	0	0	2	2	2	7.1	−0.123	1.09	−0.92
6	1	0	2	0	0	9.11	−0.039	0.27	−0.22
7	1	0	2	0	1	9.12	−0.411	2.83	−2.39
8	1	0	2	0	2	9.13	−0.993	6.83	−5.76
9	3	0	0	0	0	9.18	−0.018	0.12	−0.10
10	−1	0	2	2	1	9.54	−0.082	0.54	−0.45
11	−1	0	2	2	2	9.56	−0.197	1.3	−1.10
12	1	0	0	2	0	9.61	−0.076	0.5	−0.42
13	2	0	2	−2	2	12.81	0.022	−0.11	0.09
14	0	1	2	0	2	13.17	0.025	−0.12	0.1
15	0	0	2	0	0	13.61	−0.299	1.38	−1.17
16	0	0	2	0	1	13.63	−3.208	14.79	−12.48
17	0	0	2	0	2	13.66	−7.757	35.68	−30.11
18	2	0	0	0	−1	13.75	0.022	−0.1	0.08
19	2	0	0	0	0	13.78	−0.338	1.54	−1.3
20	2	0	0	0	1	13.81	0.018	−0.08	0.07
21	0	−1	2	0	2	14.19	−0.024	0.11	−0.09
22	0	0	0	2	−1	14.73	0.047	−0.2	0.17
23	0	0	0	2	0	14.77	−0.734	3.12	−2.64
24	0	0	0	2	1	14.8	−0.053	0.22	−0.19
25	0	−1	0	2	0	15.39	−0.051	0.21	−0.17
26	1	0	2	−2	1	23.86	0.05	−0.13	0.11
27	1	0	2	−2	2	23.94	0.101	−0.26	0.22
28	1	1	0	0	0	25.62	0.039	−0.1	0.08
29	−1	0	2	0	0	26.88	0.047	−0.11	0.09
30	−1	0	2	0	1	26.98	0.177	−0.41	0.35
31	−1	0	2	0	2	27.09	0.435	−1.01	0.85
32	1	0	0	0	−1	27.44	0.534	−1.22	1.03
33	1	0	0	0	0	27.56	−8.261	18.84	−15.9
34	1	0	0	0	1	27.67	0.544	−1.24	1.04

	幅角 (ξ_i)					周期/d	UT1−UT1R	$\Delta - \Delta R$	$\tilde{\omega} - \tilde{\omega}_R$
N	l	l'	F	D	Ω		A_i	A_i'	A_i''
35	0	0	0	1	0	29.53	0.047	−0.1	0.08
36	1	−1	0	0	0	29.8	−0.055	0.12	−0.10
37	−1	0	0	2	−1	31.66	0.118	−0.23	0.20
38	−1	0	0	2	0	31.81	−1.824	3.6	−3.04
39	−1	0	0	2	1	31.96	0.132	−0.26	0.22
40	1	0	−2	2	−1	32.61	0.018	−0.03	0.03
41	−1	−1	0	2	0	34.85	−0.086	0.15	−0.13

注: 此表来自 http://hpiers.obspm.fr/eop-pc/models/UT1/UT1R_tab.html。

附录表 2　周期在 35 天以上潮波项系数

	幅角 (ξ_i)					周期/d	UT1−UT1R	$\Delta - \Delta R$	$\tilde{\omega} - \tilde{\omega}_R$
N	l	l'	F	D	Ω		A_i	A_i'	A_i''
42	0	2	2	−2	2	91.31	−0.057	0.04	−0.03
43	0	1	2	−2	1	119.61	0.033	−0.02	0.01
44	0	1	2	−2	2	121.75	−1.885	0.97	−0.82
45	0	0	2	−2	0	173.31	0.251	−0.09	0.08
46	0	0	2	−2	1	177.84	1.17	−0.41	0.35
47	0	0	2	−2	2	182.62	−48.247	16.6	−14.01
48	0	2	0	0	0	182.63	−0.194	0.07	−0.06
49	2	0	0	−2	−1	199.84	0.049	−0.02	0.01
50	2	0	0	−2	0	205.89	−0.547	0.17	−0.14
51	2	0	0	−2	1	212.32	0.037	−0.01	0.01
52	0	−1	2	−2	1	346.6	−0.045	0.01	−0.01
53	0	1	0	0	−1	346.64	0.092	−0.02	0.01
54	0	−1	2	−2	2	365.22	0.828	−0.14	0.12
55	0	1	0	0	0	365.26	−15.359	2.64	−2.23
56	0	1	0	0	1	386	−0.138	0.02	−0.02
57	1	0	0	−1	0	411.78	0.035	−0.01	0
58	2	0	−2	0	0	1095.17	−0.137	−0.01	0.01
59	−2	0	2	0	1	1305.47	0.422	−0.02	0.02
60	−1	1	0	1	0	3232.85	0.04	0	0
61	0	0	0	0	2	−3399.18	7.9	0.15	−0.12
62	0	0	0	0	1	−6790.36	−1617.27	−14.95	12.62

注: 此表出自 Yoder 等 (1981)，$K/C = 0.94$,http://hpiers.obspm.fr/eop-pc/models/UT1/UT1R_tab.html。